Übungsbuch Differentialgleichungen für Dummies

Differentialgleichungen voneinander unterscheiden

Lineare Differentialgleichungen enthalten nur Ableitungen in der ersten Potenz (alle Ableitungen in höheren Potenzen können Sie vergessen). *Hinweis*: Hier ist die Potenz gemeint, in die die Ableitung erhoben wird, nicht die Ordnung der Ableitung. Das folgende Beispiel zeigt eine typische lineare Differentialgleichung:

$$\frac{d^4y}{dx^4} + \frac{d^2y}{dx^2} = f(x)$$

Separierbare Differentialgleichungen können so dargestellt werden, dass auf der einen Seite des Gleichheitszeichens alle Terme in x stehen, und auf der anderen Seite alle Terme in y, wie im folgenden Beispiel gezeigt:

$$\frac{dy}{dx} = \frac{x^2}{2 - y^2}$$

Dies wiederum kann dargestellt werden als

$$(2 - y^2)dy = x^2 dx$$

Exakte Differentialgleichungen sind Differentialgleichungen, für die Sie eine Funktion finden können, deren partielle Ableitungen den Termen der Differentialgleichung entsprechen. Hier ein Beispiel:

$$2x + y^2 + 2xy\frac{dy}{dx} = 0$$

Homogene Differentialgleichungen enthalten nur Ableitungen von y und Terme mit y. Wie Sie in der folgenden Gleichung sehen, werden sie ebenfalls auf 0 gesetzt:

$$\frac{d^4y}{dx^4} + x\frac{d^2y}{dx^2} + y^2 = 0$$

Nicht homogene Differentialgleichungen sind dasselbe wie homogene Differentialgleichungen, mit einer Ausnahme: sie könne nur Terme mit x und/oder Konstanten auf der rechten Seite enthalten. Hier ein Beispiel für eine nicht homogene Differentialgleichung:

$$\frac{d^4y}{dx^4} + x\frac{d^2y}{dx^2} + y^2 = 6x + 3$$

Die allgemeine Lösung der nicht homogenen Differentialgleichung

$$y'' + p(x)y' + q(x)y = g(x)$$

lautet

$$y = c_1 y_1(x) + c_2 y_2(x) + y_p(x)$$

Dabei ist $c_1 y_1(x) + c_2 y_2(x) c_1 y_1(x) + c_2 y_2(x)$ die allgemeine Lösung der entsprechenden homogenen Differentialgleichung

$$y'' + p(x)y' + q(x)y = 0$$

und $y_p(x) y_p(x)$ ist eine spezielle Lösung für die nicht homogene Gleichung.

Zwei Methoden, Differentialgleichungen zu lösen

Die Methode der unbestimmten Koeffizienten stellt eine praktische Möglichkeit für die Lösung von Differentialgleichungen dar. Um diese Methode anwenden zu können, setzen Sie einfach eine Lösung, die unbekannte konstante Koeffizienten verwendet, in die Differentialgleichung ein und lösen dann unter Verwendung der vorgegebenen Anfangsbedingung nach diesen Koeffizienten auf.

Potenzreihen sind ein weiteres Werkzeug für die Lösung von Differentialgleichungen. Sie können eine Potenzreihe wie die folgende in eine Differentialgleichung einsetzen:

$$y = \sum_{n=0}^{\infty} a_n x^n$$

Anschließend brauchen Sie nur noch eine Rekursion zu finden, durch die Sie den Koeffizienten $a_n a_n$ erhalten.

Übungsbuch Differentialgleichungen für Dummies – Schummelseite

Lösungen mit Laplace-Transformationen

Laplace-Transformationen, eine Art Integraltransformation, sind ideal dafür geeignet, unhandliche Differentialgleichungen übersichtlicher zu machen. Sie nehmen einfach die Laplace-Transformation der betreffenden Differentialgleichung, lösen diese Gleichung algebraisch und versuchen, die inverse Transformation zu finden. Hier die Laplace-Transformation der Funktion $f(t)$:

$$\mathcal{L}\{f(t)\} = F(s) = \int_0^\infty e^{-st} f(t)\, dt$$

Die folgende praktische Tabelle zeigt Laplace-Transformationen für gebräuchliche Funktionen. Sie hilft Ihnen weiter, wenn Sie gerade nicht die Zeit haben, die Laplace-Transformation selbst zu berechnen.

Laplace-Transformationen gebräuchlicher Funktionen

Funktion	Laplace-Transformation	Einschränkungen
1	$\dfrac{1}{s}$	$s > 0$
e^{at}	$\dfrac{1}{s-a}$	$s > a$
t^n	$\dfrac{n!}{s^{n+1}}$	$s > 0$, n eine ganze Zahl > 0
$\cos at$	$\dfrac{s}{s^2 + a^2}$	$s > 0$
$\sin at$	$\dfrac{a}{s^2 + a^2}$	$s > 0$
$\cosh at$	$\dfrac{s}{s^2 - a^2}$	$s > |a|$
$\sinh at$	$\dfrac{a}{s^2 - a^2}$	$s > |a|$
$e^{at} \cos bt$	$\dfrac{s-a}{(s-a)^2 + b^2}$	$s > a$
$e^{at} \sin bt$	$\dfrac{b}{(s-a)^2 + b^2}$	$s > a$
$t^n e^{at}$	$\dfrac{n!}{(s-a)^{n+1}}$	$s > a$, n eine ganze Zahl > 0
$f(ct)$	$\dfrac{1}{c}\mathcal{L}\left\{f\left(\dfrac{s}{c}\right)\right\}$	$c > 0$
$f^{(n)}(t)$	$s^n \mathcal{L}\{f(t)\} - s^{n-1} f(0) - \ldots - s f^{(n-2)}(0) - f^{(n-2)}(0) - f^{(n-1)}(0)$	

Übungsbuch Differentialgleichungen für Dummies

Steven Holzner

Übungsbuch Differentialgleichungen für Dummies

Übersetzung aus dem Amerikanischen von Judith Muhr

Fachkorrektur von Dr. Patrick Kühnel

WILEY-VCH Verlag GmbH & Co. KGaA

**Bibliografische Information
der Deutschen Nationalbibliothek**

Die Deutsche Nationalbibliothek verzeichnet diese Publikation in der Deutschen Nationalbibliografie; detaillierte bibliografische Daten sind im Internet über http://dnb.d-nb.de abrufbar.

1. Auflage 2011

© 2011 WILEY-VCH Verlag GmbH & Co. KGaA, Weinheim

Original English language edition Copyright © 2009 by Wiley Publishing, Inc.

All rights reserved including the right of reproduction in whole or in part in any form. This translation published by arrangement with John Wiley and Sons, Inc.

Copyright der englischsprachigen Originalausgabe © 2009 by Wiley Publishing, Inc.

Alle Rechte vorbehalten inklusive des Rechtes auf Reproduktion im Ganzen oder in Teilen und in jeglicher Form. Diese Übersetzung wird mit Genehmigung von John Wiley and Sons, Inc. publiziert.

Wiley, the Wiley logo, Für Dummies, the Dummies Man logo, and related trademarks and trade dress are trademarks or registered trademarks of John Wiley & Sons, Inc. and/or its affiliates, in the United States and other countries. Used by permission.

Wiley, die Bezeichnung »Für Dummies«, das Dummies-Mann-Logo und darauf bezogene Gestaltungen sind Marken oder eingetragene Marken von John Wiley & Sons, Inc., USA, Deutschland und in anderen Ländern.

Das vorliegende Werk wurde sorgfältig erarbeitet. Dennoch übernehmen Autoren und Verlag für die Richtigkeit von Angaben, Hinweisen und Ratschlägen sowie eventuelle Druckfehler keine Haftung.

Printed in Germany

Gedruckt auf säurefreiem Papier

Korrektur: Dr. Patrick Kühnel
Satz: Druckhaus »Thomas Müntzer«, Bad Langensalza
Druck und Bindung: CPI – Ebner & Spiegel, Ulm

ISBN 978-3-527-70670-9

Inhaltsverzeichnis

Einführung   **13**
     Über dieses Buch   13
     Konventionen in diesem Buch   13
     Törichte Annahmen über den Leser   14
     Wie dieses Buch aufgebaut ist   14
         Teil I: Differentialgleichungen erster Ordnung   14
         Teil II: Lösungen für Differentialgleichungen zweiter und höherer Ordnung   14
         Teil III: Fortgeschrittene Techniken   14
         Teil IV: Der Top-Ten-Teil   15
     Symbole in diesem Buch   15
     Wie es von hier aus weitergeht   15

Teil I
Differentialgleichungen erster Ordnung   **17**

Kapitel 1
Lineare Differentialgleichungen erster Ordnung   **19**
     Lineare Differentialgleichungen erster Ordnung erkennen   19
     Lineare Differentialgleichungen erster Ordnung lösen, die keine Terme in y beinhalten   21
     Lineare Differentialgleichungen erster Ordnung mit Termen in y lösen   25
     Integrationsfaktoren: Ein Insider-Trick   27
     Lösungen für die Aufgaben zu linearen Differentialgleichungen erster Ordnung   32

Kapitel 2
Separierbare Differentialgleichungen erster Ordnung   **43**
     Das kleine Einmaleins der separierbaren Differentialgleichungen   44
     Implizite Lösungen finden   47
     Und nun die Tricks: Das scheinbar Untrennbare separieren   49
     Vertiefen Sie Ihre Separationskenntnisse!   53
     Ein erster Blick auf separierbare Gleichungen mit Anfangsbedingungen   55
     Lösungen für die Aufgaben zu separierbaren Differentialgleichungen erster Ordnung   57

Kapitel 3
Exakte Differentialgleichungen erster Ordnung   **75**
     Wann ist eine Differentialgleichung exakt?   75
     Lösungen exakter Differentialgleichungen   79
     Lösungen für die Aufgaben zu exakten Differentialgleichungen erster Ordnung   83

Teil II
Lösungen für Differentialgleichungen zweiter und höherer Ordnung finden   95

Kapitel 4
Lineare Differentialgleichungen zweiter Ordnung   97

Der Umgang mit linearen Differentialgleichungen zweiter Ordnung   97
Lösungen finden, wenn Konstanten beteiligt sind   100
    In der Realität verwurzelt: Differentialgleichungen zweiter Ordnung mit reellen und eindeutigen Lösungen   102
    Jetzt wird es komplex: Differentialgleichungen zweiter Ordnung mit komplexen Nullstellen   105
    Dasselbe in Grün: Differentialgleichungen zweiter Ordnung mit reellen identischen Lösungen   108
Lösungen für die Aufgaben zu linearen Differentialgleichungen zweiter Ordnung   110

Kapitel 5
Nicht homogene lineare Differentialgleichungen zweiter Ordnung   123

Die allgemeine Lösung für Differentialgleichungen mit nicht homogenem e^{rx}-Term bestimmen   124
    Die allgemeine Lösung bestimmen, wenn $g(x)$ ein Polynom ist   127
Gleichungen mit nicht homogenem Term mit Sinus und Kosinus lösen   131
Lösungen für die Aufgaben zu nicht homogenen linearen Differentialgleichungen zweiter Ordnung   133

Kapitel 6
Homogene lineare Differentialgleichungen höherer Ordnung   151

Definitiv unterschiedlich: Die Arbeit mit reellen und unterschiedlichen Nullstellen   152
Es wird komplex: Mit komplexen Nullstellen   155
Identitätsprobleme: Gleichungen bei identischen Nullstellen lösen   157
Lösungen für die Aufgaben zu linearen Differentialgleichungen höherer Ordnung   160

Kapitel 7
Nicht homogene lineare Differentialgleichungen höherer Ordnung   177

Lösungen der Form Ae^{rx} suchen   178
Eine Lösung in Polynomform suchen   181
Lösungen aus Sinus und Kosinus   184
Lösungen für die Aufgaben zu nicht homogenen linearen Differentialgleichungen höherer Ordnung   187

Teil III
Fortgeschrittene Techniken   203

Kapitel 8
Mit Potenzreihen gewöhnliche Differentialgleichungen lösen   205

    Eine Reihe mit dem Quotiententest kontrollieren   205
    Den Reihenindex verschieben   208
    Mit Hilfe von Potenzreihen Reihenlösungen bestimmen   210
    Lösungen für die Lösung von Differentialgleichungen mit Hilfe von
    Potenzreihen   214

Kapitel 9
Differentialgleichungen mit Reihenlösungen in der Nähe
singulärer Punkte lösen   227

    Singuläre Punkte erkennen   227
    Singuläre Punkte als regulär oder irregulär einordnen   230
    Mit der Euler-Gleichung arbeiten   232
    Allgemeine Differentialgleichungen mit regulären singulären Punkten lösen   236
    Lösungen für die Aufgaben zu Differentialgleichungen mit Serienlösungen
    in der Nähe singulärer Punkte   239

Kapitel 10
Differentialgleichungen mit Laplace-Transformationen lösen   251

    Laplace-Transformationen erkennen   251
    Berechnung der Laplace-Transformationen von Ableitungen   255
    Mit Laplace-Transformationen Differentialgleichungen lösen   257
    Lösungen für die Aufgaben zu Laplace-Transformationen   260

Kapitel 11
Systeme linearer Differentialgleichungen erster Ordnung lösen   277

    Zurück an den Anfang: Matrizen addieren (und subtrahieren)   277
    Lassen Sie sich nicht verwirren: Matrizen multiplizieren   279
    Die Determinante bestimmen   281
    Mehr als nur Zungenbrecher: Eigenwerte und Eigenvektoren   282
    Differentialgleichungssysteme lösen   284
    Lösungen für die Aufgaben zu Systemen linearer Differentialgleichungen
    erster Ordnung   288

Teil IV
Der Top-Ten-Teil   *299*

Kapitel 12
Zehn übliche Methoden, Differentialgleichungen zu lösen   *301*

Lineare Gleichungen lösen	301
Separierbare Gleichungen erkennen	301
Die Methode der unbestimmten Koeffizienten anwenden	302
Den Schwerpunkt auf homogene Gleichungen legen	302
Exakte Gleichungen erkunden	302
Mit Hilfe von Integrationsfaktoren Lösungen finden	303
Mit Reihenlösungen ernsthafte Antworten finden	303
Laplace-Transformationen für Lösungen einsetzen	303
Feststellen, ob eine Lösung existiert	304
Gleichungen mit computergestützten numerischen Methoden lösen	304

Kapitel 13
Zehn Anwendungen von Differentialgleichungen aus der Praxis   *305*

Bevölkerungswachstum berechnen	305
Flüssigkeitsdurchsätze bestimmen	305
Flüssigkeiten mischen	306
Informationen über fallende Gegenstände	306
Flugbahnen berechnen	306
Pendelbewegungen analysieren	306
Das Newton'sche Abkühlungsgesetz	307
Halbwertszeiten der Radioaktivität bestimmen	307
Schaltkreise mit Spulen und Widerständen untersuchen	307
Die Bewegung einer Masse an einer Feder berechnen	308

Stichwortverzeichnis   *309*

Einführung

Nicht selten werden Differentialgleichungen als Strafe betrachtet. Ihr Ruf ist so schlecht, dass Sie womöglich schon erschrecken, wenn Sie Hausaufgaben bekommen, in denen es um Differentialgleichungen geht. Johnny Cash soll sogar mal eine in Reno erschossen haben, nur um sie sterben zu sehen.

Das *Übungsbuch Differentialgleichungen für Dummies* wird Sie vielleicht nicht gerade dazu bringen, Differentialgleichungen zu lieben, aber mit Sicherheit werden Sie damit Ihr Verständnis für sie verbessern. Hier finden Sie Übungsaufgaben zu den gebräuchlichsten Arten von Differentialgleichungen, ebenso wie detaillierte Lösungen, die Ihnen helfen, wirklich alles zu verstehen. Demnächst können Sie also »Experte für Differentialgleichungen« in Ihren Lebenslauf schreiben!

Über dieses Buch

Im *Übungsbuch Differentialgleichungen für Dummies* geht es, was ein Wunder, um Übungsaufgaben zur Lösung von Differentialgleichungen. Es enthält jede Menge guter Übungen – und *nur* gute Übungen. Dabei wird jeder Aspekt zum Thema Differentialgleichungen zunächst in einem kurzen Textabschnitt erklärt, um Ihr Gedächtnis zu den Grundlagen aufzufrischen. Anschließend gibt es ein detailliertes Beispiel und mehrere Übungsaufgaben. (Wenn Sie eine genauere Erklärung zum Thema Differentialgleichung brauchen, lesen Sie in *Differentialgleichungen für Dummies* [Wiley] oder in Ihrem Lehrbuch nach.) Damit Sie nicht in der Ungewissheit leben müssen, ob Ihre Lösung richtig oder falsch ist, enthält jedes Kapitel einen Lösungsabschnitt mit schrittweise erklärten Lösungen der Übungsaufgaben.

Sie können dieses Übungsbuch in jeder beliebigen Reihenfolge lesen, Aufgaben lösen und Lösungen nachschlagen. Wie andere *Dummies*-Bücher ist es so ausgelegt, dass Sie nach Herzenslust darin blättern können.

Konventionen in diesem Buch

In vielen Büchern gibt es Dutzende verwirrender Konventionen, die Sie wissen müssen, bevor Sie überhaupt auch nur anfangen können zu lesen. Hier müssen Sie sich nur ein paar wenige Dinge merken:

- ✔ Neue Begriffe werden beim ersten Auftreten *kursiv* gekennzeichnet. Und wie in allen anderen Mathematikbüchern werden auch Variablen kursiv ausgezeichnet.

- ✔ Websites sind in `nicht proportionaler Schrift` ausgezeichnet, so dass Sie sie sofort erkennen. (Manchmal geht eine solche Webadresse über mehrere Zeilen. Sie können davon ausgehen, dass ich keine zusätzlichen Leerzeichen oder Interpunktionszeichen eingefügt habe; schreiben Sie die Adresse einfach wie vorgegeben ab.)

✔ Im Lösungsabschnitt am Ende der jeweiligen Kapitel sind die Aufgabenstellungen und die Lösungen **fett** ausgezeichnet (die detailliert erklärten Einzelschritte sind in normaler Schrift dargestellt): Matrizen und Schlüsselwörter in Aufzählungen sind ebenfalls fett ausgezeichnet.

Törichte Annahmen über den Leser

Wer sich mit Differentialgleichungen beschäftigt, braucht gewisse Kenntnisse über die Analysis als Ausgangspunkt. Sie sollten wissen, wie grundlegende Ableitungen bestimmt werden und wie man integriert, bevor Sie dieses Arbeitsbuch lesen. (Wenn Sie es nicht wissen, sollten Sie zuerst vielleicht *Analysis für Dummies* [Wiley] lesen).

Vor allem gehe ich auch davon aus, dass Sie bereits ein umfassendes Nachschlagewerk zu Differentialgleichungen besitzen. Dieses Arbeitsbuch will Ihnen nur ein bisschen Übung zur Lösung von Differentialgleichungen verschaffen. Es bietet keine detaillierten Erklärungen zu den Grundlagen zu Differentialgleichungen. Am Anfang der einzelnen Abschnitte über Differentialgleichungen finden Sie jeweils einen kurzen Text zur Auffrischung, aber wenn Ihnen das Thema neu ist, sollten Sie in *Differentialgleichungen für Dummies* oder in Ihrem Lehrbuch nachlesen.

Wie dieses Buch aufgebaut ist

Dieses Arbeitsbuch ist modular aufgebaut. Die einzelnen Teile folgen demselben System wie *Differentialgleichungen für Dummies* und enthalten die folgenden Themen:

Teil I: Differentialgleichungen erster Ordnung

Differentialgleichungen erster Ordnung sind die einfachsten Differentialgleichungen. In diesem Teil üben Sie, Lösungen zu linearen, separierbaren und exakten Differentialgleichungen erster Ordnung zu finden.

Teil II: Lösungen für Differentialgleichungen zweiter und höherer Ordnung

Die interessantesten Differentialgleichungen aus der realen Welt sind Differentialgleichungen zweiter Ordnung. Hier üben Sie mehrere Methoden ein, diese Art Gleichung zu lösen. Außerdem lernen Sie die Lösung von Differentialgleichungen dritter und höherer Ordnung kennen. Das Ganze wird sehr schnell sehr komplex, aber glücklicherweise stehen Ihnen einige praktische Techniken zur Verfügung, wie Sie in diesem Teil feststellen werden.

Teil III: Fortgeschrittene Techniken

In Teil III gibt es kein Halten mehr. In diesen Kapiteln finden Sie praktische Lösungstechniken, wie unter anderem Potenzreihen, mit denen Sie eine komplizierte Differentialgleichung in eine algebraisches Aufgabe umwandeln und dann nach den Koeffizienten für jede Potenz auflösen können, ebenso wie Laplace-Transformationen, die Ihnen innerhalb kürzester Zeit zu Ihrer gesuchten Lösung verhelfen können.

Teil IV: Der Top-Ten-Teil

Der klassische Teil der Zehn in *Dummies*-Büchern enthält Auflistungen von Top-10-Ressourcen. In diesem Teil finden Sie einen Überblick über die zehn gebräuchlichsten Methoden zur Lösung von Differentialgleichungen und lernen zehn Praxisanwendungen von Differentialgleichungen kennen.

Symbole in diesem Buch

Dummies-Bücher verwenden immer Symbole, um auf wichtige Informationen hinzuweisen. Dieses Arbeitsbuch stellt keine Ausnahme dar. Hier ein schneller Überblick über die Bedeutung der Symbole:

Dieses Symbol kennzeichnet Übungsaufgaben, die detailliert für Sie gelöst wurden, um Sie auf den richtigen Weg zu bringen.

Suchen Sie nach den Kerninformationen für Ihre Arbeit mit Differentialgleichungen? Dann halten Sie Ausschau nach Absätzen, die mit diesem Symbol gekennzeichnet sind!

Dieses Symbol kennzeichnet Tricks und Techniken, die Ihnen das Leben leichter machen sollen (zumindest in Hinblick auf Differentialgleichungen).

Wie es von hier aus weitergeht

Sie können an einer beliebigen Stelle anfangen – wo Sie eben die meiste Übung brauchen. Dieses Arbeitsbuch wurde genau auf eine solche Verwendung ausgelegt. Wenn Sie jedoch das Arbeitsbuch parallel zu *Differentialgleichungen für Dummies* oder Ihrem Lehrbuch durcharbeiten wollen, ist es am besten, wenn Sie mit Kapitel 1 beginnen.

Vielleicht brauchen Sie auch ein bisschen Schmierpapier. Ich habe versucht, ausreichend viel Platz für die Aufgaben im Buch zu lassen, aber dennoch kann ein bisschen mehr Papier sehr praktisch sein.

Teil I
Differentialgleichungen erster Ordnung

In diesem Teil...

Willkommen in der Welt der Differentialgleichungen erster Ordnung! Hier werden Sie Ihr Können anhand von linearen Differentialgleichungen erster Ordnung testen. Dazu bekommen Sie es mit Ableitungen erster Ordnung zu tun, die keine höheren Potenzen als 1 haben. Außerdem arbeiten Sie mit separierbaren Differentialgleichungen erster Ordnung, die so unterteilt werden können, dass nur Terme mit y auf der einen Seite der Gleichung und nur Terme mit x auf der anderen Seite erscheinen (na gut, auf dieser Seite können auch noch Konstanten auftauchen). Und schließlich werden Sie üben, exakte Differentialgleichungen zu lösen.

Lineare Differentialgleichungen erster Ordnung

In diesem Kapitel...

▶ Erkennen, wie Differentialgleichungen erster Ordnung aussehen
▶ Lösungen für Differentialgleichungen erster Ordnung mit und ohne y-Terme finden
▶ Die Integration von Faktoren als Trick anwenden

Klassische Differentialgleichungen können als linear oder nicht linear eingeordnet werden. Eine Differentialgleichung wird als *linear* bezeichnet, wenn sie nur *lineare* Terme (d.h. Terme mit der Potenz 1) von y, y', y'' usw. enthält. Die folgende Gleichung ist ein Beispiel für eine lineare Differentialgleichung:

$$L\frac{d^2Q}{dx^2} + R\frac{dQ}{dx} + \frac{1Q}{C} = E(x)$$

Nicht lineare Differentialgleichungen dagegen beinhalten nicht lineare Terme in y, y', y'' usw. Die nächste Gleichung, die den Winkel eines Pendels beschreibt, wird als nicht lineare Gleichung betrachtet, weil sie den Term $\sin\theta$ enthält (nicht einfach nur θ).

$$\frac{d^2\theta}{dx^2} + \frac{g}{L}\sin\theta = 0$$

Dieses Kapitel konzentriert sich auf Differentialgleichungen erster Ordnung. Hier können Sie Ihr Auge schulen, um lineare Gleichungen auf den ersten Blick zu erkennen. Außerdem werden Sie üben, lineare Differentialgleichungen erster Ordnung zu lösen, egal, ob diese ein y enthalten oder nicht. Und schließlich zeige ich Ihnen noch einen kleinen (aber extrem praktischen) Trick zu diesem Thema, nämlich die Integration von Faktoren.

Lineare Differentialgleichungen erster Ordnung erkennen

Hier sehen Sie die allgemeine Form einer linearen Differentialgleichung, wobei $p(x)$ und $q(x)$ Funktionen sind (bei denen es sich einfach um Konstanten handeln kann):

$$\frac{dy}{dx} + p(x)y = q(x)$$

Hier einige Beispiele für lineare Differentialgleichungen:

$$\frac{dy}{dx} = 5$$

$$\frac{dy}{dx} = y + 1$$

$$\frac{dy}{dx} = 3y + 1$$

Versuchen Sie der Übung halber festzustellen, ob die folgenden Gleichungen linear oder nicht linear sind.

Frage

Ist diese Gleichung eine lineare Differentialgleichung erster Ordnung?

$$\frac{dy}{dx} = 17y + 4$$

Antwort

Ja.

Diese Gleichung ist eine lineare Differentialgleichung erster Ordnung, weil sie nur Terme erster Ordnung in y und y' enthält.

Aufgabe 1

Ist dies eine lineare Differentialgleichung erster Ordnung?

$$\frac{dy}{dx} = 9y + 1$$

Lösung

Aufgabe 2

Handelt es sich hier um eine lineare Differentialgleichung erster Ordnung?

$$\frac{dy}{dx} = 17y^3 + 4$$

Lösung

Aufgabe 3

Ist dies eine lineare Differentialgleichung erster Ordnung?

$$\frac{dy}{dx} = y\cos(x)$$

Lösung

Aufgabe 4

Ist dies eine lineare Differentialgleichung erster Ordnung?

$$\frac{dy}{dx} = x\cos(y)$$

Lösung

Lineare Differentialgleichungen erster Ordnung lösen, die keine Terme in y beinhalten

Der einfachste Typ linearer Differentialgleichungen erster Ordnung beinhaltet überhaupt keinen Term. Stattdessen enthält er nur die erste Ableitung von y, y', y'' usw. Diese Differentialgleichungen sind einfach zu lösen, weil die ersten Ableitungen einfach zu integrieren sind. Hier die allgemeine Form dieser Gleichungen (beachten Sie, dass $q(x)$ eine Funktion ist, bei der es sich auch um eine Konstante handeln kann):

$$\frac{dy}{dx} = q(x)$$

Sehen Sie sich die folgende lineare Differentialgleichung erster Ordnung an:

$$\frac{dy}{dx} = 3$$

Beachten Sie, dass es keinen Term gibt, der nur y angibt. Wie lösen Sie also eine solche Gleichung? Sie bringen das dx auf die rechte Seite:

$$dy = 3dx$$

Anschließend integrieren Sie und erhalten

$y = 3x + c$

Dabei ist c eine Integrationskonstante.

Um festzustellen, was genau c ist, betrachten Sie einfach die Anfangsbedingungen. Angenommen, $y(0)$ – d.h. der Wert von y für $x = 0$ – ist gleich

$y(0) = 15$

Wenn Sie $y(0) = 15$ in $y = 3x + c$ einsetzen, erhalten Sie

$y(0) = c = 15$

Sie haben also $c = 15$ und $y = 3x + 15$. Das ist die komplette Lösung!

Wenn Sie es mit Integrationskonstanten wie c zu tun haben, suchen Sie nach den vorgegebenen Anfangsbedingungen. Beispielsweise wird die oben gezeigte Aufgabe in der Regel wie folgt dargestellt:

$$\frac{dy}{dx} = 3$$

mit

$y(0) = 15$

Und jetzt gehen wir einen Schritt weiter! (Beachten Sie, dass diese Aufgabe immer noch keine Terme in y beinhaltet.)

$$\frac{dy}{dx} = x^3 - 3x^2 + x$$

mit

$y(0) = 3$

Weil diese Gleichung keine Terme in y beinhaltet, können Sie das dx nach rechts bringen, nämlich wie folgt:

$dy = x^3 dx - 3x^2 dx + x dx$

Anschließend integrieren Sie und erhalten

$$y = \frac{x^4}{4} - x^3 + \frac{x^2}{2} + c$$

Um c zu bestimmen, verwenden Sie die Ausgangsbedingung, nämlich

$y(0) = 3$

Wenn Sie jetzt $x = 0 \to y = 3$ in die Gleichung für y einsetzen, erhalten Sie

$y(0) = 3 = c$

Die vollständige Lösung lautet also

$$y = \frac{x^4}{4} - x^3 + \frac{x^2}{2} + 3$$

1 ➤ Lineare Differentialgleichungen erster Ordnung

Wenn Sie es mit linearen Differentialgleichungen erster Ordnung ohne Term in y zu tun haben, gehen Sie also einfach wie folgt vor:

1. **Sie verschieben das *dx* auf die rechte Seite und integrieren.**
2. **Sie wenden die Ausgangsbedingung an, um nach der Integrationskonstanten aufzulösen.**

Nachfolgend finden Sie einige Übungsaufgaben, um sicherzustellen, dass Sie das Prinzip verstanden haben.

Frage

Lösen Sie in dieser Differentialgleichung nach y auf:

$$\frac{dy}{dx} = 2x$$

mit

$y(0) = 3$

Antwort

$y = x^2 + 3$

1. Multiplizieren Sie beide Seiten mit dx:

   $dy = 2x\,dx$

2. Integrieren Sie beide Seiten, um das Folgende zu erhalten, wobei c eine Integrationskonstante ist:

   $y = x^2 + c$

3. Wenden Sie die Anfangsbedingung an, um Folgendes zu erhalten:

   $c = 3$

4. Nachdem Sie nach c aufgelöst haben, finden Sie die Lösung für die Differentialgleichung:

   $y = x^2 + 3$

Aufgabe 5

Lösen Sie in dieser Differentialgleichung nach y auf:

$$\frac{dy}{dx} = 8x$$

mit

$y(0) = 4$

Lösung

Aufgabe 6

Wie lautet y für die folgende Gleichung?

$$\frac{dy}{dx} = 2x + 2$$

mit

$y(0) = 2$

Lösung

Aufgabe 7

Lösen Sie in dieser Differentialgleichung nach y auf:

$$\frac{dy}{dx} = 6x + 5$$

mit

$y(0) = 10$

Lösung

Aufgabe 8

Wie lautet y für die folgende Gleichung?

$$\frac{dy}{dx} = 8x + 3$$

mit

$y(0) = 12$

Lösung

Lineare Differentialgleichungen erster Ordnung mit Termen in y lösen

Sie fragen sich jetzt, wie Sie vorgehen könnten, wenn sowohl x als auch y vorkommen:

$$\frac{dy}{dx} + p(x)y = q(x)$$

Betrachten Sie zunächst diese allgemeine Aufgabe:

$$\frac{dy}{dx} = ay - b$$

Dies ist eine lineare Differentialgleichung erster Ordnung, die sowohl dy/dx als auch y enthält. Wie gehen Sie damit um, um eine Lösung zu finden? Mit ein wenig Algebra können Sie diese Gleichung wie folgt umschreiben:

$$\frac{dy/dx}{y - (b/a)} = a$$

Wenn Sie beide Seiten mit dx multiplizieren, erhalten Sie

$$\frac{dy}{y - (b/a)} = a\,dx$$

Glückwunsch! Damit haben Sie x auf eine Seite dieser Differentialgleichung und y auf die andere gebracht, so dass die Integration sehr viel einfacher wird. Und durch die Integration beider Seiten erhalten Sie:

$$\ln|y - (b/a)| = ax + C$$

Dabei ist C eine Integrationskonstante. Wenn Sie e in die Potenz von beiden Seiten erheben, erhalten Sie Folgendes, wobei c eine Konstante ist, die als $c = e^C$ definiert ist:

$$y = \left(\frac{b}{a}\right) + ce^{ax}$$

Alles, was über diesen Schwierigkeitsgrad hinausgeht, muss anders behandelt werden. Um diese Gleichungen wird es im restlichen Buch gehen.

Wenn Sie davon überzeugt sind, dass Sie jetzt wissen, wie man lineare Differentialgleichungen erster Ordnung mit y-Termen löst, probieren Sie, die folgenden Aufgaben zu lösen:

Frage

Lösen Sie in dieser Differentialgleichung nach y auf:

$$\frac{dy}{dx} = 2y - 4$$

mit

$y(0) = 3$

Antwort

$y = 2 + e^{2x}$

1. Wenden Sie ein bisschen Algebra an, um Folgendes zu erhalten:

   $$\frac{dy/dx}{y-2} = 2$$

2. Anschließend multiplizieren Sie beide Seiten mit dx:

   $$\frac{dy}{y-2} = 2dx$$

3. Integrieren Sie:

   $$\ln|y-2| = 2x + C$$

4. Anschließend erheben Sie e in die Potenz der beiden Seiten:

   $$y = 2 + e^c e^{2x} = 2 + ce^{2x}$$

5. Schließlich wenden Sie die Anfangsbedingung an und erhalten:

   $$y = 2 + e^{2x}$$

Aufgabe 9

Wie lautet y für die folgende Gleichung:

$$\frac{dy}{dx} = 4y - 8$$

mit

$y(0) = 5$

Lösung

Aufgabe 10

Lösen Sie in dieser Differentialgleichung nach y auf:

$$\frac{dy}{dx} = 3y - 9$$

mit

$y(0) = 9$

Lösung

Aufgabe 11

Wie lautet y für die folgende Gleichung:

$$\frac{dy}{dx} = 9y - 18$$

mit

$$y(0) = 5$$

Lösung

Aufgabe 12

Lösen Sie in dieser Differentialgleichung nach y auf:

$$\frac{dy}{dx} = 4y - 20$$

mit

$$y(0) = 16$$

Lösung

Integrationsfaktoren: Ein Insider-Trick

Weil nicht alle Differentialgleichungen so unproblematisch sind wie diejenigen, die wir in diesem Kapitel bereits vorgestellt haben, brauchen Sie leistungsfähigeres Handwerkszeug zum Lösen von Differentialgleichungen. Wir beginnen mit *Integrationsfaktoren*, das sind Funktionen von $\mu(x)$. Bei der Idee hinter einem Integrationsfaktor geht es darum, die Differentialgleichung damit zu multiplizieren, so dass eine Gleichung entsteht, die leichter integriert werden kann.

Angenommen, Sie haben die folgende Differentialgleichung:

$$\frac{dy}{dx} + 3y = 9$$

mit

$$y(0) = 7$$

Um diese Gleichung mit Hilfe eines Integrationsfaktors zu lösen, versuchen Sie, mit Ihrem noch unbestimmten Integrationsfaktor $\mu(x)$ zu multiplizieren:

$$\mu(x)\frac{dy}{dx} + 3\mu(x)y = 9\mu(x)$$

Der Trick ist jetzt, $\mu(x)$ so auszuwählen, dass Sie die linke Seite als Ableitung von etwas erkennen, das leicht integriert werden kann. Wenn Sie genauer hinsehen, erkennen Sie, dass die linke Seite dieser Gleichung sehr nach der Differenzierung des Produkts µ(x)y aussieht, weil die Ableitung von µ(x)y nach x *nämlich* lautet:

$$\frac{d(\mu(x)y)}{dx} = \mu(x)\frac{dy}{dx} + y\frac{d\mu(x)}{dx}$$

Setzt man nun die rechte Seite dieser Differentialgleichung gleich der linken Seite der vorhergehenden, erhält man

$$\frac{d\mu(x)}{dx} = 3\mu(x)$$

Endlich! Das sieht nach etwas Brauchbarem aus. Ordnen Sie die Gleichung um, um Folgendes zu erhalten:

$$\frac{d\mu(x)/dx}{\mu(x)} = 3$$

Anschließend multiplizieren Sie beide Seiten mit dx und erhalten

$$\frac{d\mu(x)}{\mu(x)} = 3dx$$

Durch Integration erhalten Sie

$$ln|\mu(x)| = 3x + b$$

Dabei ist b eine Integrationskonstante.

Wenn Sie e in die Potenz der beiden Seiten erheben, erhalten Sie:

$$\mu(x) = ce^{3x}$$

c ist eine weitere Konstante ($c = e^b$).

Erkannt? Sie haben soeben einen Integrationsfaktor bestimmt, nämlich $\mu(x) = ce^{3t}$.

Diesen Integrationsfaktor können Sie jetzt für die ursprüngliche Differentialgleichung anwenden und die Gleichung mit µ(x) multiplizieren:

$$\mu(x)\frac{dy}{dx} + 3\mu(x)y = 9\mu(x)$$

Das ist gleich

$$ce^{3x}\frac{dy}{dx} + 3ce^{3x}y = 9ce^{3x}$$

Wie Sie sehen, fällt die Konstante c heraus und Sie erhalten:

$$e^{3x}\frac{dy}{dx} + 3e^{3x}y = 9e^{3x}$$

Weil Sie nur nach einem Integrationsfaktor für die Multiplikation suchen, können Sie die Integrationskonstante auch weglassen, wenn Sie einen Integrationsfaktor finden, oder $c = 1$ setzen.

Und hier kommt die Genialität der Integrationsfaktoren ins Spiel, weil Sie die linke Seite dieser Gleichung als die Ableitung des Produkts $e^{3x}y$ erkennen. Die Gleichung wird also zu

$$\frac{d(e^{3x}y)}{dx} = 9e^{3x}$$

Das sieht schon sehr viel umgänglicher aus als die ursprüngliche Version dieser Differentialgleichung.

Jetzt multiplizieren Sie beide Seiten mit dx, um Folgendes zu erhalten:

$$d(e^{3x}y) = 9e^{3x}dx$$

Nun integrieren Sie beide Seiten:

$$e^{3x}y = 3e^{3x} + c$$

und lösen nach y auf:

$$y = 3 + ce^{-3x}$$

Wie die Anfangsbedingung besagt hat, dass $y(0) = 7$ ist, ist $c = 4$, und damit

$$y = 3 + 4e^{-3x}$$

Nicht schlecht, oder?

Hier einige Übungsgleichungen, die Ihnen helfen sollen, sich an den Trick mit den Integrationsfaktoren zu gewöhnen:

Frage

Lösen Sie mit Hilfe eines Integrationsfaktors nach y auf:

$$\frac{dy}{dx} + 5y = 10$$

mit

$y(0) = 6$

Antwort

$y = 2 + 4e^{-5x}$

1. Multiplizieren Sie beide Seiten der Differentialgleichung mit $\mu(x)$, um Folgendes zu erhalten:

$$\mu(x)\frac{dy}{dx} + 5\mu(x)y = 10\mu(x)$$

2. Versuchen Sie, in der linken Seite eine Ableitung zu erkennen (in diesem Fall die Ableitung eines Produkts):

$$\frac{d(\mu(x)y)}{dx} = \mu(x)\frac{dy}{dx} + \frac{d\mu(x)}{dx}y$$

3. Anschließend setzen Sie die rechte Seite der Gleichung in Schritt 2 gleich der linken Seite der Gleichung in Schritt 1:

$$\frac{d\mu(x)}{dx} = 5\mu(x)$$

4. Ordnen Sie die Terme neu an, um Folgendes zu erhalten:

$$\frac{d\mu(x)}{\mu(x)} = 5dx$$

5. Jetzt integrieren Sie:

$$\ln|\mu(x)| = 5x + b$$

6. Erheben Sie e in die Potenz beider Seiten (mit $c = e^b$), um zu erhalten:

$$\mu(x) = ce^{5x}$$

7. Multiplizieren Sie die ursprüngliche Differentialgleichung mit dem Integrationsfaktor (so dass sich c wegkürzt), um Folgendes zu erhalten:

$$e^{5x}\frac{dy}{dx} + 5e^{5x}y = 10e^{5x}$$

8. Fassen Sie die Terme auf der linken Seite der Gleichung zusammen:

$$\frac{d(e^{5x}y)}{dx} = 10e^{5x}$$

9. Jetzt multiplizieren Sie mit dx:

$$d(e^{5x}y) = 10e^{5x}dx$$

10. Integrieren Sie:

$$e^{5x}y = 2e^{5x} + c$$

11. Dividieren Sie beide Seiten durch e^{5x}, um Folgendes zu erhalten:

$$y = 2 + ce^{-5x}$$

12. Jetzt wenden Sie noch die Anfangsbedingung an:

$$y = 2 + 4e^{-5x}$$

Aufgabe 13

Lösen Sie mit Hilfe eines Integrationsfaktors nach y auf:

$$\frac{dy}{dx} + 2y = 4$$

mit

$$y(0) = 3$$

Lösung

Aufgabe 14

Bestimmen Sie in der folgenden Differentialgleichung y mit Hilfe eines Integrationsfaktors:

$$\frac{dy}{dx} + 3y = 9$$

mit

$$y(0) = 8$$

Lösung

Aufgabe 15

Lösen Sie mit Hilfe eines Integrationsfaktors nach y auf:

$$\frac{dy}{dx} + 2y = 14$$

mit

$$y(0) = 9$$

Lösung

Aufgabe 16

Bestimmen Sie in der folgenden Differentialgleichung y mit Hilfe eines Integrationsfaktors:

$$\frac{dy}{dx} + 9y = 63$$

mit

$$y(0) = 8$$

Lösung

Lösungen für die Aufgaben zu linearen Differentialgleichungen erster Ordnung

Nachfolgend finden Sie die Lösungen zu den Übungen in diesem Kapitel. Sie zeigen das schrittweise Verfahren auf, so dass Sie einfacher nachschlagen können, falls Sie irgendwo auf dem Lösungsweg nicht mehr weiterwissen.

1. **Ist dies eine lineare Differentialgleichung erster Ordnung?**

   $$\frac{dy}{dx} = 9y + 1$$

   Ja. Diese Gleichung ist eine Differentialgleichung erster Ordnung, weil sie nur Terme in y und y' erster Ordnung beinhaltet.

2. **Handelt es sich hier um eine lineare Differentialgleichung erster Ordnung?**

   $$\frac{dy}{dx} = 17y^3 + 4$$

   Nein. Diese Gleichung ist keine lineare Differentialgleichung erster Ordnung, weil sie nicht nur Terme erster Ordnung in y und y' enthält.

3. **Ist dies eine lineare Differentialgleichung erster Ordnung?**

   $$\frac{dy}{dx} = y\cos(x)$$

   Nein. Diese Gleichung ist keine lineare Differentialgleichung erster Ordnung, weil sie nicht nur Terme erster Ordnung in y und y' enthält.

4. **Ist dies eine lineare Differentialgleichung erster Ordnung?**

   $$\frac{dy}{dx} = x\cos(y)$$

   Nein. Diese Gleichung ist keine lineare Differentialgleichung erster Ordnung, weil sie nicht nur Terme erster Ordnung in y und y' enthält.

5. **Lösen Sie in dieser Differentialgleichung nach y auf:**

   $$\frac{dy}{dx} = 8x$$

   mit

   $y(0) = 4$

   Lösung: $y = 4x^2 + 4$

   a) Multiplizieren Sie beide Seiten mit dx:

   $dy = 8x\,dx$

   b) Integrieren Sie beide Seiten, um das Folgende zu erhalten, wobei c ein Integrationsfaktor ist:

   $y = 4x^2 + c$

c) Wenden Sie die Anfangsbedingung an, um Folgendes zu erhalten:

$c = 4$

d) Nachdem Sie nach c aufgelöst haben, können Sie die Lösung ermitteln:

$y = 4x^2 + 4$

6. Wie lautet y für die folgende Gleichung?

$$\frac{dy}{dx} = 2x + 2$$

mit

$y(0) = 2$

Lösung: $y = x^2 + 2x + 2$

a) Multiplizieren Sie beide Seiten mit dx:

$dy = 2xdx + 2dx$

b) Integrieren Sie beide Seiten, um das Folgende zu erhalten, wobei c ein Integrationsfaktor ist:

$y = x^2 + 2x + c$

c) Wenden Sie die Anfangsbedingung an:

$c = 2$

d) Nachdem Sie nach c aufgelöst haben, können Sie die Lösung ermitteln:

$y = x^2 + 2x + 2$

7. Lösen Sie in dieser Differentialgleichung nach y auf:

$$\frac{dy}{dx} = 6x + 5$$

mit

$y(0) = 10$

Lösung: $y = 3x^2 + 5x + 10$

a) Multiplizieren Sie beide Seiten mit dx:

$dy = 6xdx + 5dx$

b) Integrieren Sie beide Seiten, um das Folgende zu erhalten, wobei c ein Integrationsfaktor ist:

$y = 3x^2 + 5x + c$

c) Wenden Sie die Anfangsbedingung an:

$c = 10$

d) Nachdem Sie nach c aufgelöst haben, können Sie die Lösung ermitteln:

$$y = 3x^2 + 5x + 10$$

8. Wie lautet y für die folgende Gleichung?

$$\frac{dy}{dx} = 8x + 3$$

mit

$$y(0) = 12$$

Lösung: $y = 4x^2 + 3x + 12$

a) Multiplizieren Sie beide Seiten mit dx:

$$dy = 8xdx + 3dx$$

b) Integrieren Sie beide Seiten, um das Folgende zu erhalten, wobei c ein Integrationsfaktor ist:

$$y = 4x^2 + 3x + c$$

c) Wenden Sie die Anfangsbedingung an:

$$c = 12$$

d) Nachdem Sie nach c aufgelöst haben, können Sie die Lösung ermitteln:

$$y = 4x^2 + 3x + 12$$

9. Wie lautet y für die folgende Gleichung:

$$\frac{dy}{dx} = 4y - 8$$

mit

$$y(0) = 5$$

Lösung: $y = 2 + 3e^{4x}$

a) Mit ein bisschen Algebra erhalten Sie:

$$\frac{dy/dx}{y - 2} = 4$$

b) Anschließend multiplizieren Sie beide Seiten mit dx:

$$\frac{dy}{y - 2} = 4dx$$

c) Integrieren Sie:

$$ln|y - 2| = 4x + c$$

d) Erheben Sie e in die Potenz der beiden Seiten:

$$y = 2 + ce^{4x}$$

e) Schließlich wenden Sie die Anfangsbedingung an:

$y = 2 + 3e^{4x}$

10. Lösen Sie in dieser Differentialgleichung nach y auf:

$\dfrac{dy}{dx} = 3y - 9$

mit

$y(0) = 9$

Lösung: $y = 3 + 6e^{3x}$

a) Mit ein bisschen Algebra formen Sie die Gleichung wie folgt um:

$\dfrac{dy/dx}{y-3} = 3$

b) Anschließend multiplizieren Sie beide Seiten mit dx:

$\dfrac{dy}{y-3} = 3dx$

c) Integrieren Sie:

$ln|y-3| = 3x + c$

d) Erheben Sie e in die Potenz der beiden Seiten:

$y = 3 + ce^{3x}$

e) Schließlich wenden Sie die Anfangsbedingung an:

$y = 3 + 6e^{3x}$

11. Wie lautet y für die folgende Gleichung:

$\dfrac{dy}{dx} = 9y - 18$

mit

$y(0) = 5$

Lösung: $y = 2 + 3e^{9x}$

a) Zuerst wenden Sie ein bisschen Algebra an:

$\dfrac{dy/dx}{y-2} = 9$

b) Anschließend multiplizieren Sie beide Seiten mit dx:

$\dfrac{dy}{y-2} = 9dx$

c) Integrieren Sie:

$ln|y - 2| = 9x + c$

d) Erheben Sie *e* in die Potenz der beiden Seiten:

$y = 2 + ce^{9x}$

e) Schließlich wenden Sie die Anfangsbedingung an:

$y = 2 + 3e^{9x}$

12. Lösen Sie in dieser Differentialgleichung nach *y* auf:

$$\frac{dy}{dx} = 4y - 20$$

mit

$y(0) = 16$

Lösung: $y = 5 + 11e^{4x}$

a) Mit ein bisschen Algebra formen Sie die Gleichung wie folgt um:

$$\frac{dy/dx}{y - 5} = 4$$

b) Anschließend multiplizieren Sie beide Seiten mit *dx*:

$$\frac{dy}{y - 5} = 4dx$$

c) Integrieren Sie:

$ln|y - 5| = 4x + c$

d) Erheben Sie *e* in die Potenz der beiden Seiten:

$y = 5 + ce^{4x}$

e) Schließlich wenden Sie die Anfangsbedingung an:

$y = 5 + 11e^{4x}$

13. Lösen Sie mit Hilfe eines Integrationsfaktors nach *y* auf:

$$\frac{dy}{dx} + 2y = 4$$

mit

$y(0) = 3$

Lösung: $y = 2 + e^{-2x}$

a) Multiplizieren Sie beide Seiten der Gleichung mit µ(*x*), um Folgendes zu erhalten:

$$\mu(x)\frac{dy}{dx} + 2\mu(x)y = 4\mu(x)$$

b) Setzen Sie die linke Seite gleich einer Ableitung (in diesem Fall der Ableitung eines Produkts):

$$\frac{d(\mu(x)y)}{dx} = \mu(x)\frac{dy}{dx} + \frac{d\mu(x)}{dx}y$$

c) Anschließend setzen Sie die rechte Seite der Gleichung aus Schritt 2 gleich der linken Seite der Gleichung aus Schritt 1:

$$\frac{d\mu(x)}{dx} = 2\mu(x)$$

d) Ordnen Sie die Terme neu an, um Folgendes zu erhalten:

$$\frac{d\mu(x)}{\mu(x)} = 2dx$$

e) Jetzt integrieren Sie:

$$ln|\mu(x)| = 2x + b$$

f) Erheben Sie e in die Potenz beider Seiten (mit $c = e^b$), um Folgendes zu erhalten:

$$\mu(x) = ce^{2x}$$

g) Multiplizieren Sie die ursprüngliche Differentialgleichung mit dem Integrationsfaktor (und kürzen Sie c weg):

$$e^{2x}\frac{dy}{dx} + 2e^{2x}y = 4e^{2x}$$

h) Anschließend fassen Sie die Terme auf der linken Seite dieser Gleichung zusammen:

$$\frac{d(e^{2x}y)}{dx} = 4e^{2x}$$

i) Jetzt multiplizieren Sie mit dx:

$$d(e^{2x}y) = 4e^{2x}dx$$

j) Integrieren Sie:

$$e^{2x}y = 2e^{2x} + c$$

k) Anschließend dividieren Sie beide Seiten durch e^{2x}, um Folgendes zu erhalten:

$$y = 2 + ce^{-2x}$$

l) Jetzt wenden Sie die Anfangsbedingung an, um Ihre Lösung zu erhalten:

$$y = 2 + e^{-2x}$$

14. Bestimmen Sie in der folgenden Differentialgleichung y mit Hilfe eines Integrationsfaktors:

$$\frac{dy}{dx} + 3y = 9$$

mit

$y(0) = 8$

Lösung: $y = 3 + 5e^{-3x}$

a) Multiplizieren Sie beide Seiten der Gleichung mit µ(x):

$$\mu(x)\frac{dy}{dx} + 3\mu(x)y = 9\mu(x)$$

b) Finden Sie in der linken Seite eine Ableitung (in diesem Fall der Ableitung eines Produkts):

$$\frac{d(\mu(x)y)}{dx} = \mu(x)\frac{dy}{dx} + \frac{d\mu(x)}{dx}y$$

c) Anschließend setzen Sie die rechte Seite der Gleichung aus Schritt 2 gleich der linken Seite der Gleichung aus Schritt 1:

$$\frac{d\mu(x)}{dx} = 3\mu(x)$$

d) Ordnen Sie die Terme neu an, um Folgendes zu erhalten:

$$\frac{d\mu(x)}{\mu(x)} = 3dx$$

e) Jetzt integrieren Sie:

$ln|\mu(x)| = 3x + b$

f) Erheben Sie *e* in die Potenz beider Seiten (mit $c = e^b$):

$\mu(x) = ce^{3x}$

g) Multiplizieren Sie die ursprüngliche Differentialgleichung mit dem Integrationsfaktor (und kürzen Sie *c* weg):

$$e^{3x}\frac{dy}{dx} + 3e^{3x}y = 9e^{3x}$$

h) Anschließend fassen Sie die Terme auf der linken Seite dieser Gleichung zusammen:

$$\frac{d(e^{3x}y)}{dx} = 9e^{3x}$$

i) Jetzt multiplizieren Sie mit *dx*:

$d(e^{3x}y) = 9e^{3x}dx$

j) Integrieren Sie:

$e^{3x}y = 3e^{3x} + c$

k) Anschließend dividieren Sie beide Seiten durch e^{3x}, um Folgendes zu erhalten:

$y = 3 + ce^{-3x}$

l) Jetzt wenden Sie die Anfangsbedingung an, um Ihre Lösung zu erhalten:

$y = 3 + 5e^{-3x}$

15. Lösen Sie mit Hilfe eines Integrationsfaktors nach y auf:

$$\frac{dy}{dx} + 2y = 14$$

mit

$y(0) = 9$

Lösung: $y = 7 + 2e^{-2x}$

a) Multiplizieren Sie beide Seiten der Gleichung mit $\mu(x)$, um Folgendes zu erhalten:

$$\mu(x)\frac{dy}{dx} + 2\mu(x)y = 14\mu(x)$$

b) Setzen Sie die linke Seite gleich einer Ableitung (in diesem Fall der Ableitung eines Produkts):

$$\frac{d(\mu(x)y)}{dx} = \mu(x)\frac{dy}{dx} + \frac{d\mu(x)}{dx}y$$

c) Anschließend setzen Sie die rechte Seite der Gleichung aus Schritt 2 gleich der linken Seite der Gleichung aus Schritt 1:

$$\frac{d\mu(x)}{dx} = 2\mu(x)$$

d) Ordnen Sie die Terme neu an, um Folgendes zu erhalten:

$$\frac{d\mu(x)}{\mu(x)} = 2dx$$

e) Jetzt integrieren Sie:

$ln|\mu(x)| = 2x + b$

f) Erheben Sie e in die Potenz beider Seiten (mit $c = e^b$):

$\mu(x) = ce^{2x}$

g) Multiplizieren Sie die ursprüngliche Differentialgleichung mit dem Integrationsfaktor (und kürzen Sie c weg):

$$e^{2x}\frac{dy}{dx} + 2e^{2x}y = 14e^{2x}$$

h) Anschließend fassen Sie die Terme auf der linken Seite dieser Gleichung zusammen:

$$\frac{d(e^{2x}y)}{dx} = 14e^{2x}$$

i) Jetzt multiplizieren Sie mit dx:

$$d(e^{2x}y) = 14e^{2x}dx$$

j) Integrieren Sie:

$$e^{2x}y = 7e^{2x} + c$$

k) Anschließend dividieren Sie beide Seiten durch e^{3x}, um Folgendes zu erhalten:

$$y = 7 + ce^{-2x}$$

l) Jetzt wenden Sie die Anfangsbedingung an, um Ihre Lösung zu erhalten:

$$y = 7 + 2e^{-2x}$$

16. Bestimmen Sie in der folgenden Differentialgleichung y mit Hilfe eines Integrationsfaktors:

$$\frac{dy}{dx} + 9y = 63$$

mit

$$y(0) = 8$$

Lösung: $y = 7 + e^{-9x}$

a) Multiplizieren Sie beide Seiten der Gleichung mit $\mu(x)$:

$$\mu(x)\frac{dy}{dx} + 9\mu(x)y = 63\mu(x)$$

b) Setzen Sie die linke Seite gleich einer Ableitung (in diesem Fall der Ableitung eines Produkts):

$$\frac{d(\mu(x)y)}{dx} = \mu(x)\frac{dy}{dx} + \frac{d\mu(x)}{dx}y$$

c) Anschließend setzen Sie die rechte Seite der Gleichung aus Schritt 2 gleich der linken Seite der Gleichung aus Schritt 1:

$$\frac{d\mu(x)}{dx} = 9\mu(x)$$

d) Ordnen Sie die Terme neu an, um Folgendes zu erhalten:

$$\frac{d\mu(x)}{\mu(x)} = 9dx$$

e) Jetzt integrieren Sie:

$$ln|\mu(x)| = 9x + b$$

f) Erheben Sie e in die Potenz beider Seiten (mit $c = e^b$):

$$\mu(x) = ce^{9x}$$

g) Multiplizieren Sie die ursprüngliche Differentialgleichung mit dem Integrationsfaktor (und kürzen Sie c weg):

$$ce^{9x}\frac{dy}{dx} + 9e^{9x}y = 63e^{9x}$$

h) Anschließend fassen Sie die Terme auf der linken Seite dieser Gleichung zusammen:

$$\frac{d(e^{9x}y)}{dx} = 63e^{9x}$$

i) Jetzt multiplizieren Sie mit dx:

$$d(e^{9x}y) = 63e^{9x}dx$$

j) Integrieren Sie:

$$e^{9x}y = 7e^{9x} + c$$

k) Anschließend dividieren Sie beide Seiten durch e^{9x}, um Folgendes zu erhalten:

$$y = 7 + ce^{-9x}$$

l) Jetzt wenden Sie die Anfangsbedingung an, um Ihre Lösung zu erhalten:

$$y = 7 + e^{-9x}$$

Separierbare Differentialgleichungen erster Ordnung

In diesem Kapitel...

▶ Separierbare Differentialgleichungen genauer betrachten
▶ Implizite Lösungen erhalten
▶ Den Trick mit dem $y = vx$ für separierbare Differentialgleichungen üben
▶ Separierbare Differentialgleichungen erster Ordnung mit Anfangsbedingungen lösen

---

Wir sind bei den separierbaren Differentialgleichungen angelangt! Sie kennen sie bereits, vielleicht lieben Sie sie sogar. Schließlich ermöglichen sie Ihnen, die Variablen so zu trennen, dass nur jeweils eine Variable auf einer Seite des Gleichheitszeichens erscheint. Man kann gar nicht anders, als sie zu lieben!

In diesem Kapitel werden Sie sich nicht auf lineare Differentialgleichungen beschränken (um die es schon in Kapitel 1 ging). Vielmehr werden Sie Dinge wie die Folgenden sehen:

$$\frac{dy}{dx} + ay^2 = g(x)$$

Weil aber die Gleichungen in diesem Kapitel immer noch erster Ordnung sind, können Sie Dinge wie die Folgenden erwarten:

$$M(x, y) + N(x, y)\frac{dy}{dx} = 0$$

Um die Form dieser Differentialgleichung noch weiter einzugrenzen, sagen wir, $M(x, y)$ ist einfach eine Funktion von x, d.h. $M(x)$. Analog dazu kann man sagen, dass $N(x, y)$ eine Funktion von y ist, d.h. $N(y)$. Daraus ergibt sich:

$$M(x) + N(y)\frac{dy}{dx} = 0$$

Diese Differentialgleichung wird als *separierbar* bezeichnet, weil sie in einer Form dargestellt werden kann, in der alle x auf der einen Seite und alle y auf der anderen Seite stehen.

Wenn Sie beispielsweise mit dx multiplizieren, erhalten Sie

$$M(x)dx + N(y)dy = 0$$

Dies kann auch wie folgt ausgedrückt werden:

$$M(x)dx = -N(y)dy$$

Das bedeutet, Sie haben die Differentialgleichung so separiert, dass x nur auf einer Seite, y nur auf der anderen erscheint.

Nachdem dies geklärt ist, können Sie weiterlesen. In den folgenden Abschnitten erfahren Sie, wie Sie implizite Lösungen finden, wie Sie das scheinbar untrennbare trennbar machen, und wie sich die Anfangsbedingungen auf eine separierbare Differentialgleichung auswirken.

Das kleine Einmaleins der separierbaren Differentialgleichungen

Wenn Sie eine Differentialgleichung separieren können, sind Sie der Lösung schon sehr viel näher. Hier die allgemeine Form einer separierbaren Differentialgleichung erster Ordnung:

$$M(x) + N(y)\frac{dy}{dx} = 0$$

Beachten Sie, dass $M(x)$ und $N(y)$ nicht linear in x bzw. y sein müssen. Beispielsweise ist die folgende Differentialgleichung separierbar, aber nicht linear:

$$x + y^2 \frac{dy}{dx} = 0$$

Diese Gleichung können Sie separieren:

$$x\,dx + y^2 dy = 0$$

Damit erhalten Sie:

$$x\,dx = -y^2 dy$$

Wie Sie sehen, ist die resultierende Gleichung klar separiert.

Jetzt betrachten Sie die folgende Differentialgleichung:

$$\frac{dy}{dx} - x^2 = 0$$

mit

$$y(0) = 0$$

Diese Differentialgleichung können Sie separieren in

$$dy = x^2 dx$$

Durch Integration beider Seiten erhalten Sie:

$$y = \frac{x^3}{3} + c$$

Durch Anwendung der Anfangsbedingung $y(0) = 0$ erhalten Sie

$$c = 0$$

Die Lösung lautet also

$$y = \frac{x^3}{3}$$

2 ▶ Separierbare Differentialgleichungen erster Ordnung

Es folgt ein weiteres Beispiel für eine typische separierbare Differentialgleichung erster Ordnung, gefolgt von ein paar Übungsaufgaben, die Sie selbst bearbeiten können.

Frage

Lösen Sie die folgende Differentialgleichung:

$$\frac{dy}{dx} - x - x^2 = 0$$

mit

$y(0) = 1$

Antwort

$$y = \frac{x^2}{2} + \frac{x^3}{3} + 1$$

1. Multiplizieren Sie beide Seiten mit dx:

   $dy - xdx - x^2 dx = 0$

2. Bringen Sie die x- und y-Terme auf unterschiedliche Seiten des Gleichheitszeichens:

   $dy = xdx + x^2 dx$

3. Jetzt integrieren Sie:

   $$y = \frac{x^2}{2} + \frac{x^3}{3} + c$$

4. Wenden Sie die Anfangsbedingung an, um Folgendes zu erhalten:

   $c = 1$

5. Voilà! Die Lösung lautet:

   $$y = \frac{x^2}{2} + \frac{x^3}{3} + 1$$

Aufgabe 1

Lösen Sie die folgende Differentialgleichung:

$$\frac{dy}{dx} - x^3 = 0$$

mit

$y(0) = 5$

Lösung

Aufgabe 2

Bestimmen Sie die Lösung der folgenden Differentialgleichung:

$$\frac{dy}{dx} - \cos(x) = 0$$

mit

$y(0) = 1$

Lösung

Aufgabe 3

Lösen Sie die folgende Differentialgleichung:

$$y\frac{dy}{dx} - x = 0$$

mit

$$y(0) = 0$$

Lösung

Aufgabe 4

Lösen Sie die folgende Differentialgleichung:

$$\frac{dy}{dx} - x^3 - x^4 = 0$$

mit

$$y(0) = 0$$

Lösung

Aufgabe 5

Lösen Sie die folgende Differentialgleichung:

$$\cos(y)\frac{dy}{dx} - x = 0$$

mit

$$y(0) = 0$$

Lösung

Aufgabe 6

Wie lautet die Lösung für die folgende Differentialgleichung?

$$e^y \frac{dy}{dx} - 2x = 0$$

mit

$$y(0) = \ln(2)$$

Lösung

Implizite Lösungen finden

Die Separierung von Differentialgleichung in x- und y-Teile ist schon sehr hilfreich. Manchmal kommt man aber nicht zu einer klaren Lösung mit $y = f(x)$, wie sehr Sie es auch versuchen. Was machen Sie beispielsweise mit einer Differentialgleichung wie der Folgenden:

$$\frac{dy}{dx} = \frac{x^2}{1-y^2}$$

Sie können beide Seiten mit dx multiplizieren, und erhalten damit:

$$(1-y^2)dy = x^2 dx$$

Wie Sie sehen, ist dies eine separierbare Differentialgleichung. Durch Integration beider Seiten erhalten Sie

$$y - \frac{y^3}{3} = \frac{x^3}{3} + c$$

Das sieht nicht wirklich so aus, als könnten Sie es ohne weiteres in der Form $y = f(x)$ schreiben. Es handelt sich hier nämlich um eine *implizite Lösung*; das ist eine Art von Lösung, die Sie nicht als $y = f(x)$ schreiben können. (Lösungen, die so dargestellt werden können, werden als *explizite Lösungen* bezeichnet.)

Obwohl es hilfreich sein kann, implizite Lösungen zu finden, müssen Sie manchmal numerische Methoden auf einem Computer zu Hilfe nehmen, um die Differentialgleichung in die Standardform $y = f(x)$ umzuwandeln. In einigen Situationen kann die Bestimmung einer impliziten Lösung auch das allerbeste sein, was Sie tun können.

Versuchen Sie, die folgende Aufgabe mit impliziter Lösung zu lösen. Daran anschließend finden Sie mehrere Aufgaben zur Übung.

Frage

Bestimmen Sie eine implizite Lösung für die folgende Differentialgleichung:

$$(y-y^2)\frac{dy}{dx} - x^2 = 0$$

Antwort

$$\frac{y^2}{2} - \frac{y^3}{3} = \frac{x^3}{3} + c$$

1. Multiplizieren Sie beide Seiten mit dx:

$$(y-y^2)dy - x^2 dx = 0$$

2. Bringen Sie die x- und y-Terme auf jeweils eine Seite des Gleichheitszeichens:

$$(y-y^2)dy = x^2 dx$$

3. Integrieren Sie:

$$\frac{y^2}{2} - \frac{y^3}{3} = \frac{x^3}{3} + c$$

Aufgabe 7

Bestimmen Sie die implizite Lösung für diese Differentialgleichung:

$$(y^2 + y)\frac{dy}{dx} - x = 0$$

Lösung

Aufgabe 8

Welche implizite Lösung hat die folgende Differentialgleichung?

$$(y^3 + y^2 + y)\frac{dy}{dx} - x^2 - x = 0$$

Lösung

Aufgabe 9

Bestimmen Sie die implizite Lösung für diese Differentialgleichung:

$$\sin(y)\frac{dy}{dx} - \cos(x) = 0$$

Lösung

Aufgabe 10

Wie lautet die implizite Lösung für die folgende Gleichung:

$$(e^y + 3y^2)\frac{dy}{dx} - 2x = 0$$

Lösung

Und nun die Tricks: Das scheinbar Untrennbare separieren

Manchmal kann man Differentialgleichungen, die aussehen, als könne man sie nicht separieren, in separierbare Differentialgleichungen umwandeln. Dazu wenden Sie einen Trick an. Und warum sollten Sie das tun? Weil separierbare Gleichungen in der Regel sehr viel einfacher zu lösen sind als nicht separierbare Differentialgleichungen.

Der Trick bei der Konvertierung einer Differentialgleichung ist, einfach $y = vx$ in der Gleichung zu substituieren. Häufig erhält man dadurch eine einfacher zu lösende Gleichung:

Die Verwendung von $y = vx$ ist ein praktischer Trick, wenn Ihre Differentialgleichung die folgende Form hat:

$$\frac{dy}{dx} = f(x, y)$$

Beachten Sie, dass dieser Trick nur dann funktioniert, wenn $f(x, y) = f(tx, ty)$, wobei t eine Konstante ist (d.h. wenn Sie tx für x und ty für y einsetzen, kürzt sich das t weg.)

Betrachten Sie die folgende Aufgabe:

$$\frac{dy}{dx} = \frac{2y^3 + x^3}{xy^2}$$

Diese Differentialgleichung scheint dem Uneingeweihten hoffnungslos unseparierbar, aber glücklicherweise kennen Sie den Trick mit dem $y = vx$!

Die wichtigen Dinge zuerst! Stellen Sie sicher, dass $f(x, y) = f(tx, ty)$. Wenn Sie tx für x und ty für y einsetzen, erhalten Sie:

$$\frac{dy}{dx} = \frac{2t^3y^3 + t^3x^3}{t^3xy^2}$$

Das t kürzt sich weg und Sie erhalten:

$$\frac{dy}{dx} = \frac{2y^3 + x^3}{xy^2}$$

Es gilt also $f(x, y) = f(tx, ty)$, d.h. Sie können den Trick mit dem $y = vx$ anwenden. Wenn Sie in dieser Differentialgleichung $y = vx$ substituieren, erhalten Sie:

$$v + x\frac{dv}{dx} = \frac{2(xv)^3 + x^3}{x(xv)^2}$$

Das wird zu:

$$x\frac{dv}{dx} = \frac{v^3 + 1}{v^2}$$

Sieht aus, als könne diese Gleichung separiert werden. Sie erhalten dafür:

$$\frac{dx}{x} = \frac{v^2 dv}{v^3 + 1}$$

Nicht schlecht. Jetzt können Sie integrieren und erhalten:

$$\ln(x) = \frac{\ln(v^3 + 1)}{3} + k$$

Dabei ist k eine Integrationskonstante. Unter Ausnutzung der Tatsache, dass

$$\ln(a) + \ln(b) = \ln(ab)$$

und

$$a \ln(b) = \ln(b^a)$$

erhalten Sie

$$v^3 + 1 = (mx)^3$$

Dabei ist m eine Konstante.

Diese Gleichung wird immer noch mit v- und x-Termen dargestellt, Sie brauchen jedoch eine Lösung mit x- und y-Termen. Substituieren Sie! Aus

$$v = {y}/{x}$$

erhalten Sie

$$({y}/{x})^3 + 1 = (mx)^3$$

oder

$$y^3 + x^3 = m^3 x^6$$

Bei der Auflösung nach y erhalten Sie:

$$y = (cx^6 - x^3)^{1/3}$$

Dabei ist c eine Konstante. Und das ist die Lösung. Sind Sie beeindruckt?

Wenn Sie ein weiteres Beispiel für die Anwendung dieses praktischen Tricks brauchen, sehen Sie sich die folgende Aufgabe an. Damit werden Sie sich sehr schnell sehr viel leichter mit Differentialgleichungen tun. Wenn Sie das Konzept verstanden haben, lösen Sie die nachfolgenden Übungsaufgaben.

2 ▸ Separierbare Differentialgleichungen erster Ordnung

Frage

Lösen Sie diese Differentialgleichung, indem Sie sie in eine separierbare Form bringen:

$$\frac{dy}{dx} = \frac{x^4 + 2y^4}{xy^3}$$

Antwort

$y = (cx^8 - x^3)^{1/4}$

1. Überprüfen Sie als erstes, ob $f(x, y) = f(tx, ty)$. Wenn Sie tx für x und ty für y einsetzen, erhalten Sie:

$$\frac{dy}{dx} = \frac{t^4 x^4 + 2t^4 y^4}{tx\, t^3 y^3}$$

Weil sich das t wegkürzt, können Sie den Trick mit dem $y = vx$ anwenden.

2. Setzen Sie in der Gleichung $y = vx$ ein. Damit erhalten Sie:

$$v + x\frac{dv}{dx} = \frac{x^4 + 2v^4 x^4}{x(xv)^3}$$

Dies wird zu

$$x\frac{dv}{dx} = \frac{v^4 + 1}{v^3}$$

3. Separieren Sie dieses Ergebnis. Sie erhalten:

$$\frac{dx}{x} = \frac{v^3 dv}{v^4 + 1}$$

4. Anschließend integrieren Sie (wobei k eine Integrationskonstante ist):

$$\ln(x) = \frac{\ln(v^4 + 1)}{4} + k$$

5. Unter Nutzung der Tatsache, dass
$\ln(a) + \ln(b) = \ln(ab)$
und
$a \ln(b) = \ln(b^a)$
erhalten Sie:
$v^4 + 1 = (mx)^4$
Dabei ist m eine Konstante.

6. Anschließend setzen Sie $v = y/x$ ein:

$$(y/x)^4 + 1 = (mx)^4$$

oder

$$y^4 + x^4 = m^4 x^8$$

7. Und schließlich lösen Sie nach y auf, um Folgendes zu erhalten:

$y = (mx^8 - x^4)^{1/4}$

Dabei ist m eine Konstante.

Aufgabe 11

Lösen Sie diese Differentialgleichung, indem Sie sie separieren:

$$\frac{dy}{dx} = \frac{2x^4 + 2y^4}{xy^3}$$

Lösung

Aufgabe 12

Wandeln Sie diese Gleichung um, so dass sie separierbar wird, und lösen Sie sie:

$$\frac{dy}{dx} = \frac{x^2 + 2y^2}{xy}$$

Lösung

Aufgabe 13

Lösen Sie die folgende Differentialgleichung, indem Sie sie separieren:

$$\frac{dy}{dx} = \frac{x^3 + 2y^3}{xy^2}$$

Lösung

Aufgabe 14

Wandeln Sie diese Gleichung um, so dass sie separierbar wird, und lösen Sie sie:

$$\frac{dy}{dx} = \frac{5x^5 + 2y^5}{xy^4}$$

Lösung

Vertiefen Sie Ihre Separationskenntnisse!

Hier haben Sie die Gelegenheit, einige allgemeine separierbare Differentialgleichungen erster Ordnung zu bearbeiten. (Ich verspreche Ihnen, dass es mehr Spaß macht, als an Ihrem Bleistift zu kauen, atmen Sie also aus!). Ich habe hier völlig unterschiedliche Differentialgleichungen aufgeführt, so dass Sie mit den verschiedensten Konstellationen arbeiten können. Zunächst jedoch ein schnelles Beispiel:

Frage

Lösen Sie diese Differentialgleichung:

$$\frac{dy}{dx} = \frac{x^2}{y}$$

Antwort

$$y = \left(2\frac{x^3}{3} + c\right)^{1/2}$$

1. Separieren Sie die Gleichung, um Folgendes zu erhalten:

$$y\frac{dy}{dx} = x^2$$

2. Multiplizieren Sie beide Seiten mit dx:

$$y\,dy = x^2\,dx$$

3. Integrieren Sie beide Seiten der Gleichung:

$$\frac{y^2}{2} = \frac{x^3}{3} + c$$

4. Multiplizieren Sie mit 2 (und nehmen Sie 2 in die Konstante c auf):

$$y^2 = 2\frac{x^3}{3} + c$$

5. Schließlich erhalten Sie:

$$y = \left(2\frac{x^3}{3} + c\right)^{1/2}$$

Aufgabe 15

Lösen Sie die folgende Differentialgleichung, indem Sie sie separieren:

$$\frac{dy}{dx} = \frac{x^2}{y(1+x^3)}$$

Lösung

Aufgabe 16

Wie lautet die Lösung, wenn Sie diese Gleichung separieren:

$$\frac{dy}{dx} - y^2 \sin(x) = 0$$

Lösung

Aufgabe 17

Bestimmen Sie die Lösung für die folgende Gleichung, indem Sie sie separieren:

$$\frac{dy}{dx} = \frac{(4x^3 - 1)}{y}$$

Lösung

Aufgabe 18

Lösen Sie die folgende Differentialgleichung, indem Sie sie separieren:

$$x \frac{dy}{dx} = (1 - y^2)^{1/2}$$

Lösung

Aufgabe 19

Wie lautet die Lösung, wenn Sie diese Gleichung separieren?

$$\frac{dy}{dx} = \frac{(5x^4 - 1)}{y^2}$$

Lösung

Aufgabe 20

Bestimmen Sie die Lösung für diese Gleichung, indem Sie sie separieren:

$$\frac{dy}{dx} = \frac{x^2}{1 + y^4}$$

Lösung

Ein erster Blick auf separierbare Gleichungen mit Anfangsbedingungen

In der Welt der Differentialgleichungen werden Sie um eines nicht herumkommen: Irgendwann kommen Sie zu den Anfangsbedingungen für separierbare Differentialgleichungen erster Ordnung. Wenn Sie eine Aufgabe mit Anfangsbedingung lösen müssen, erhält die Aufgabe dadurch eine weitere Dimension, wie Sie anhand des folgenden Beispiels und der Übungsaufgaben erkennen:

Frage

Lösen Sie diese Differentialgleichung:

$$\frac{dy}{dx} = \frac{x^4}{y^2}$$

mit

$$y(0) = 2$$

Antwort

$$y = \left(3\frac{x^5}{5} + 8\right)^{1/3}$$

1. Multiplizieren Sie beide Seiten der Gleichung mit y^2, um Folgendes zu erhalten:

$$y^2 \frac{dy}{dx} = x^4$$

2. Multiplizieren Sie beide Seiten mit dx:

$$y^2 dy = x^4 dx$$

3. Integrieren Sie beide Seiten:

$$\frac{y^3}{3} = \frac{x^5}{5} + c$$

4. Multiplizieren Sie mit 3 (und nehmen Sie 3 in die Konstante c auf):

$$y^3 = 3\frac{x^5}{5} + c$$

5. Ziehen Sie die Wurzel:

$$y = \left(3\frac{x^5}{5} + c\right)^{1/3}$$

6. Lösen Sie nach c auf:

$$2 = (c)^{1/3}$$

7. Hier Ihr Ergebnis:

$$y = \left(3\frac{x^5}{5} + 8\right)^{1/3}$$

Aufgabe 21

Bestimmen Sie die Lösung der folgenden Differentialgleichung:

$$\frac{dy}{dx} = \frac{x^5}{y^3}$$

mit

$$y(0) = 3$$

Lösung

Aufgabe 22

Lösen Sie die folgende Gleichung:

$$\frac{dy}{dx} = \frac{4x^3 + 6x^2}{y^2}$$

mit

$$y(1) = 3$$

Lösung

2 ▶ Separierbare Differentialgleichungen erster Ordnung

Aufgabe 23
Bestimmen Sie die Lösung der folgenden Differentialgleichung:

$$\frac{dy}{dx} = (1 - 2x)y^2$$

mit

$$y(0) = 1$$

Lösung

Aufgabe 24
Lösen Sie die folgende Gleichung:

$$1 - e^{-x}\frac{dy}{dx} = 0$$

mit

$$y(0) = 2$$

Lösung

Lösungen für die Aufgaben zu separierbaren Differentialgleichungen erster Ordnung

Hier folgen die Lösungen für die Übungsaufgaben aus diesem Kapitel. Die Lösungen beschreiben die gestaffelten Vorgehensweisen. Viel Spaß!

1. **Lösen Sie die folgende Differentialgleichung:**

   $$\frac{dy}{dx} - x^3 = 0$$

   mit

   $$y(0) = 5$$

   Lösung:

   $$y = \frac{x^4}{4} + 5$$

   a) Multiplizieren Sie zuerst beide Seiten mit dx:

   $$dy - x^3 dx = 0$$

   b) Bringen Sie die x- und y-Terme auf jeweils eine Seite des Gleichheitszeichens:

   $$dy = x^3 dx$$

c) Integrieren Sie:

$$y = \frac{x^4}{4} + c$$

d) Wenden Sie schließlich die Anfangsbedingung an, um Folgendes zu erhalten:

$c = 5$

e) Ihre Lösung lautet:

$$y = \frac{x^4}{4} + 5$$

2. Bestimmen Sie die Lösung der folgenden Differentialgleichung

$$\frac{dy}{dx} - \cos(x) = 0$$

mit

$y(0) = 1$

Lösung:

$y = \sin(x) + 1$

a) Multiplizieren Sie zuerst beide Seiten mit *dx*:

$dy - \cos(x)\,dx = 0$

b) Bringen Sie die *x*- und *y*-Terme auf jeweils eine Seite des Gleichheitszeichens:

$dy = \cos(x)\,dx$

c) Integrieren Sie:

$y = \sin(x) + c$

d) Wenden Sie schließlich die Anfangsbedingung an, um Folgendes zu erhalten:

$c = 1$

e) Ihre Lösung lautet:

$y = \sin(x) + 1$

3. Lösen Sie die folgende Differentialgleichung:

$$y\frac{dy}{dx} - x = 0$$

mit

$y(0) = 0$

Lösung:

$y = \pm x$

2 ▶ Separierbare Differentialgleichungen erster Ordnung

a) Multiplizieren Sie zuerst beide Seiten mit dx:

$y\,dy - x\,dx = 0$

b) Bringen Sie die x- und y-Terme auf jeweils eine Seite des Gleichheitszeichens:

$y\,dy = x\,dx$

c) Integrieren Sie:

$$\frac{y^2}{2} = \frac{x^2}{2} + c$$

d) Wenden Sie schließlich die Anfangsbedingung an, um Folgendes zu erhalten:

$c = 0$

Das bedeutet:

$$\frac{y^2}{2} = \frac{x^2}{2}$$

e) Multiplizieren Sie mit 2:

$y^2 = x^2$

f) Ihre Lösung lautet:

$y = \pm x$

4. Lösen Sie die folgende Differentialgleichung:

$$\frac{dy}{dx} - x^3 - x^4 = 0$$

mit

$y(0) = 0$

Lösung:

$$y = \frac{x^4}{4} + \frac{x^5}{5}$$

a) Multiplizieren Sie zuerst beide Seiten mit dx:

$dy - x^3 dx - x^4 dx = 0$

b) Bringen Sie die x- und y-Terme auf jeweils eine Seite des Gleichheitszeichens:

$dy = x^3 dx + x^4 dx$

c) Integrieren Sie:

$$y = \frac{x^4}{4} + \frac{x^5}{5} + c$$

d) Wenden Sie schließlich die Anfangsbedingung an, um Folgendes zu erhalten:

$c = 0$

e) Ihre Lösung lautet:
$$y = \frac{x^4}{4} + \frac{x^5}{5}$$

5. Lösen Sie die folgende Differentialgleichung:
$$\cos(y)\frac{dy}{dx} - x = 0$$

mit

$$y(0) = 0$$

Lösung:

$$y = \sin^{-1}\left(\frac{x^2}{2} + n\pi\right) \quad n = 0, 1, 2, \ldots$$

a) Multiplizieren Sie zuerst beide Seiten mit dx:
$$\cos(y)\,dy - x\,dx = 0$$

b) Bringen Sie die x- und y-Terme auf jeweils eine Seite des Gleichheitszeichens:
$$\cos(y)\,dy = x\,dx$$

c) Integrieren Sie:
$$\sin(y) = \frac{x^2}{2} + c$$

d) Bestimmen Sie den inversen Sinus:
$$y = \sin^{-1}\left(\frac{x^2}{2} + c\right)$$

e) Wenden Sie schließlich die Anfangsbedingung an, um Folgendes zu erhalten:
$$c = n\pi \quad n = 0, 1, 2 \ldots$$

f) Ihre Lösung lautet:
$$y = \sin^{-1}\left(\frac{x^2}{2} + n\pi\right) \quad n = 0, 1, 2, \ldots$$

6. Wie lautet die Lösung für die folgende Differentialgleichung?
$$e^y \frac{dy}{dx} - 2x = 0$$

mit

$$y(0) = \ln(2)$$

Lösung:

$$y = \ln|x^2 + 2|$$

2 ▸ Separierbare Differentialgleichungen erster Ordnung

a) Multiplizieren Sie zuerst beide Seiten mit dx:

$e^y dy - 2xdx = 0$

b) Bringen Sie die x- und y-Terme auf jeweils eine Seite des Gleichheitszeichens:

$e^y dy = 2xdx$

c) Integrieren Sie:

$e^y = x^2 + c$

und bestimmen Sie den natürlichen Logarithmus:

$y = \ln|x^2 + c|$

d) Wenden Sie schließlich die Anfangsbedingung an, um Folgendes zu erhalten:

$c = 2$

e) Ihre Lösung lautet:

$y = \ln|x^2 + 2|$

7. Bestimmen Sie die implizite Lösung für diese Differentialgleichung:

$(y^2 + y)\dfrac{dy}{dx} - x = 0$

Lösung:

$\dfrac{y^3}{3} + \dfrac{y^2}{2} = \dfrac{x^2}{2} + c$

a) Multiplizieren Sie zuerst beide Seiten mit dx:

$(y^2 + y)dy - xdx = 0$

b) Bringen Sie die x- und y-Terme auf jeweils eine Seite des Gleichheitszeichens:

$(y^2 + y)dy = xdx$

c) Integrieren Sie, um Folgendes zu erhalten:

$\dfrac{y^3}{3} + \dfrac{y^2}{2} = \dfrac{x^2}{2} + c$

8. Welche implizite Lösung hat die folgende Differentialgleichung?

$(y^3 + y^2 + y)\dfrac{dy}{dx} - x^2 - x = 0$

Lösung:

$\dfrac{y^4}{4} + \dfrac{y^3}{3} + \dfrac{y^2}{2} = \dfrac{x^3}{3} + \dfrac{x^2}{2} + c$

a) Multiplizieren Sie zuerst beide Seiten mit dx:

$(y^3 + y^2 + y)dy - x^2 dx - x dx = 0$

b) Bringen Sie die x- und y-Terme auf jeweils eine Seite des Gleichheitszeichens:

$(y^3 + y^2 + y)dy = x^2 dx + x dx$

c) Integrieren Sie, um Folgendes zu erhalten:

$$\frac{y^4}{4} + \frac{y^3}{3} + \frac{y^2}{2} = \frac{x^3}{3} + \frac{x^2}{2} + c$$

9. Bestimmen Sie die implizite Lösung für diese Differentialgleichung:

$$\sin(y)\frac{dy}{dx} - \cos(x) = 0$$

Lösung:

$y = \cos^{-1}(\sin(x)) + C$

a) Multiplizieren Sie zuerst beide Seiten mit dx:

$\sin(y)dy - \cos(x)dx = 0$

b) Bringen Sie die x- und y-Terme auf jeweils eine Seite des Gleichheitszeichens:

$\sin(y)\,dy = \cos(x)\,dx$

c) Integrieren Sie, um Folgendes zu erhalten (wobei C eine Integrationskonstante ist):

$-\cos(y) = \sin(x) + C$

d) Das Ergebnis ist eine explizite Lösung:

$y = \cos^{-1}(\sin(x)) + C$

10. Wie lautet die implizite Lösung für die folgende Gleichung:

$$(e^y + 3y^2)\frac{dy}{dx} - 2x = 0$$

Lösung:

$e^y + y^3 = x^2$

a) Multiplizieren Sie zuerst beide Seiten der Gleichung mit dx:

$(e^y + 3y^2)dy - 2x dx = 0$

b) Bringen Sie die x- und y-Terme auf jeweils eine Seite des Gleichheitszeichens:

$(e^y + 3y^2)dy = 2x dx$

c) Integrieren Sie:

$e^y + y^3 = x^2$

2 ▶ Separierbare Differentialgleichungen erster Ordnung

11. **Lösen Sie diese Differentialgleichung, indem Sie sie separieren:**

$$\frac{dy}{dx} = \frac{2x^4 + 2y^4}{xy^3}$$

Lösung:

$$y = (mx^8 - 2x^4)^{1/4}$$

a) **Prüfen Sie, ob $f(x, y) = f(tx, ty)$. Durch Einsetzen von tx für x und ty für y erhalten Sie:**

$$\frac{dy}{dx} = \frac{2t^4x^4 + 2t^4y^4}{tx\, t^3\, y^3}$$

Das t kürzt sich weg, d.h. Sie können den Trick mit $y = vx$ ausprobieren.

b) **Setzen Sie $y = vx$, um Folgendes zu erhalten:**

$$v + x\frac{dv}{dx} = \frac{2x^4 + 2v^4 x^4}{x(xv)^3}$$

Dies wird zu:

$$x\frac{dv}{dx} = \frac{v^4 + 2}{v^3}$$

c) **Separieren Sie die Terme wie folgt:**

$$\frac{dx}{x} = \frac{v^3 dv}{v^4 + 2}$$

d) **Integrieren Sie:**

$$\ln(x) = \frac{\ln(v^4 + 2)}{4} + k$$

Hinweis: *Hier ist k eine Integrationskonstante.*

e) **Unter Nutzung der Tatsache, dass**

$$\ln(a) + \ln(b) = \ln(ab)$$

und

$$a \ln(b) = \ln(b^a)$$

erhalten Sie:

$$v^4 + 2 = (mx)^4$$

f) **Substituieren Sie $v = y/x$:**

$$\left(y/x\right)^4 + 2 = (mx)^4$$

oder

$$y^4 + 2x^4 = m^4 x^8$$

g) **Lösen Sie schließlich nach y auf:**

$$y = (mx^8 - 2x^4)^{1/4}$$

Dabei ist m eine Konstante.

12. **Wandeln Sie diese Gleichung um, so dass sie separierbar wird, und lösen Sie sie:**

$$\frac{dy}{dx} = \frac{x^2 + 2y^2}{xy}$$

Lösung:

$$y = (mx^4 - x^2)^{1/2}$$

a) **Prüfen Sie, ob $f(x, y) = f(tx, ty)$. Durch Einsetzen von tx für x und ty für y erhalten Sie:**

$$\frac{dy}{dx} = \frac{t^2 x^2 + 2t^2 y^2}{tx\, ty}$$

Weil das t wegfällt, können Sie den Trick mit $y = vx$ anwenden.

b) **Setzen Sie $y = vx$, um Folgendes zu erhalten:**

$$v + x\frac{dv}{dx} = \frac{x^2 + 2v^2 x^2}{x(xv)}$$

Diese Gleichung wird zu:

$$x\frac{dv}{dx} = \frac{v^2 + 1}{v}$$

c) **Separieren Sie die Variablen x und v:**

$$\frac{dx}{x} = \frac{v\, dv}{v^2 + 1}$$

d) **Integrieren Sie, um Folgendes zu erhalten:**

$$\ln(x) = \frac{\ln(v^2 + 1)}{2} + k$$

Dabei ist k eine Integrationskonstante.

e) **Unter Nutzung der Tatsache, dass**

$$\ln(a) + \ln(b) = \ln(ab)$$

und

$$a \ln(b) = \ln(b^a)$$

erhalten Sie:

$$v^2 + 1 = (mx)^2$$

Dabei ist m eine Konstante.

f) Substituieren Sie $v = y/x$:

$$(y/x)^2 + 1 = (mx)^2$$

oder

$$y^2 + x^2 = m^2 x^4$$

g) Lösen Sie schließlich nach y auf:

$$y = (mx^4 - x^2)^{1/2}$$

Dabei ist m eine Konstante.

13. Lösen Sie die folgende Differentialgleichung, indem Sie sie separieren:

$$\frac{dy}{dx} = \frac{x^3 + 2y^3}{xy^2}$$

Lösung:

$$y = (mx^6 - x^3)^{1/3}$$

a) Prüfen Sie, ob $f(x, y) = f(tx, ty)$. Durch Einsetzen von tx für x und ty für y erhalten Sie:

$$\frac{dy}{dx} = \frac{t^3 x^3 + 2t^2 y^3}{tx\, t^2 y^2}$$

Weil das t wegfällt, können Sie den Trick mit $y = vx$ anwenden.

b) Setzen Sie $y = vx$, um Folgendes zu erhalten:

$$v + x\frac{dv}{dx} = \frac{1 + 2v^3}{v^2}$$

Das wird zu:

$$x\frac{dv}{dx} = \frac{v^3 + 1}{v^2}$$

c) Separieren Sie die Terme wie folgt:

$$\frac{dx}{x} = \frac{v^2 dv}{v^3 + 1}$$

d) Integrieren Sie, um Folgendes zu erhalten:

$$\ln(x) = \frac{\ln(v^3 + 1)}{3} + k$$

Hinweis: Hier ist k eine Integrationskonstante.

e) Unter Nutzung der Tatsache, dass

$$\ln(a) + \ln(b) = \ln(ab)$$

und

$a \ln(b) = \ln(b^a)$

erhalten Sie:

$v^3 + 1 = (mx)^3$

Dabei ist m eine Konstante.

f) **Substituieren Sie $v = y/x$:**

$(y/x)^3 + 1 = (mx)^3$

oder

$y^3 + x^3 = m^3 x^6$

g) **Lösen Sie schließlich nach y auf:**

$y = (mx^6 - x^3)^{1/3}$

Dabei ist m eine Konstante.

14. Wandeln Sie diese Gleichung um, so dass sie separierbar wird, und lösen Sie sie:

$$\frac{dy}{dx} = \frac{5x^5 + 2y^5}{xy^4}$$

Lösung:

$$y = \left(mx^{10} - 5x^5\right)^{1/5}$$

a) **Prüfen Sie, ob $f(x, y) = f(tx, ty)$.** Durch Einsetzen von tx für x und ty für y erhalten Sie:

$$\frac{dy}{dx} = \frac{5t^5 x^5 + 2t^5 y^5}{tx\, t^4 y^4}$$

Weil das t wegfällt, können Sie den Trick mit $y = vx$ anwenden.

b) **Setzen Sie $y = vx$, um Folgendes zu erhalten:**

$$v + x\frac{dv}{dx} = \frac{5x^5 + 2v^5 x^5}{x(xv)^4}$$

Diese Gleichung wird zu:

$$x\frac{dv}{dx} = \frac{5 + v^5}{v^4}$$

c) **Separieren Sie die Variablen x und v:**

$$\frac{dx}{x} = \frac{v^4 dv}{v^5 + 5}$$

2 ▸ Separierbare Differentialgleichungen erster Ordnung

d) Integrieren Sie, um Folgendes zu erhalten:

$$\ln(x) = \frac{\ln(v^5 + 5)}{5} + k$$

Dabei ist k eine Integrationskonstante.

e) Unter Nutzung der Tatsache, dass

$$\ln(a) + \ln(b) = \ln(ab)$$

und

$$a\ln(b) = \ln(b^a)$$

erhalten Sie:

$$v^5 + 5 = (mx)^5$$

Dabei ist m eine Konstante.

f) Substituieren Sie $v = y/x$:

$$\left(y/x\right)^5 + 5 = (mx)^5$$

oder

$$y^5 + 5x^5 = m^5 x^{10}$$

g) Lösen Sie schließlich nach y auf:

$$y = (mx^{10} - 5x^5)^{1/5}$$

Dabei ist m eine Konstante.

15. **Lösen Sie die folgende Differentialgleichung, indem Sie sie separieren:**

$$\frac{dy}{dx} = \frac{x^2}{y(1+x^3)}$$

Lösung:

$$y = \left(2\frac{\ln|1+x^3|}{3} + c\right)^{1/2}$$

a) Multiplizieren Sie beide Seiten mit y:

$$y\frac{dy}{dx} = \frac{x^2}{(1+x^3)}$$

b) Anschließend multiplizieren Sie beide Seiten mit dx:

$$y\,dy = \frac{x^2\,dx}{(1+x^3)}$$

c) Integrieren Sie, um Folgendes zu erhalten:

$$\frac{y^2}{2} = \frac{\ln|1+x^3|}{3} + c$$

d) Multiplizieren Sie mit 2:

$$y^2 = 2\frac{\ln|1+x^3|}{3} + c$$

e) Ziehen Sie die Wurzel, um Folgendes zu erhalten:

$$y = \left(2\frac{\ln|1+x^3|}{3} + c\right)^{1/2}$$

16. Wie lautet die Lösung, wenn Sie diese Gleichung separieren:

$$\frac{dy}{dx} - y^2 \sin(x) = 0$$

Lösung:

$$y = (\cos(x) + c)^{-1}$$

a) Dividieren Sie beide Seiten der Gleichung durch y^2:

$$\frac{1}{y^2}\frac{dy}{dx} - \sin(x) = 0$$

b) Anschließend multiplizieren Sie beide Seiten mit dx:

$$\frac{dy}{x^2} - \sin(x)dx = 0$$

c) Separieren Sie die beiden Terme, um Folgendes zu erhalten:

$$\frac{dy}{y^2} = \sin(x)dx$$

d) Integrieren Sie:

$$y^{-1} = \cos(x) + c$$

e) Anschließend bilden Sie den Kehrwert:

$$y = (\cos(x) + c)^{-1}$$

17. Bestimmen Sie die Lösung für die folgende Gleichung, indem Sie sie separieren:

$$\frac{dy}{dx} = \frac{(4x^3 - 1)}{y}$$

Lösung:

$$y = (2x^4 - 2x + c)^{1/2}$$

a) Multiplizieren Sie beide Seiten mit y:

$$y\frac{dy}{dx} = (4x^3 - 1)$$

b) Anschließend multiplizieren Sie beide Seiten mit dx:
$$y\,dy = (4x^3 - 1)dx$$

c) Integrieren Sie, um Folgendes zu erhalten:
$$\frac{y^2}{2} = x^4 - x + c$$

d) Multiplizieren Sie mit 2 (und nehmen Sie 2 in die Konstante c auf):
$$y^2 = 2x^4 - 2x + c$$

e) Ziehen Sie die Wurzel, um Folgendes zu erhalten:
$$y = (2x^4 - 2x + c)^{1/2}$$

18. Lösen Sie die folgende Differentialgleichung, indem Sie sie separieren:
$$x\frac{dy}{dx} = (1 - y^2)^{1/2}$$

Lösung:
$$y = \sin(\ln|x| + c)$$

a) Dividieren Sie beide Seiten der Gleichung durch x:
$$\frac{dy}{dx} = \frac{(1 - y^2)^{1/2}}{x}$$

b) Anschließend multiplizieren Sie beide Seiten mit dx:
$$dy = \frac{(1 - y^2)^{1/2}}{x}dx$$

c) Dividieren Sie beide Seiten durch $(1 - y^2)^{1/2}$:
$$\frac{dy}{(1 - y^2)^{1/2}} = \frac{dx}{x}$$

d) Integrieren Sie:
$$\sin^{-1}(y) = \ln|x| + c$$

e) Bestimmen Sie den Sinus beider Seiten:
$$y = \sin(\ln|x| + c)$$

19. Wie lautet die Lösung, wenn Sie diese Gleichung separieren?
$$\frac{dy}{dx} = \frac{(5x^4 - 1)}{y^2}$$

Lösung:
$$y = \left(3x^5 - 3x + c\right)^{1/3}$$

a) Multiplizieren Sie beide Seiten mit y^2:

$$y^2 \frac{dy}{dx} = (5x^4 - 1)$$

b) Anschließend multiplizieren Sie beide Seiten mit dx:

$$y^2 dy = (5x^4 - 1)dx$$

c) Integrieren Sie:

$$\frac{y^3}{3} = x^5 - x + c$$

d) Multiplizieren Sie mit 3 (und nehmen Sie 3 in die Konstante c auf):

$$y^3 = 3x^5 - 3x + c$$

e) Bestimmen Sie die Kubikwurzel, um Folgendes zu erhalten:

$$y = (3x^5 - 3x + c)^{1/3}$$

20. Bestimmen Sie die Lösung für diese Gleichung, indem Sie sie separieren:

$$\frac{dy}{dx} = \frac{x^2}{1 + y^4}$$

Lösung:

$$y + \frac{y^5}{5} = \frac{x^3}{3} + c$$

a) Multiplizieren Sie beide Seiten der Gleichung mit $1 + y^4$:

$$(1 + y^4) \frac{dy}{dx} = x^2$$

b) Anschließend multiplizieren Sie beide Seiten mit dx:

$$(1 + y^4) dy = x^2 dx$$

c) Integrieren Sie:

$$y + \frac{y^5}{5} = \frac{x^3}{3} + c$$

Verwenden Sie dies als implizite Lösung.

21. Bestimmen Sie die Lösung der folgenden Differentialgleichung:

$$\frac{dy}{dx} = \frac{x^5}{y^3}$$

mit

$$y(0) = 3$$

Lösung:

$$y = \left(2\frac{x^6}{3} + 81\right)^{1/4}$$

a) Multiplizieren Sie beide Seiten der Gleichung mit y^3:

$$y^3 \frac{dy}{dx} = x^5$$

b) Anschließend multiplizieren Sie beide Seiten mit dx:

$$y^3 dy = x^5 dx$$

c) Integrieren Sie beide Seiten der Gleichung:

$$\frac{y^4}{4} = \frac{x^6}{6} + c$$

d) Multiplizieren Sie mit 4 (und nehmen Sie 4 in die Konstante c auf):

$$y^4 = 2\frac{x^6}{3} + c$$

e) Ziehen Sie die vierte Wurzel:

$$y = \left(2\frac{x^6}{3} + c\right)^{1/4}$$

f) Lösen Sie nach c auf:

$$3 = (c)^{1/4}$$

g) Hier Ihre Lösung:

$$y = \left(2\frac{x^6}{3} + 81\right)^{1/4}$$

22. Lösen Sie die folgende Gleichung:

$$\frac{dy}{dx} = \frac{4x^3 + 6x^2}{y^2}$$

mit

$$y(1) = 3$$

Lösung:

$$y = (3x^4 + 6x^3 + 18)^{1/3}$$

a) Multiplizieren Sie beide Seiten der Gleichung mit y^2:

$$y^2 \frac{dy}{dx} = 4x^3 + 6x^2$$

b) Anschließend multiplizieren Sie beide Seiten mit dx:

$$y^2 dy = (4x^3 + 6x^2)dx$$

c) Integrieren Sie beide Seiten der Gleichung:

$$\frac{y^3}{3} = x^4 + 6\frac{x^3}{3} + c$$

d) Multiplizieren Sie mit 3 (und nehmen Sie 3 in die Konstante c auf):

$$y^3 = 3x^4 + 6x^3 + c$$

e) Ziehen Sie die Kubikwurzel:

$$y = (3x^4 + 6x^3 + c)^{1/3}$$

f) Lösen Sie unter Verwendung der Anfangsbedingung nach c auf:

$$3 = (9 + c)^{1/3}$$

Damit erhalten Sie diesen Wert für c:

$$c = 18$$

und die folgende Lösung:

$$y = (3x^4 + 6x^3 + 18)^{1/3}$$

23. Bestimmen Sie die Lösung der folgenden Differentialgleichung:

$$\frac{dy}{dx} = (1 - 2x)y^2$$

mit

$$y(0) = 1$$

Lösung:

$$y = (x^2 - x + 1)^{-1}$$

a) Dividieren Sie beide Seiten der Gleichung durch y^2:

$$\frac{1}{y^2}\frac{dy}{dx} = (1 - 2x)$$

b) Anschließend multiplizieren Sie beide Seiten mit dx:

$$\frac{dy}{y^2} = (1 - 2x)dx$$

c) Integrieren Sie beide Seiten der Gleichung:

$$\frac{-1}{y} = x - x^2 + c$$

d) Bestimmen Sie den Kehrwert, um Folgendes zu erhalten:

$$-y = (x - x^2 + c)^{-1}$$

e) **Multiplizieren Sie mit −1:**

$$y = -(x - x^2 + c)^{-1}$$

f) **Lösen Sie unter Verwendung der Anfangsbedingung nach c auf:**

$$1 = -(c)^{-1}$$

g) **Damit erhalten Sie den folgenden Wert für c:**

$$c = -1$$

h) **Hier Ihre Lösung:**

$$y = -(x - x^2 - 1)^{-1}$$

Diese Lösung können Sie auch wie folgt darstellen:

$$y = (x^2 - x + 1)^{-1}$$

24. **Lösen Sie die folgende Gleichung:**

$$1 - e^{-x}\frac{dy}{dx} = 0$$

mit

$$y(0) = 2$$

Lösung:

$$y = (2e^x + 2)^{1/2}$$

a) **Multiplizieren Sie beide Seiten der Gleichung mit e^x:**

$$e^x - y\frac{dy}{dx} = 0$$

b) **Anschließend multiplizieren Sie beide Seiten mit dx:**

$$e^x dx - y dy = 0$$

c) **Separieren Sie die Terme:**

$$e^x dx = y dy$$

d) **Integrieren Sie beide Seiten:**

$$e^x + c = \frac{y^2}{2}$$

e) **Multiplizieren Sie mit 2 (und nehmen Sie 2 in die Konstante c auf):**

$$2e^x + c = y^2$$

f) **Ziehen Sie die Wurzel:**

$$y = (2e^x + c)^{1/2}$$

g) Lösen Sie unter Verwendung der Anfangsbedingung nach c auf:

$2 = (2 + c)^{1/2}$

Damit erhalten Sie den folgenden Wert für c:

$c = 2$

und die folgende Lösung:

$y = (2e^x + 2)^{1/2}$

Exakte Differentialgleichungen erster Ordnung

3

In diesem Kapitel...

▶ Feststellen, ob eine Differentialgleichung exakt ist
▶ Exakte Differentialgleichungen lösen

---

*E*ine *exakte* Differentialgleichung ist eine Differentialgleichung, die in der folgenden Form dargestellt werden kann:

$$\frac{df(x,y)}{dx} = 0$$

Für diese Form können Sie die Ableitung integrieren und erhalten die Lösung $f(x, y)$. Und genau darum geht es in diesem Kapitel: $f(x, y)$ zu finden. Auf den folgenden Seiten werden Sie üben, einen einfachen Test durchzuführen, um festzustellen, ob eine Differentialgleichung exakt ist (so dass Sie keine Zeit darauf verschwenden, nach $f(x, y)$ zu suchen, wenn sie nicht exakt ist). Anschließend werden Sie verschiedene exakte Differentialgleichungen lösen.

Wann ist eine Differentialgleichung exakt?

Weil man nicht immer die Zeit hat, nach genauen Beweisen zu suchen, kann man einen Schnelltest durchführen, um festzustellen, ob eine bestimmte Differentialgleichung exakt ist. Der Ansatz, den ich Ihnen in diesem Abschnitt zeige, spart Ihnen langfristig sehr viel Zeit, weil er Sie davor bewahrt, viel Zeit damit zu vergeuden die Funktion $f(x, y)$ zu finden, wenn die Gleichung tatsächlich gar nicht exakt ist.

Hier der Test, mit dem Sie feststellen, ob eine Differentialgleichung exakt ist:

Sie haben die folgende Differentialgleichung:

$$M(x,y) + N(x,y)\frac{dy}{dx} = 0$$

Es gibt eine Funktion $f(x, y)$, so dass gilt:

$$\frac{\partial f(x,y)}{\partial x} = M(x,y)$$

und

$$\frac{\partial f(x,y)}{\partial y} = N(x,y)$$

wenn, und nur wenn

$$\frac{\partial M(x,y)}{\partial y} = \frac{\partial N(x,y)}{\partial x}$$

Das folgende Beispiel verdeutlicht diesen Test in der Praxis. Ich empfehle Ihnen, sich ein paar Minuten damit zu beschäftigen, bevor Sie die nachfolgenden Übungsaufgaben lösen, bei denen Sie untersuchen, ob verschiedene Differentialgleichungen exakt sind – oder nicht.

Frage

Ist diese Differentialgleichung exakt?

$$2x + y^2 + 2xy\frac{dy}{dx} = 0$$

Antwort

Ja.

1. Um diese Gleichung zu lösen, bringen Sie sie zunächst in die folgende Form:

$$M(x,y) + N(x,y)\frac{dy}{dx} = 0$$

2. Also ist

$$M(x,y) = 2x + y^2$$

und

$$N(x,y) = 2xy$$

3. Jetzt berechnen Sie die folgenden Gleichungen:

$$\frac{\partial M(x,y)}{\partial y} = 2y$$

$$\frac{\partial N(x,y)}{\partial x} = 2y$$

4. Damit ist

$$\frac{\partial M(x,y)}{\partial y} = \frac{\partial N(x,y)}{\partial x} = 2y$$

Die Differentialgleichung ist also exakt.

Aufgabe 1
Ist diese Differentialgleichung exakt?

$$y^2 + 2xy\frac{dy}{dx} = 0$$

Lösung

Aufgabe 2
Stellen Sie fest, ob die folgende Differentialgleichung exakt ist:

$$y + xy\frac{dy}{dx} = 0$$

Lösung

Aufgabe 3
Ist die nachfolgende Differentialgleichung exakt oder nicht? Berechnen Sie die Antwort.

$$5y + 10x + 5x\frac{dy}{dx} = 0$$

Lösung

Aufgabe 4
Ist diese Differentialgleichung exakt?

$$-2y - 2x\frac{dy}{dx} = 0$$

Lösung

Aufgabe 5

Stellen Sie fest, ob die folgende Differentialgleichung exakt ist:

$$\frac{1}{y^2} - \frac{x}{y^2}\frac{dy}{dx} = 0$$

Lösung

Aufgabe 6

Ist die folgende Differentialgleichung exakt? Berechnen Sie die Entscheidung.

$$xy + \frac{x^2}{2}\frac{dy}{dx} = 0$$

Lösung

Aufgabe 7

Ist die folgende Differentialgleichung exakt?

$$\frac{1}{y^2} - \frac{3x}{y^3}\frac{dy}{dx} = 0$$

Lösung

Aufgabe 8

Stellen Sie fest, ob die folgende Differentialgleichung exakt ist:

$$y^2 + 1 + xy\frac{dy}{dx} = 0$$

Lösung

Lösungen exakter Differentialgleichungen

Um systematisch die Lösung für eine exakte Differentialgleichung wie die Folgende zu bestimmen:

$$M(x,y) + N(x,y)\frac{dy}{dx} = 0$$

müssen Sie eine Funktion $f(x, y)$ finden, so dass gilt:

$$\frac{\partial f(x,y)}{\partial x} = M(x,y)$$

und

$$\frac{\partial f(x,y)}{\partial y} = N(x,y)$$

Die korrekte Funktion gestattet Ihnen, die Differentialgleichung wie folgt zu schreiben:

$$\frac{\partial f(x,y)}{\partial x} + \frac{\partial f(x,y)}{\partial y}\frac{dy}{dx} = 0$$

Und hier Ihr Auftrag, falls Sie annehmen: Versuchen Sie, $M(x, y)$ und $N(x, y)$ für x und y zu integrieren, um festzustellen, ob Sie $f(x, y)$ finden können.

$$2xy + (1+x^2)\frac{dy}{dx} = 0$$

In diesem Fall ist

$$M(x,y) = 2xy$$

Das bedeutet

$$\frac{\partial f(x,y)}{\partial x} = 2xy$$

Wenn Sie beide Seiten integrieren, erhalten Sie

$$f(x,y) = x^2 y + g(y)$$

Dabei ist $g(y)$ eine Funktion, die nur von y, nicht von x abhängig ist. Was ist $g(y)$? Sie kennen die Antwort auf diese Frage bereits, denn

$$\frac{\partial f(x,y)}{\partial y} = N(x,y)$$

und

$$N(x,y) = (1+x^2)$$

Somit ist

$$\frac{\partial f(x,y)}{\partial y} = (1+x^2)$$

Weil Sie wissen, dass

$f(x,y) = x^2 y + g(y)$

erhalten Sie schließlich:

$\dfrac{\partial f(x,y)}{\partial y} = x^2 + \dfrac{\partial g(y)}{\partial y} = 1 + x^2$

Somit ist

$\dfrac{\partial g(y)}{\partial y} = 1$

Durch Integration für y erhalten Sie:

$g(y) = y + k$

Dabei ist k eine Integrationskonstante. Und weil

$f(x,y) = x^2 y + g(y)$

erhalten Sie

$f(x,y) = x^2 y + y + k$

Sie wissen jetzt, dass die Lösung lautet:

$f(x,y) = c$

Das kann umgeschrieben werden in

$x^2 y + y = c$

Beachten Sie, dass k, die Integrationskonstante, in die Konstante c aufgenommen wurde. Dies ist die implizite Lösung für die exakte Differentialgleichung. Sie suchen nach der expliziten Lösung? Hier ist sie:

$y = \dfrac{c}{(1 + x^2)}$

Das folgende Beispiel führt Sie noch einmal durch diesen Prozess. Sie können jedoch jederzeit zu den Übungsaufgaben weiterblättern, wenn Sie sich bereit fühlen, Ihre Fertigkeiten zu beweisen.

Frage

Lösen Sie diese exakte Differentialgleichung:

$y + x \dfrac{dy}{dx} = 0$

Antwort

$y = {}^c\!/_x$

1. Sie erkennen, das gilt:

   $M(x,y) = y$

   oder

   $\dfrac{\partial f(x,y)}{\partial x} = y$

2. Integrieren Sie, um Folgendes zu erhalten:

   $f(x,y) = xy + g(y)$

   Dabei ist $g(y)$ eine Funktion.

3. Dasselbe erledigen Sie jetzt für den zweiten Teil der Gleichung. Sie erkennen, dass

   $N(x,y) = x$

   Weil

   $\dfrac{\partial f(x,y)}{\partial y} = N(x,y)$

   bedeutet dies

   $\dfrac{\partial f(x,y)}{\partial y} = x$

4. Wenn

   $\dfrac{\partial f(x,y)}{\partial y} = x + \dfrac{\partial g(y)}{\partial y}$

   dann ist

   $\dfrac{\partial g(y)}{\partial y} = 0$

5. Integrieren Sie erneut, um Folgendes zu erhalten:

   $g(y) = k$

   Dabei ist k eine Integrationskonstante.

6. Weil

   $f(x,y) = xy + g(y)$

   erhalten Sie

   $f(x,y) = xy + k$

7. Die allgemeine Lösung lautet

   $f(x,y) = c$

   Somit ist

   $xy + k = c$

8. k wird in c absorbiert und Sie erhalten somit

   $y = {}^c/x$

Aufgabe 9

Wie lautet die Lösung der folgenden exakten Differentialgleichung?

$$3x^2 + 2y\frac{dy}{dx} = 0$$

Lösung

Aufgabe 10

Lösen Sie die folgende exakte Differentialgleichung:

$$\frac{1}{y^2} - \frac{2x}{y^3}\frac{dy}{dx} = 0$$

Lösung

Aufgabe 11

Wie lautet die Lösung für die folgende exakte Differentialgleichung?

$$y + 2x + x\frac{dy}{dx} = 0$$

Lösung

Aufgabe 12

Lösen Sie die folgende exakte Differentialgleichung:

$$\frac{1}{y} - \frac{x}{y^2}\frac{dy}{dx} = 0$$

Lösung

Lösungen für die Aufgaben zu exakten Differentialgleichungen erster Ordnung

Hier finden Sie die Lösungen für die Übungsaufgaben aus diesem Kapitel. Die einzelnen Schritte sind genau aufgezeigt, so dass Sie gegebenenfalls nachlesen können, falls Sie an irgendeiner Stelle nicht mehr weiterwissen.

1. Ist diese Differentialgleichung exakt?

$$y^2 + 2xy\frac{dy}{dx} = 0$$

   Lösung: Ja.

   a) Schreiben Sie als erstes die Differentialgleichung in der folgenden Form dar:

   $$M(x,y) + N(x,y)\frac{dy}{dx} = 0$$

   b) **Somit ist**

   $$M(x,y) = y^2$$

   und

   $$N(x,y) = 2xy$$

   c) Jetzt berechnen Sie die folgenden Gleichungen:

   $$\frac{\partial M(x,y)}{\partial y} = 2y$$

   und

   $$\frac{\partial N(x,y)}{\partial x} = 2y$$

   d) **Somit ist**

   $$\frac{\partial M(x,y)}{\partial y} = \frac{\partial N(x,y)}{\partial x} = 2y$$

   Aus diesem Grund ist die Differentialgleichung exakt.

2. Stellen Sie fest, ob die folgende Differentialgleichung exakt ist:

$$y + xy\frac{dy}{dx} = 0$$

   Lösung: Nein

   a) Bringen Sie die Gleichung in die folgende Form:

   $$M(x,y) + N(x,y)\frac{dy}{dx} = 0$$

b) Sie wissen, dass

$$M(x,y) = y$$

und

$$N(x,y) = xy$$

c) Damit können Sie berechnen, dass

$$\frac{\partial M(x,y)}{\partial y} = 1$$

und

$$\frac{\partial N(x,y)}{\partial y} = y$$

um Folgendes zu erhalten:

$$\frac{\partial M(x,y)}{\partial y} \neq \frac{\partial N(x,y)}{\partial x}$$

Somit kann die Differentialgleichung *nicht* exakt sein.

3. Ist die nachfolgende Differentialgleichung exakt oder nicht? Berechnen Sie die Antwort.

$$5y + 10x + 5x\frac{dy}{dx} = 0$$

Lösung: Ja.

a) Bringen Sie die Differentialgleichung zunächst in die folgende Form:

$$M(x,y) + N(x,y)\frac{dy}{dx} = 0$$

b) Damit ist

$$M(x,y) = 5y + 10x$$

und

$$N(x,y) = 5x$$

c) Jetzt berechnen Sie die folgenden Gleichungen:

$$\frac{\partial M(x,y)}{\partial y} = 5$$

und

$$\frac{\partial N(x,y)}{\partial x} = 5$$

3 ▶ Exakte Differentialgleichungen erster Ordnung

d) **Somit ist**

$$\frac{\partial M(x,y)}{\partial y} = \frac{\partial N(x,y)}{\partial x} = 5$$

Aus diesem Grund ist die Differentialgleichung exakt.

4. **Ist diese Differentialgleichung exakt?**

$$-2y - 2x\frac{dy}{dx} = 0$$

Lösung: Ja

a) **Bringen Sie die Gleichung in die folgende Form:**

$$M(x,y) + N(x,y)\frac{dy}{dx} = 0$$

b) **Sie wissen, dass**

$$M(x,y) = -2y$$

und

$$N(x,y) = -2x$$

c) **Somit können Sie berechnen, dass**

$$\frac{\partial M(x,y)}{\partial y} = -2$$

und

$$\frac{\partial N(x,y)}{\partial x} = -2$$

um Folgendes zu erhalten:

$$\frac{\partial M(x,y)}{\partial y} = \frac{\partial N(x,y)}{\partial x} = -2$$

Die Differentialgleichung ist also exakt.

5. **Stellen Sie fest, ob die folgende Differentialgleichung exakt ist:**

$$\frac{1}{y^2} - \frac{x}{y^2}\frac{dy}{dx} = 0$$

Lösung: Nein.

a) **Stellen Sie die Differentialgleichung zunächst in der folgenden Form dar:**

$$M(x,y) + N(x,y)\frac{dy}{dx} = 0$$

b) Somit ist

$$M(x,y) = \frac{1}{y^2}$$

und

$$N(x,y) = -\frac{x}{y^2}$$

c) Jetzt berechnen Sie die folgenden Gleichungen:

$$\frac{\partial M(x,y)}{\partial y} = -\frac{2}{y^3}$$

und

$$\frac{\partial N(x,y)}{\partial x} = -\frac{2}{y^2}$$

d) Somit ist

$$\frac{\partial M(x,y)}{\partial y} \neq \frac{\partial N(x,y)}{\partial x}$$

Aus diesem Grund kann die Differentialgleichung *nicht* exakt sein.

6. Ist die folgende Differentialgleichung exakt? Berechnen Sie die Entscheidung.

$$xy + \frac{x^2}{2}\frac{dy}{dx} = 0$$

Lösung: Ja.

a) Stellen Sie die Differentialgleichung zunächst in der folgenden Form dar:

$$M(x,y) + N(x,y)\frac{dy}{dx} = 0$$

b) Sie wissen, dass

$$M(x,y) = xy$$

und

$$N(x,y) = \frac{x^2}{2}$$

c) Somit können Sie berechnen, dass

$$\frac{\partial M(x,y)}{\partial y} = x$$

und

$$\frac{\partial N(x,y)}{\partial x} = x$$

3 ➤ Exakte Differentialgleichungen erster Ordnung

um Folgendes zu erhalten:

$$\frac{\partial M(x,y)}{\partial y} = \frac{\partial N(x,y)}{\partial x} = x$$

Die Differentialgleichung ist also exakt.

7. **Ist die folgende Differentialgleichung exakt?**

$$\frac{1}{y^2} - \frac{3x}{y^3}\frac{dy}{dx} = 0$$

Lösung: Nein.

a) Stellen Sie die Differentialgleichung zunächst in der folgenden Form dar:

$$M(x,y) + N(x,y)\frac{dy}{dx} = 0$$

b) Somit ist

$$M(x,y) = \frac{1}{y^2}$$

und

$$N(x,y) = -\frac{3x}{y^2}$$

c) Jetzt berechnen Sie die folgenden Gleichungen:

$$\frac{\partial M(x,y)}{\partial y} = -\frac{2}{y^3}$$

und

$$\frac{\partial N(x,y)}{\partial x} = -\frac{3}{y^3}$$

d) Somit ist:

$$\frac{\partial M(x,y)}{\partial y} \neq \frac{\partial N(x,y)}{\partial x}$$

Die Differentialgleichung kann also *nicht* exakt sein.

8. **Stellen Sie fest, ob die folgende Differentialgleichung exakt ist:**

$$y^2 + 1 + xy\frac{dy}{dx} = 0$$

Lösung: Nein:

a) Stellen Sie die Differentialgleichung zunächst in der folgenden Form dar:

$$M(x,y) + N(x,y)\frac{dy}{dx} = 0$$

b) Sie wissen, dass

$$M(x, y) = y^2 + 1$$

und

$$N(x, y) = xy$$

c) Somit können Sie berechnen, dass

$$\frac{\partial M(x, y)}{\partial y} = 2y$$

und

$$\frac{\partial N(x, y)}{\partial x} = y$$

um Folgendes zu erhalten:

$$\frac{\partial M(x, y)}{\partial y} \neq \frac{\partial N(x, y)}{\partial x}$$

Die Differentialgleichung kann also *nicht* exakt sein.

9. Wie lautet die Lösung der folgenden exakten Differentialgleichung?

$$3x^2 + 2y\frac{dy}{dx} = 0$$

Lösung:

$$y = (c - x^3)^{1/2}$$

a) In der ursprünglichen Gleichung können Sie erkennen, dass

$$M(x, y) = 3x^2$$

oder

$$\frac{\partial f(x, y)}{\partial x} = 3x^2$$

b) Durch Integration erhalten Sie

$$f(x, y) = x^3 + g(y)$$

Dabei ist $g(y)$ eine Funktion.

c) Aus der ursprünglichen Gleichung können Sie auch erkennen, dass

$$N(x, y) = 2y$$

Weil

$$\frac{\partial f(x, y)}{\partial y} = N(x, y)$$

bedeutet dies

$$\frac{\partial f(x,y)}{\partial y} = 2y$$

d) **Und weil außerdem**

$$f(x,y) = x^3 + g(y)$$

dann ist

$$\frac{\partial f(x,y)}{\partial y} = \frac{\partial g(y)}{\partial y}$$

und somit

$$\frac{\partial g(y)}{\partial y} = 2y$$

e) **Durch Integration erhalten Sie**

$$g(y) = y^2 + k$$

Dabei ist k eine Integrationskonstante.

f) **Sie wissen, dass**

$$f(x,y) = x^3 + g(y)$$

und erhalten

$$f(x,y) = x^3 + y^2 + k$$

g) **Die allgemeine Lösung lautet**

$$f(x,y) = c$$

und damit

$$c = x^3 + y^2 + k$$

h) **Durch Absorbieren von k in c erhalten Sie**

$$c = x^3 + y^2$$

i) **Wenn Sie schließlich nach y auflösen, erhalten Sie:**

$$y = (c - x^3)^{1/2}$$

10. Lösen Sie die folgende exakte Differentialgleichung:

$$\frac{1}{y^2} - \frac{2x}{y^3}\frac{dy}{dx} = 0$$

Lösung:

$$y = (cx)^{1/2}$$

a) **Daraus erkennen Sie sofort Folgendes:**

$$M(x,y) = \frac{1}{y^2}$$

oder

$$\frac{\partial f(x,y)}{\partial x} = \frac{1}{y^2}$$

b) **Integrieren Sie, um Folgendes zu erhalten:**

$$f(x,y) = -\frac{1}{y} + g(y)$$

Dabei ist $g(y)$ eine Funktion von y.

c) **Jetzt erkennen Sie, dass**

$$N(x,y) = -\frac{2x}{y^3}$$

Weil

$$\frac{\partial f(x,y)}{\partial y} = N(x,y)$$

wissen Sie, dass

$$\frac{\partial f(x,y)}{\partial y} = -\frac{2x}{y^3}$$

d) **Weil**

$$f(x,y) = -\frac{1}{y} + g(y)$$

können Sie differenzieren, um Folgendes zu erhalten:

$$\frac{\partial f(x,y)}{\partial y} = \frac{1}{y^2} + \frac{\partial g(y)}{\partial y}$$

Somit ist

$$\frac{\partial g(y)}{\partial y} = -\frac{1}{y^2} - \frac{2x}{y^3}$$

e) **Integrieren Sie:**

$$g(y) = \frac{1}{y} + \frac{x}{y^2} + k$$

Dabei ist k eine Integrationskonstante.

f) **Weil**

$$f(x,y) = -\frac{1}{y} + g(y)$$

erhalten Sie:

$$f(x,y) = \frac{x}{y^2} + k$$

g) **Die allgemeine Lösung lautet**

$$f(x,y) = m$$

dabei ist m eine Konstante, somit ist

$$m = \frac{x}{y^2} + k$$

h) **Absorbieren Sie k in das m:**

$$m = \frac{x}{y^2}$$

i) **Jetzt lösen Sie nach y auf (mit $c = 1/m$):**

$$y = (cx)^{1/2}$$

11. Wie lautet die Lösung für die folgende exakte Differentialgleichung?

$$y + 2x + x\frac{dy}{dx} = 0$$

Lösung:

$$y = \frac{(c - x^2)}{x}$$

a) Aus der ursprünglichen Gleichung erkennen Sie, dass

$$M(x,y) = y + 2x$$

oder

$$\frac{\partial f(x,y)}{\partial x} = y + 2x$$

b) Durch Integration erhalten Sie

$$f(x,y) = xy + x^2 + g(y)$$

Dabei ist $g(y)$ eine Funktion von y.

c) Aus der ursprünglichen Gleichung erkennen Sie auch, dass

$$N(x,y) = x$$

Weil

$$\frac{\partial f(x,y)}{\partial y} = N(x,y)$$

bedeutet dies

$$\frac{\partial f(x,y)}{\partial y} = x$$

d) **Und weil auch**

$$f(x,y) = xy + x^2 + g(y)$$

erhalten Sie durch Differentiation nach y Folgendes:

$$\frac{\partial f(x,y)}{\partial y} = x + \frac{\partial g(y)}{\partial y}$$

Somit ist

$$\frac{\partial g(y)}{\partial y} = 0$$

e) **Durch Integration erhalten Sie:**

$$g(y) = k$$

Dabei ist k eine Integrationskonstante.

f) **Sie wissen dass**

$$f(x,y) = xy + x^2 + g(y)$$

und erhalten damit

$$f(x,y) = xy + x^2 + k$$

g) **Die allgemeine Lösung lautet**

$$f(x,y) = c$$

Dabei ist c eine Konstante, somit ist

$$c = xy + x^2 + k$$

h) **Sie absorbieren k in c und erhalten**

$$c = xy + x^2$$

i) **Jetzt lösen Sie nach y auf und erhalten schließlich:**

$$y = \frac{(c - x^2)}{x}$$

12. **Lösen Sie die folgende exakte Differentialgleichung:**

$$\frac{1}{y} - \frac{x}{y^2}\frac{dy}{dx} = 0$$

Lösung:

$$y = \frac{x}{c}$$

3 ▶ Exakte Differentialgleichungen erster Ordnung

a) **Aus der Gleichung erkennen Sie sofort:**

$$M(x,y) = \frac{1}{y}$$

oder

$$\frac{\partial f(x,y)}{\partial x} = \frac{1}{y}$$

b) **Durch Integration nach x erhalten Sie**

$$f(x,y) = \frac{x}{y} + g(y)$$

Dabei ist $g(y)$ eine Funktion von y.

c) **Jetzt erkennen Sie, dass**

$$N(x,y) = -\frac{x}{y^2}$$

Weil

$$\frac{\partial f(x,y)}{\partial y} = N(x,y)$$

wissen Sie, dass

$$\frac{\partial f(x,y)}{\partial y} = -\frac{x}{y^2}$$

d) **Weil**

$$f(x,y) = \frac{x}{y} + g(y)$$

können Sie nach y differenzieren, um Folgendes zu erhalten:

$$\frac{\partial g(x,y)}{\partial y} = -\frac{x}{y^2} + \frac{\partial g(y)}{\partial y}$$

Somit ist

$$\frac{\partial g(y)}{\partial y} = 0$$

e) **Integrieren Sie:**

$$g(y) = k$$

Dabei ist k eine Integrationskonstante.

f) **Weil**

$$f(x,y) = \frac{x}{y} + g(y)$$

erhalten Sie:

$$f(x,y) = \frac{x}{y} + k$$

g) **Die allgemeine Lösung lautet:**

$$f(x,y) = c$$

Dabei ist c eine Konstante, somit ist

$$c = \frac{x}{y} + k$$

h) **Absorbieren Sie k in c:**

$$c = \frac{x}{y}$$

i) **Anschließend lösen Sie nach y auf:**

$$y = \frac{x}{c}$$

Teil II
Lösungen für Differentialgleichungen zweiter und höherer Ordnung finden

»Seit zwanzig Minuten schreibt der Kerl an dieser Gleichung, und das soll jetzt alles gewesen sein?«

In diesem Teil...

Machen Sie sich auf die nächste Stufe der Differentialgleichungen gefasst – Sie werden üben, Differentialgleichungen zweiter (und höherer) Ordnung zu lösen. Außerdem lernen Sie erstaunliche und zeitsparende Techniken kennen, wie etwa die Methode der unbestimmten Koeffizienten.

Lineare Differentialgleichungen zweiter Ordnung

In diesem Kapitel...

▶ Lineare und homogene Differentialgleichungen zweiter Ordnung lösen
▶ Drei Arten von Nullstellen kennen lernen: reelle unterschiedliche Nullstellen, komplexe Nullstellen und reelle identische Nullstellen.

Lineare Differentialgleichungen zweiter Ordnung können ein Alptraum sein. Das wissen Sie. Diese Gleichungen sehen wie folgt aus:

$$y'' + p(x)y' + q(x)y = g(x)$$

mit

$$y'' = \frac{d^2y}{dx^2}$$

und

$$y' = \frac{dy}{dx}$$

In diesem Kapitel geht es genau darum, das Lösen linearer und homogener Differentialgleichungen zweiter Ordnung zu üben.

Hinweis: In diesem Kapitel lösen Sie nur Differentialgleichungen für Bereiche, in denen $p(x)$, $q(x)$ und $g(x)$ stetige Funktionen sind (d.h. ihr Wert macht keine Sprünge). Normalerweise gibt es eine Anfangsbedingung, etwa:

$$y(x_0) = y_0$$

und

$$y'(x_0) = y_0'$$

Der Umgang mit linearen Differentialgleichungen zweiter Ordnung

In linearen Differentialgleichungen zweiter Ordnung ist der Exponent von y'', y' und y gleich 1. Gleichungen, die nicht diese Form haben, werden als nicht linear bezeichnet (um die Sie sich aber hier keine Gedanken machen zu brauchen).

Die zu Beginn dieses Kapitels vorgestellten Gleichungen haben die typische Form linearer Differentialgleichungen zweiter Ordnung, wie sie in den meisten Lehrbüchern auftauchen. Einige Lehrbücher versuchen aber, Ihnen das Leben schwer zu machen, deshalb schreiben Sie die Gleichung wie folgt:

$P(x)y'' + Q(x)y' + R(x)y = G(x)$

 Beachten Sie, dass der einzige Unterschied hier ist, dass y'' einen Koeffizienten hat, $P(x)$.

Sie können diese Gleichungen ganz einfach in das erste gezeigte Format umwandeln, wenn Sie Folgendes erkennen:

$p(x) = \dfrac{Q(x)}{P(x)}$

und

$q(x) = \dfrac{R(x)}{P(x)}$

und

$g(x) = \dfrac{G(x)}{P(x)}$

Natürlich können lineare Differentialgleichungen zweiter Ordnung auch homogen sein, d.h. in einer Gleichung wie der Folgenden, ist $g(x) = 0$.

$y'' + p(x)y' + q(x)y = 0$

Unter Verwendung der Terminologie mit $P(x)$, $Q(x)$, $R(x)$ und $G(x)$, die in einigen Lehrbüchern bevorzugt verwendet wird, können Sie diese Gleichung mit $G(x) = 0$ umschreiben:

$P(x)y'' + Q(x)y' + R(x)y = 0$

Wenn eine lineare Differentialgleichung zweiter Ordnung in keine dieser Formen gebracht werden kann, wird sie als *nicht homogen* betrachtet.

4 ▸ Lineare Differentialgleichungen zweiter Ordnung

Frage

Ist die folgende Differentialgleichung linear und homogen?

$$\frac{d^2y}{dx^2} + 4\frac{dy}{dx} + 4y^2 = 0$$

Antwort

Homogen, aber nicht linear.

1. Wenn Sie alle nicht konstanten Terme auf der linken Seite der Gleichung zusammenfassen, ist das Ergebnis gleich 0, Sie können also die Differentialgleichung in der folgenden Form darstellen (wobei die Funktion $f()$ keine konstanten Terme hat):

$$\frac{d^2y}{dx^2} - f\left(x, y, \frac{dy}{dx}\right) = 0$$

Aus diesem Grund ist die Differentialgleichung homogen.

2. Sie können die Differentialgleichung jedoch nicht in die folgende Form bringen, weil der Exponent von y gleich 2 ist (nicht 1):

$$y'' + p(x)y' + q(x)y = g(x)$$

Aus diesem Grund ist die Differentialgleichung nicht linear.

Aufgabe 1

Ist die folgende Differentialgleichung linear und homogen?

$$\frac{d^2y}{dx^2} + 9\frac{dy}{dx} + 9y = 0$$

Lösung

Aufgabe 2

Ist die folgende Differentialgleichung sowohl linear als auch homogen?

$$(y'')^2 + 4y' + 8y = 0$$

Lösung

Aufgabe 3

Ist die folgende Differentialgleichung linear und homogen?

$$\frac{d^2y}{dx^2} + 9\frac{dy}{dx} + 9y = 5$$

Lösung

Aufgabe 4

Ist die folgende Gleichung sowohl linear als auch homogen?

$$\frac{d^2y}{dx^2} + 5\frac{dy}{dx} + 9y^2 = 3$$

Lösung

Lösungen finden, wenn Konstanten beteiligt sind

Nachdem Sie wissen, dass eine bestimmte Differentialgleichung zweiter Ordnung linear und homogen ist, können Sie sie im nächsten Schritt lösen. In diesem Abschnitt werden Sie üben, wie das geht.

Das folgende Beispiel zeigt eine Differentialgleichung zweiter Ordnung, die sowohl linear als auch homogen ist:

$y'' - y = 0$

mit

$y(0) = 9$

und

$y'(0) = -1$

Um diese Differentialgleichung zu lösen, brauchen Sie eine Lösung $y = f(x)$, deren zweite Ableitung ebenfalls gleich $f(x)$ ist, weil durch Subtraktion von $f(x)$ von $f''(x)$ der Wert 0 entstehen soll. Wahrscheinlich kommt Ihnen sofort eine solche Lösung in den Sinn: $y = e^x$. Durch die Substitution $y = e^x$ erhalten Sie

$e^x - e^x = 0$

4 ▶ Lineare Differentialgleichungen zweiter Ordnung

Tatsächlich ist $y = c_1 e^x$ eine Lösung, weil y'' immer noch gleich $c_1 e^x$ ist, d.h. durch Substitution von $y = c_1 e^x$ erhalten Sie

$$c_1 e^x - c_1 e^x = 0$$

Haben Sie es erkannt? Das bedeutet, $y = c_1 e^x$ ist auch eine Lösung. Tatsächlich ist es noch allgemeiner als nur $y = e^x$, weil $y = c_1 e^x$ eine unendliche Anzahl an Lösungen darstellt, abhängig von dem Wert von c_1.

Weiter geht es, wenn Sie erkennen, dass auch $y = e^{-x}$ eine Lösung ist, weil

$$y'' - y = e^{-x} - e^{-x} = 0$$

Diese Erkenntnis macht Sie jedoch auf die Tatsache aufmerksam, dass $y = c_2 e^{-x}$ eine weitere Lösung ist, weil

$$y'' - y = c_2 e^{-x} - c_2 e^{-x} = 0$$

Und wenn $y = c_1 e^x$ eine Lösung ist und $y = c_2 e^{-x}$ eine Lösung ist, dann muss auch die *Summe* dieser beiden Lösungen eine Lösung sein:

$$y = c_1 e^x + c_2 e^{-x}$$

Um die Anfangsbedingungen zu erfüllen, können Sie die Form der Lösung $y = c_1 e^x + c_2 e^{-x}$ verwenden, d.h. $y' = c_1 e^x - c_2 e^x$. Unter Verwendung der Anfangsbedingungen erhalten Sie

$$y(0) = c_1 e^x + c_2 e^{-x} = c_1 + c_2 = 9$$
$$y'(0) = c_1 e^x - c_2 e^{-x} = c_1 - c_2 = -1$$

Damit gelangen Sie zu den beiden folgenden Gleichungen:

$$c_1 + c_2 = 9$$
$$c_1 - c_2 = -1$$

Jetzt haben Sie zwei Gleichungen mit zwei Unbekannten. Um sie zu lösen, bringen Sie die erste Gleichung in die folgende Form:

$$c_2 = 9 - c_1$$

Anschließend setzen Sie diesen Ausdruck für c_2 in die andere Gleichung ein:

$$c_1 - 9 + c_1 = -1$$

oder

$$2c_1 = 8$$

Somit ist

$$c_1 = 4$$

Wenn Sie diesen Wert von c_1 in die erste Gleichung ($c_1 + c_2 = 9$) einsetzen, erhalten Sie

$$4 + c_2 = 9$$

oder

$c_2 = 5$

Die Werte von c_1 und c_2 ergeben Ihre Lösung, nämlich

$y = 4e^x + 5e^x$

In der Realität verwurzelt: Differentialgleichungen zweiter Ordnung mit reellen und eindeutigen Lösungen

Das Erraten der Lösungen ist schön und gut, wo es funktioniert, aber man kann sich nicht immer auf sein Glück verlassen, um eine bestimmte Antwort zu erhalten. Versuchen Sie stattdessen, eine Lösung der folgenden Form anzunehmen:

$y = e^{rx}$

und diese in die bearbeitete Differentialgleichung einzusetzen. Im Fall von $y'' - y = 0$ erhalten Sie

$r^2 y - y = 0$

Division durch y ergibt:

$r^2 - 1 = 0$

Das ist die *charakteristische Gleichung* (die Gleichung, die Sie erhalten, wenn Sie Ihre angenommene Lösung einsetzen) für die Differentialgleichung. Nachdem Sie die Nullstellen der charakteristischen Gleichung gefunden haben, r_1 und r_2, können Sie die Lösung für Ihre Differentialgleichung bestimmen:

$y = c_1 e^{r_1 x} + c_2 e^{r_2 x}$

Für die charakteristische Gleichung sind drei Lösungstypen möglich:

✔ r_1 und r_2 sind reell und unterschiedlich

✔ r_1 und r_2 sind komplexe Zahlen (komplexe Konjugierte voneinander)

✔ $r_1 = r_2$, wobei r_1 und r_2 reell sind

Es folgt eine Beispielaufgabe, die demonstriert, wie Sie eine Differentialgleichung lösen, bei der r_1 und r_2 reell und unterschiedlich sind. Versuchen Sie, sie nachzuvollziehen, und lösen Sie anschließend die Übungsaufgaben selbstständig.

4 ➤ Lineare Differentialgleichungen zweiter Ordnung

Frage

Lösen Sie die folgende Differentialgleichung:

$$\frac{d^2y}{dx^2} + 3\frac{dy}{dx} + 2y = 0$$

mit

$y(0) = 2$

$y'(0) = -3$

Antwort

$y = e^{-x} + e^{-2x}$

1. Gehen Sie von einer Lösung der folgenden Form aus:

   $y = e^{rx}$

2. Setzen Sie die angenommene Lösung in die Differentialgleichung ein, um Folgendes zu erhalten:

   $r^2 y + 3ry + 2y = 0$

3. Dividieren Sie durch y, um die charakteristische Gleichung zu erhalten:

   $r^2 + 3r + 2 = 0$

4. Bestimmen Sie anhand der quadratischen Gleichung die beiden Nullstellen der charakteristischen Gleichung:

   $r_1 = -1 \quad und \quad r_2 = -2$

5. Setzen Sie die beiden Nullstellen ein, um die folgende allgemeine Lösung zu erhalten:

   $y = c_1 e^{-x} + c_2 e^{-2x}$

6. Bestimmen Sie die Ableitung, y':

   $y' = -c_1 e^{-x} - 2c_2 e^{-2x}$

7. Bestimmen Sie mit Hilfe der Anfangsbedingungen die erste Gleichung:

   $y(0) = c_1 + c_2 = 2$

   und die zweite Gleichung:

   $y'(0) = -c_1 - 2c_2 = -3$

8. Addieren Sie die erste und die zweite Gleichung, um Folgendes zu erhalten:

   $-c_2 = -1 \quad oder \quad c_2 = 1$

9. Setzen Sie dieses Ergebnis in die erste Gleichung ein:

   $c_1 + 1 = 2 \quad oder \quad c_1 = 1$

10. Bestimmen Sie jetzt unter Verwendung von c_1 und c_2 die Lösung:

    $y = e^{-x} + e^{-2x}$

Aufgabe 5

Lösen Sie die folgende Differentialgleichung:

$$\frac{d^2y}{dx^2} + 4\frac{dy}{dx} + 3y = 0$$

mit

$y(0) = 2$

$y'(0) = -4$

Lösung

Aufgabe 6

Wie lautet die Lösung für die folgende Differentialgleichung?

$$\frac{d^2y}{dx^2} + 5\frac{dy}{dx} + 6y = 0$$

mit

$y(0) = 2$

$y'(0) = -5$

Lösung

Aufgabe 7

Lösen Sie die folgende Differentialgleichung:

$$\frac{d^2y}{dx^2} + 5\frac{dy}{dx} + 6y = 0$$

mit

$y(0) = 3$

$y'(0) = -8$

Lösung

Aufgabe 8

Wie lautet die Lösung für die folgende Differentialgleichung?

$$\frac{d^2y}{dx^2} + 6\frac{dy}{dx} + 8y = 0$$

mit

$y(0) = 4$

$y'(0) = -14$

Lösung

4 ➤ Lineare Differentialgleichungen zweiter Ordnung

Aufgabe 9
Lösen Sie die folgende Differentialgleichung:

$$\frac{d^2y}{dx^2} + 6\frac{dy}{dx} + 5y = 0$$

mit

$y(0) = 3$

$y'(0) = -11$

Lösung

Aufgabe 10
Wie lautet die Lösung für die folgende Differentialgleichung:

$$\frac{d^2y}{dx^2} + 7\frac{dy}{dx} + 6y = 0$$

mit

$y(0) = 5$

$y'(0) = -25$

Lösung

Jetzt wird es komplex: Differentialgleichungen zweiter Ordnung mit komplexen Nullstellen

In diesem Abschnitt wollen wir Differentialgleichungen zweiter Ordnung lösen, für die die Nullstellen der charakteristischen Gleichung *komplex* sind, d.h. sie beinhalten die imaginäre Zahl i. In diesem Fall haben die Nullstellen, die Sie auf der quadratischen Gleichung erhalten, die folgende Form:

$r_1 = m + in \quad \text{und} \quad r_2 = m - in$

Dabei sind m und n reelle Zahlen.

Die Lösungen für die Differentialgleichungen lauten:

$y_1 = e^{r_1 x} \quad \text{und} \quad y_2 = e^{r_2 x}$

Damit ist

$y_1 = e^{(m+in)x}$

und

$y_2 = e^{(m-in)x}$

Jetzt können wir auf zwei bewährte Formeln zurückgreifen:

$e^{iax} = \cos ax + i \sin ax$

und

$e^{-iax} = \cos ax - i \sin ax$

Damit erhalten wir Folgendes:

$y_1 = e^{(m+in)x} = e^{mx}(\cos nx + i \sin nx)$

und

$y_2 = e^{(m-in)x} = e^{mx}(\cos nx - i \sin nx)$

Durch Addition dieser beiden Lösungen und mit ein bisschen Trigonometrie können Sie die Lösung wie folgt darstellen:

$y(x) = c_1 e^{mx} \cos nx + c_2 e^{mx} \sin nx$

Brauchen Sie eine Wiederholung? Sehen Sie sich das folgende Beispiel an. Falls Sie sich sicher fühlen, können Sie auch sofort zu den Übungsaufgaben weiterblättern.

Frage

Lösen Sie die folgende Differentialgleichung:

$2y'' + 2y' + y = 0$

mit

$y(0) = 1$

und

$y'(0) = 0$

Antwort

$y(x) = e^{-x/2} \cos\left(\dfrac{x}{2}\right) + e^{-x/2} \sin\left(\dfrac{x}{2}\right)$

1. Bestimmen Sie die folgende charakteristische Gleichung:

   $2r^2 + 2r + 1 = 0$

2. Lösen Sie anhand der quadratischen Gleichung nach den beiden Nullstellen auf:

   $r_1 = -1/2 + (1/2)i$

   und

   $r_2 = -1/2 - (1/2)i$

3. Bringen Sie die Lösungen in die folgende Form:

   $r_1 = m + in$ und $r_2 = m - in$

   In diesem Fall:

   $m = -1/2$ und $n = 1/2$

4. Verwenden Sie die Gleichung:

   $y(x) = c_1 e^{mx} \cos nx + c_2 e^{mx} \sin nx$

5. Die Lösung lautet also:

   $y(x) = c_1 e^{-x/2} \cos\left(\dfrac{x}{2}\right) + c_2 e^{-x/2} \sin\left(\dfrac{x}{2}\right)$

6. Bestimmen Sie mit Hilfe der Ausgangsbedingungen c_1 und c_2. Durch Einsetzen in die Anfangsbedingungen erhalten Sie die folgende erste Gleichung:

$$y(0) = c_1 = 1$$

ebenso wie die zweite Gleichung:

$$y'(0) = -\frac{c_1}{2} + \frac{c_2}{2} = 0$$

7. Setzen Sie $c_1 = 1$ in die zweite Gleichung ein, so dass Sie Folgendes erhalten:

$$y'(0) = -\frac{1}{2} + \frac{c_2}{2} = 0$$

Damit ist $c_2 = 1$, und Sie erhalten die folgende Lösung:

$$y(x) = e^{-x/2} \cos\left(\frac{x}{2}\right) + e^{-x/2} \sin\left(\frac{x}{2}\right)$$

Aufgabe 11

Bestimmen Sie die Lösung der folgenden Differentialgleichung:

$y'' + 4y = 0$

mit

$y(0) = 1$

und

$y'(0) = 1$

Dasselbe in Grün: Differentialgleichungen zweiter Ordnung mit reellen identischen Lösungen

Der dritte und letzte Lösungstyp für eine charakteristische Gleichung besitzt identische reelle Lösungen. Wenn Sie $y = e^{rx}$ in die folgende Differentialgleichung einsetzen:

$$ay'' + by' + cy = 0$$

erhalten Sie:

$$ar^2 + br + c = 0$$

In diesem Abschnitt lauten die Nullstellen

$$r_1 = \frac{(-b + \sqrt{b^2 - 4ac})}{2a} \quad \text{und} \quad r_2 = \frac{(-b - \sqrt{b^2 - 4ac})}{2a}$$

Das ist ein Problem, weil Sie die beiden folgenden Lösungen erhalten (die sich nur durch eine Konstante unterscheiden):

$$y_1 = c_1 e^{\frac{(-b + \sqrt{b^2 - 4ac})}{2a}} \quad \text{und} \quad y_2 = c_2 e^{\frac{(-b - \sqrt{b^2 - 4ac})}{2a}}$$

Und weil sich diese beiden Gleichungen nur durch eine Konstante unterscheiden, handelt es sich letztlich um dieselbe Lösung. Aber hier ist natürlich noch nicht Schluss! Tatsächlich unterscheiden sich die beiden echten Lösungen um den Faktor x (den Beweis können Sie in *Differentialgleichungen für Dummies* nachlesen), die echte Lösung lautet also:

$$y(x)_1 = c_1 x e^{-bx/2a} + c_2 e^{-bx/2a}$$

Es folgt ein weiteres Beispiel, so dass Sie das Ganze noch einmal nachvollziehen können, bevor Sie versuchen, die nächsten vier Übungsaufgaben alleine zu lösen.

Frage

Lösen Sie die folgende Differentialgleichung:

$$y'' + 2y' + y = 0$$

mit

$$y(0) = 1$$

und

$$y'(0) = 1$$

Antwort

$$y(x) = 2xe^{-x} + e^{-x}$$

1. Lösen Sie nach der folgenden charakteristischen Gleichung auf:

$$r^2 + 2r + 1 = 0$$

2. Anschließend faktorisieren Sie die charakteristische Gleichung wie folgt:

$$(r + 1)(r + 1) = 0$$

Sieht aus, als wären die Nullstellen der Differentialgleichung identisch, −1 und −1.

3. Aus diesem Grund hat die Lösung die Form

$$y(x) = c_1 x e^{-x} + c_2 e^{-x}$$

4. Nutzen Sie die Anfangsbedingungen, um c_1 und c_2 zu finden. Setzen Sie die erste Anfangsbedingung in die Lösung ein, um Folgendes zu erhalten:

$y(0) = c_2 = 1$

Damit ist $c_2 = 1$.

5. Differenzieren Sie die Lösung, um $y'(x)$ zu erhalten:

$y'(x) = c_1 e^{-x} - c_1 x e^{-x} - c_2 e^{-x}$
$= c_1 e^{-x}(1-x) - c_2 e^{-x}$

6. Aus der Anfangsbedingung für $y'(0)$ erhalten Sie:

$y'(0) = c_1 - 1 = 1$

Damit ist $c_1 = 2$.

7. Durch Einsetzen von c_1 und c_2 erhalten Sie die folgende allgemeine Lösung:

$y(x) = 2xe^{-x} + e^{-x}$

Aufgabe 12

Lösen Sie die folgende Differentialgleichung:

$y'' + 4y' + 4y = 0$

mit

$y(0) = 1$

und

$y'(0) = 0$

Lösung

Aufgabe 13

Wie lautet die Lösung für die folgende Gleichung?

$y'' + 10y' + 25y = 0$

mit

$y(0) = 1$

und

$y'(0) = 0$

Lösung

Aufgabe 14

Lösen Sie die folgende Differentialgleichung:

$y'' + 8y' + 16y = 0$

mit

$y(0) = 2$

und

$y'(0) = 4$

Lösung

Aufgabe 15

Wie lautet die Lösung für die folgende Gleichung?

$y'' + 6y' + 9y = 0$

mit

$y(0) = 4$

und

$y'(0) = 4$

Lösung

Lösungen für die Aufgaben zu linearen Differentialgleichungen zweiter Ordnung

Hier folgen die Lösungen zu den Übungsaufgaben aus diesem Kapitel. Die einzelnen Schritte sind genau aufgezeigt, so dass Sie gegebenenfalls nachlesen können, falls Sie an irgendeiner Stelle nicht mehr weiterwissen. Viel Spaß!

1. Ist die folgende Differentialgleichung linear und homogen?

   $$\frac{d^2y}{dx^2} + 9\frac{dy}{dx} + 9y = 0$$

   Lösung: Homogen und linear.

   a) Wenn Sie alle nicht konstanten Terme auf der linken Seite gruppieren, ist das Ergebnis gleich 0, Sie können also die Differentialgleichung in die folgende Form bringen (wobei die Funktion $f(\ )$ keine konstanten Terme hat):

   $$\frac{d^2y}{dx^2} - f\left(x, y, \frac{dy}{dx}\right) = 0$$

   Aus diesem Grund ist die Differentialgleichung homogen

   $$y'' + p(x)y' + q(x)y = g(x)$$

4 ➤ Lineare Differentialgleichungen zweiter Ordnung

b) Sie können die Differentialgleichung auch in die folgende Form bringen, weil der Exponent von y gleich 2 ist:

$$(y'') + 4y' + 8y = 0$$

Aus diesem Grund ist die Differentialgleichung linear.

2. Ist die folgende Differentialgleichung sowohl linear als auch homogen?

$$(y'')^2 - f(x, y, y') = 0$$

Lösung: Homogen, aber nicht linear.

a) Weil alle nicht konstanten Terme auf der linken Seite gruppiert werden können, ist das Ergebnis gleich 0, Sie können also die Differentialgleichung in die folgende Form bringen (wobei die Funktion $f(\ )$ keine konstanten Terme hat):

$$(y'')^2 - f(x, y, y') = 0$$

Diese Differentialgleichung ist homogen.

b) Sie können die Differentialgleichung nicht in die folgende Form bringen, weil der Exponent von y'' gleich 2 (nicht 1) ist:

$$y'' + p(x)y' + q(x)y = g(x)$$

Diese Gleichung ist nicht linear.

3. Ist die folgende Differentialgleichung linear und homogen?

$$\frac{d^2y}{dx^2} + 9\frac{dy}{dx} + 9y = 5$$

Lösung: Nicht homogen, aber linear.

a) In diesem Fall können Sie die nicht konstanten Terme nicht auf der linken Seite der Gleichung gruppieren, so dass sich das Ergebnis 0 ergibt, Sie können die Differentialgleichung also nicht in der folgenden Form darstellen (wobei die Funktion $f(\ )$ konstante Terme hat):

$$\frac{d^2y}{dx^2} - f\left(x, y, \frac{dy}{dx}\right) = 0$$

Aus diesem Grund ist die Differentialgleichung nicht homogen.

b) Sie können die Differentialgleichung in die folgende Form bringen, weil der Exponent von y gleich 2 ist:

$$y'' + p(x)y' + q(x)y = g(x)$$

Aus diesem Grund ist die Differentialgleichung linear.

4. Ist die folgende Gleichung sowohl linear als auch homogen?

$$\frac{d^2y}{dx^2} + 5\frac{dy}{dx} + 9y^2 = 3$$

Lösung: Weder homogen, noch linear.

a) Nicht alle nicht konstanten Terme können auf der linken Seite der Gleichung gruppiert werden, so dass sich das Ergebnis 0 ergibt. Sie können die Differentialgleichung also nicht in der folgenden Form darstellen (wobei die Funktion $f(\ )$ konstante Terme hat):

$$\frac{d^2y}{dx^2} - f\left(x, y, \frac{dy}{dx}\right) = 0$$

Diese Differentialgleichung ist nicht homogen.

b) Sie können die Differentialgleichung nicht in die folgende Form bringen, weil der Exponent von y gleich 2 (nicht 1) ist:

$$y'' + p(x)y' + q(x)y = g(x)$$

Diese Gleichung ist nicht linear.

5. Lösen Sie die folgende Differentialgleichung:

$$\frac{d^2y}{dx^2} + 4\frac{dy}{dx} + 3y = 0$$

mit

$y(0) = 2$

$y'(0) = -4$

Lösung:

$y = e^{-x} + e^{-3x}$

a) Gehen Sie von einer Lösung der folgenden Form aus:

$y = e^{rx}$

b) Setzen Sie die angenommene Lösung in die Differentialgleichung ein, um Folgendes zu erhalten:

$r^2 y + 4ry + 3y = 0$

c) Dividieren Sie durch y, um die charakteristische Gleichung zu erhalten:

$r^2 + 4r + 3 = 0$

d) Bestimmen Sie anhand der quadratischen Gleichung die beiden Nullstellen der charakteristischen Gleichung:

$r_1 = -1 \quad und \quad r_2 = -3$

e) Setzen Sie die beiden Nullstellen ein, um die allgemeine Lösung zu erhalten:

$y = c_1 e^{-x} + c_2 e^{-3x}$

f) Jetzt bestimmen Sie die Ableitung, y':

$y' = -c_1 e^{-x} - 3c_2 e^{-3x}$

4 ▶ Lineare Differentialgleichungen zweiter Ordnung

g) Ermitteln Sie unter Verwendung der Anfangsbedingungen die erste Gleichung:

$y(0) = c_1 + c_2 = 2$

und die zweite Gleichung:

$y'(0) = -c_1 - 3c_2 = -4$

h) Addieren Sie die erste und die zweite Gleichung, um Folgendes zu erhalten:

$-2c_2 = -2 \quad oder \quad c_2 = 1$

i) Setzen Sie dieses Ergebnis in die erste Gleichung ein:

$c_1 + 1 = 2 \quad oder \quad c_1 = 1$

j) Jetzt bestimmen Sie mit Hilfe von c_1 und c_2 Ihre Lösung:

$y = e^{-x} + e^{-3x}$

6. Wie lautet die Lösung für die folgende Differentialgleichung?

$$\frac{d^2y}{dx^2} + 5\frac{dy}{dx} + 6y = 0$$

mit

$y(0) = 2$

$y'(0) = -5$

Lösung:

$y = e^{-2x} + e^{-3x}$

a) Gehen Sie von einer Lösung der folgenden Form aus:

$y = e^{rx}$

b) Setzen Sie diese Lösung in die Differentialgleichung ein, um Folgendes zu erhalten:

$r^2 y + 5ry + 6y = 0$

c) Dividieren Sie durch y, um die charakteristische Gleichung zu erhalten:

$r^2 + 5r + 6 = 0$

d) Bestimmen Sie anhand der quadratischen Gleichung die beiden Nullstellen der charakteristischen Gleichung:

$r_1 = -2 \quad und \quad r_2 = -3$

e) Setzen Sie die beiden Nullstellen ein, um die allgemeine Lösung zu erhalten:

$y = c_1 e^{-2x} + c_2 e^{-3x}$

f) Jetzt bestimmen Sie die Ableitung, y':

$y' = -2c_1 e^{-2x} - 3c_2 e^{-3x}$

g) Ermitteln Sie unter Verwendung der Anfangsbedingungen die erste Gleichung:

$y(0) = c_1 + c_2 = 2$

und die zweite Gleichung:

$y'(0) = -2c_1 - 3c_2 = -5$

h) Addieren Sie die erste und die zweite Gleichung, um Folgendes zu erhalten:

$-c_2 = -1 \quad oder \quad c_2 = 1$

i) Setzen Sie dieses Ergebnis in die erste Gleichung ein:

$c_1 + 1 = 2 \quad oder \quad c_1 = 1$

j) Jetzt bestimmen Sie mit Hilfe von c_1 und c_2 Ihre Lösung:

$y = e^{-2x} + e^{-3x}$

7. Lösen Sie die folgende Differentialgleichung:

$$\frac{d^2y}{dx^2} + 5\frac{dy}{dx} + 6y = 0$$

mit

$y(0) = 3$

$y'(0) = -8$

Lösung:

$y = e^{-2x} + 2e^{-3x}$

a) Gehen Sie von einer Lösung der folgenden Form aus:

$y = e^{rx}$

b) Setzen Sie diese angenommene Lösung in die Differentialgleichung ein, um Folgendes zu erhalten:

$r^2 y + 5ry + 6y = 0$

c) Dividieren Sie durch y, um die charakteristische Gleichung zu erhalten:

$r^2 + 5r + 6 = 0$

d) Bestimmen Sie anhand der quadratischen Gleichung die beiden Nullstellen der charakteristischen Gleichung:

$r_1 = -2 \quad und \quad r_2 = -3$

e) Setzen Sie die beiden Nullstellen ein, um die allgemeine Lösung zu erhalten:

$y = c_1 e^{-2x} + c_2 e^{-3x}$

f) Jetzt bestimmen Sie die Ableitung, y':

$y' = -2c_1 e^{-2x} - 3c_2 e^{-3x}$

4 ➤ Lineare Differentialgleichungen zweiter Ordnung

g) Ermitteln Sie unter Verwendung der Anfangsbedingungen die erste Gleichung:

$y(0) = c_1 + c_2 = 3$

und die zweite Gleichung:

$y'(0) = -2c_1 - 3c_2 = -8$

h) Addieren Sie die erste und die zweite Gleichung, um Folgendes zu erhalten:

$-c_2 = -2 \quad oder \quad c_2 = 2$

i) Setzen Sie dieses Ergebnis in die erste Gleichung ein:

$c_1 + 2 = 3 \quad oder \quad c_1 = 1$

j) Jetzt bestimmen Sie mit Hilfe von c_1 und c_2 Ihre Lösung:

$y = e^{-2x} + 2e^{-3x}$

8. Wie lautet die Lösung für die folgende Differentialgleichung?

$$\frac{d^2y}{dx^2} + 6\frac{dy}{dx} + 8y = 0$$

mit

$y(0) = 4$

$y'(0) = -14$

Lösung:

$y = e^{-2x} + 3e^{-4x}$

a) Gehen Sie von einer Lösung der folgenden Form aus:

$y = e^{rx}$

b) Setzen Sie diese Lösung in die Differentialgleichung ein, um Folgendes zu erhalten:

$r^2 y + 6ry + 8y = 0$

c) Dividieren Sie durch y, um die charakteristische Gleichung zu erhalten:

$r^2 + 6r + 8 = 0$

d) Bestimmen Sie anhand der quadratischen Gleichung die beiden Nullstellen der charakteristischen Gleichung:

$r_1 = -2 \quad und \quad r_2 = -4$

e) Setzen Sie die beiden Nullstellen ein, um die allgemeine Lösung zu erhalten:

$y = c_1 e^{-2x} + c_2 e^{-4x}$

f) Jetzt bestimmen Sie die Ableitung, y':

$y' = -2c_1 e^{-2x} - 4c_2 e^{-4x}$

g) Ermitteln Sie unter Verwendung der Anfangsbedingungen die erste Gleichung:

$y(0) = c_1 + c_2 = 4$

und die zweite Gleichung:

$y'(0) = -2c_1 - 4c_2 = -14$

h) Addieren Sie die erste und die zweite Gleichung, um Folgendes zu erhalten:

$-2c_2 = -6 \quad oder \quad c_2 = 3$

i) Setzen Sie dieses Ergebnis in die erste Gleichung ein:

$c_1 + 3 = 4 \quad oder \quad c_1 = 1$

j) Jetzt bestimmen Sie mit Hilfe von c_1 und c_2 Ihre Lösung:

$y = e^{-2x} + 3e^{-4x}$

9. Lösen Sie die folgende Differentialgleichung:

$$\frac{d^2y}{dx^2} + 6\frac{dy}{dx} + 5y = 0$$

mit

$y(0) = 3$

$y'(0) = -11$

Lösung:

$y = e^{-x} + 2e^{-5x}$

a) Gehen Sie von einer Lösung der folgenden Form aus:

$y = e^{rx}$

b) Setzen Sie diese angenommene Lösung in die Differentialgleichung ein, um Folgendes zu erhalten:

$r^2 y + 6ry + 5y = 0$

c) Dividieren Sie durch y, um die charakteristische Gleichung zu erhalten:

$r^2 + 6r + 5 = 0$

d) Bestimmen Sie anhand der quadratischen Gleichung die beiden Nullstellen der charakteristischen Gleichung:

$r_1 = -1 \quad und \quad r_2 = -5$

e) Setzen Sie die beiden Nullstellen ein, um die allgemeine Lösung zu erhalten:

$y = c_1 e^{-x} + c_2 e^{-5x}$

f) Jetzt bestimmen Sie die Ableitung, y':

$y' = -c_1 e^{-x} - 5c_2 e^{-5x}$

4 ▸ Lineare Differentialgleichungen zweiter Ordnung

g) Ermitteln Sie unter Verwendung der Anfangsbedingungen die erste Gleichung:

$y(0) = c_1 + c_2 = 3$

und die zweite Gleichung:

$y'(0) = -c_1 - 5c_2 = -11$

h) Addieren Sie die erste und die zweite Gleichung, um Folgendes zu erhalten:

$-4c_2 = -8 \quad oder \quad c_2 = 2$

i) Setzen Sie dieses Ergebnis in die erste Gleichung ein:

$c_1 + 2 = 3 \quad oder \quad c_1 = 1$

j) Jetzt bestimmen Sie mit Hilfe von c_1 und c_2 Ihre Lösung:

$y = e^{-x} + 2e^{-5x}$

10. Wie lautet die Lösung für die folgende Differentialgleichung:

$$\frac{d^2y}{dx^2} + 7\frac{dy}{dx} + 6y = 0$$

mit

$y(0) = 5$

$y'(0) = -25$

Lösung:

$y = e^{-x} + 4e^{-6x}$

a) Gehen Sie von einer Lösung der folgenden Form aus:

$y = e^{rx}$

b) Setzen Sie diese Lösung in die Differentialgleichung ein, um Folgendes zu erhalten:

$r^2 y + 7ry + 6y = 0$

c) Dividieren Sie durch y, um die charakteristische Gleichung zu erhalten:

$r^2 + 7r + 6 = 0$

d) Bestimmen Sie anhand der quadratischen Gleichung die beiden Nullstellen der charakteristischen Gleichung:

$r_1 = -1 \quad und \quad r_2 = -6$

e) Setzen Sie die beiden Nullstellen ein, um die allgemeine Lösung zu erhalten:

$y = c_1 e^{-x} + c_2 e^{-6x}$

f) Jetzt bestimmen Sie die Ableitung, y':

$y' = -c_1 e^{-x} - 6c_2 e^{-6x}$

g) Ermitteln Sie unter Verwendung der Anfangsbedingungen die erste Gleichung:

$y(0) = c_1 + c_2 = 5$

und die zweite Gleichung:

$y'(0) = -c_1 - 6c_2 = -25$

h) Addieren Sie die erste und die zweite Gleichung, um Folgendes zu erhalten:

$-5c_2 = -20 \quad oder \quad c_2 = 4$

i) Setzen Sie dieses Ergebnis in die erste Gleichung ein:

$c_1 + 4 = 5 \quad oder \quad c_1 = 1$

j) Jetzt bestimmen Sie mit Hilfe von c_1 und c_2 Ihre Lösung:

$y = e^{-x} + 4e^{-6x}$

11. Bestimmen Sie die Lösung der folgenden Differentialgleichung:

$y'' + 4y = 0$

mit

$y(0) = 1$

und

$y'(0) = 1$

Lösung:

$$y(x) = \cos(2x) + \frac{1}{2}\sin(2x)$$

a) Bestimmen Sie die folgende charakteristische Gleichung:

$r^2 + 4 = 0$

b) Lösen Sie nach den beiden Nullstellen auf:

$r_1 = 2i \quad und \quad r_2 = -2i$

c) Bringen Sie die Lösungen in die folgenden Formen:

$r_1 = m + in \quad und \quad r_2 = m - in$

In diesem Fall:

$m = 0 \quad und \quad n = 2$

d) Verwenden Sie die folgende Gleichung:

$y(x) = c_1 e^{mx} \cos nx + c_2 e^{mx} \sin nx$

um die folgende Lösung zu erhalten:

$y(x) = c_1 \cos(2x) + c_2 \sin(2x)$

4 ▶ Lineare Differentialgleichungen zweiter Ordnung

e) Bestimmen Sie mit Hilfe der Anfangsbedingungen c_1 und c_2. Durch Einsetzen in die Anfangsbedingungen erhalten Sie die folgende erste Gleichung:

$y(0) = c_1 = 1$

und die zweite:

$y'(0) = 2c_2 = 1$

f) Sie wissen jetzt, dass $c_1 = 1$ ist. Jetzt lösen Sie nach c_2 auf:

$c_2 = \dfrac{1}{2}$

g) Setzen Sie c_1 und c_2 ein. Damit erhalten Sie Ihre Lösung:

$y(x) = cos(2x) + \dfrac{1}{2} sin(2x)$

12. Lösen Sie die folgende Differentialgleichung:

$y'' + 4y' + 4y = 0$

mit

$y(0) = 1$

und

$y'(0) = 0$

Lösung:

$y(x) = 2xe^{-2x} + e^{-2x}$

a) Bestimmen Sie die folgende charakteristische Gleichung:

$r^2 + 4r + 4 = 0$

b) Faktorisieren Sie die charakteristische Gleichung wie folgt:

$(r+2)(r+2) = 0$

Jetzt wissen Sie, dass die Nullstellen der Differentialgleichung identisch sind, –2 und –2.

c) Die Lösung hat also die folgende Form:

$y(x) = c_1 x e^{-2x} + c_2 e^{-2x}$

d) Um c_1 und c_2 zu bestimmen, verwenden Sie die vorgegebenen Anfangsbedingungen und setzen Sie die erste Anfangsbedingung in die Lösung ein, um Folgendes zu erhalten:

$y(0) = c_2 = 1$

Sie erhalten also $c_2 = 1$.

e) Differenzieren Sie die Lösung, um $y'(x)$ zu erhalten:

$y'(x) = c_1 e^{-2x} - 2c_1 x e^{-2x} - 2c_2 e^{-2x} = c_1 e^{-2x}(1 - 2x) - 2c_2 e^{-2x}$

f) Aus der Anfangsbedingung für $y'(0)$ erhalten Sie:

$y'(0) = c_1 - 2c_2 = 0$

Somit ist $c_1 = 2$.

g) Setzen Sie c_1 und c_2 ein, um die folgende allgemeine Lösung zu erhalten:

$y(x) = 2xe^{-2x} + e^{-2x}$

13. Wie lautet die Lösung für die folgende Gleichung?

$y'' + 10y' + 25y = 0$

mit

$y(0) = 1$

und

$y'(0) = 2$

Lösung:

$y(x) = 7xe^{-5x} + e^{-5x}$

a) Bestimmen Sie die folgende charakteristische Gleichung:

$r^2 + 10r + 25 = 0$

b) Faktorisieren Sie die charakteristische Gleichung wie folgt:

$(r+5)(r+5) = 0$

Die Nullstellen der Differentialgleichung sind identisch, -5 und -5, die Lösung muss also die folgende Form haben:

$y(x) = c_1 x e^{-5x} + c_2 e^{-5x}$

c) Verwenden Sie die Anfangsbedingungen, um c_1 und c_2 zu bestimmen. Durch Einsetzen der ersten Anfangsbedingung in die Lösung erhalten Sie:

$y(0) = c_2 = 1$

Somit ist $c_2 = 1$.

d) Differenzieren Sie die Lösung, um $y'(x)$ zu erhalten:

$y'(x) = c_1 e^{-5x} - 5c_1 x e^{-5x} - 5c_2 e^{-5x} = c_1 e^{-5x}(1 - 5x) - 5c_2 e^{-5x}$

e) Aus der Anfangsbedingung für $y'(0)$ erhalten Sie:

$y'(0) = c_1 - 5 = 2$

Somit ist $c_1 = 7$.

f) Setzen Sie c_1 und c_2 ein, um die folgende allgemeine Lösung zu erhalten:

$y(x) = 7xe^{-5x} + e^{-5x}$

4 ▸ Lineare Differentialgleichungen zweiter Ordnung

14. Lösen Sie die folgende Differentialgleichung:

    $y'' + 8y' + 16y = 0$

    mit

    $y(0) = 2$

    und

    $y'(0) = 4$

    Lösung:

    $y(x) = 12xe^{-4x} + 2e^{-4x}$

    a) Bestimmen Sie die folgende charakteristische Gleichung:

    $r^2 + 8r + 16 = 0$

    b) Faktorisieren Sie die charakteristische Gleichung wie folgt:

    $(r + 4)(r + 4) = 0$

    Die Nullstellen der Differentialgleichung sind identisch, –4 und –4.

    c) Die Lösung muss also die folgende Form haben:

    $y(x) = c_1 xe^{-4x} + c_2 e^{-4x}$

    d) Verwenden Sie die Anfangsbedingungen, um c_1 und c_2 zu bestimmen. Durch Einsetzen der ersten Anfangsbedingung in die Lösung erhalten Sie:

    $y(0) = c_2 = 2$

    Somit ist $c_2 = 2$.

    e) Differenzieren Sie die Lösung, um $y'(x)$ zu erhalten:

    $y'(x) = c_1 e^{-4x} - 4c_1 xe^{-4x} - 4c_2 e^{-4x} = c_1 e^{-4x}(1 - 4x) - 4c_2 e^{-4x}$

    f) Aus der Anfangsbedingung für $y'(0)$ erhalten Sie:

    $y'(0) = c_1 - 4c_2 = c_1 - 8 = 4$

    Somit ist $c_1 = 12$.

    g) Setzen Sie c_1 und c_2 ein, um die folgende allgemeine Lösung zu erhalten:

    $y(x) = 12xe^{-4x} + 2e^{-4x}$

15. Wie lautet die Lösung für die folgende Gleichung?

    $y'' + 6y' + 9y = 0$

    mit

    $y(0) = 4$

und

$y'(0) = 4$

Lösung:

$y(x) = 16xe^{-3x} + e^{-3x}$

a) Bestimmen Sie die folgende charakteristische Gleichung:

$r^2 + 6r + 9 = 0$

b) Faktorisieren Sie die charakteristische Gleichung wie folgt:

$(r + 3)(r + 3) = 0$

c) Die Nullstellen der Differentialgleichung sind identisch, –3 und –3. Die Lösung muss also die folgende Form haben:

$y(x) = c_1 xe^{-3x} + c_2 e^{-3x}$

d) Verwenden Sie die Anfangsbedingungen, um c_1 und c_2 zu bestimmen. Durch Einsetzen der ersten Anfangsbedingung in die Lösung erhalten Sie:

$y(0) = c_2 = 4$

Somit ist $c_2 = 4$.

e) Differenzieren Sie die Lösung, um $y'(x)$ zu erhalten:

$y'(x) = c_1 e^{-3x} - 3c_1 xe^{-3x} - 3c_2 e^{-3x} = c_1 e^{-3x}(1 - 3x) - 3c_2 e^{-3x}$

f) Aus der Anfangsbedingung für $y'(0)$ erhalten Sie:

$y'(0) = c_1 - 3c_2 = c_1 - 12 = 4$

Und somit ist $c_1 = 16$.

g) Setzen Sie c_1 und c_2 ein, um die folgende allgemeine Lösung zu erhalten:

$y(x) = 16xe^{-3x} + e^{-3x}$

Nicht homogene lineare Differentialgleichungen zweiter Ordnung

In diesem Kapitel...

▶ Ihre Kenntnisse über die Methode der unbestimmten Koeffizienten auffrischen

▶ Mit $g(x)$ in seinen unterschiedlichen Formen arbeiten

Willkommen in der wunderbaren Welt der nicht homogenen Differentialgleichungen zweiter Ordnung! (Wenn Sie nicht mehr genau wissen, was »homogen« bedeutet, lesen Sie in Kapitel 4 nach, was homogene Differentialgleichungen zweiter Ordnung sind.) Mit anderen Worten, Sie bekommen es jetzt mit Gleichungen wie den Folgenden zu tun:

$$y'' + p(x)y' + q(x)y = g(x)$$

Schätzen Sie sich glücklich: Auf den folgenden Seiten wird es um lineare Differentialgleichungen zweiter Ordnung wie die Folgenden gehen:

$$y'' - y' - 2y = 10e^4x$$

Die *Methode der unbestimmten Koeffizienten* besteht darin, dass wenn Sie eine mögliche Lösung, y, finden, und diese für die linke Seite der Gleichung einsetzen, Sie schließlich $g(x)$ erhalten. Weil $g(x)$ einfach nur eine Funktion von x ist, können Sie die Form von $y_p(x)$ häufig erraten, bis auf die zufälligen Koeffizienten, und dann nach diesen Koeffizienten auflösen, indem Sie $y_p(x)$ in die Differentialgleichung einsetzen.

Diese Methode funktioniert, weil Sie es nur mit $g(x)$ zu tun haben, und die Form von $g(x)$ Ihnen häufig verrät, wie eine spezielle Lösung aussehen könnte. $g(x)$ kann beispielsweise die folgenden Formen haben:

✓ e^{rx}, dann probieren Sie es mit einer speziellen Lösung der Form Ae^{rx}, wobei A eine Konstante ist. Weil Ableitungen von e^{rx} wieder e^{rx} ergeben, ist es sehr wahrscheinlich, dass Sie auf diese Weise eine spezielle Lösung finden.

✓ **ein Polynom n-ter Ordnung**, dann probieren Sie es mit einem Polynom n-ter Ordnung. Wenn beispielsweise $g(x) = x^2 + 1$ ist, dann probieren Sie es mit einem Polynom der Form $Ax^2 + Bx + C$.

✓ **eine Kombination aus Sinus und Kosinus**, $\sin \alpha x + \cos \beta x$, dann probieren sie es mit einer Kombination aus Sinus und Kosinus mit unbestimmten Koeffizienten, $A \sin \alpha x + B \cos \beta x$. Anschließend setzen Sie in die Differentialgleichung ein und lösen nach A und B auf.

In diesem Kapitel werden Sie sich ein bisschen Übung mit diesen Aufgabentypen verschaffen, wenn Sie die allgemeinen Lösungen für die verschiedenen Gleichungen suchen.

Um die allgemeine Lösung für eine nicht homogene lineare Differentialgleichung zweiter Ordnung zu finden, müssen Sie die Lösung der entsprechenden homogenen Gleichung zu einer speziellen Lösung der nicht homogenen Gleichung addieren (eine *spezielle Lösung* ist eine beliebige Lösung der nicht homogenen Differentialgleichung).

Die allgemeine Lösung für Differentialgleichungen mit nicht homogenem e^{rx}-Term bestimmen

Wie Sie vielleicht aus der Uni oder aus *Differentialgleichungen für Dummies* wissen, ist es nicht ganz einfach, die Lösung für eine nicht homogene lineare Differentialgleichung zweiter Ordnung zu finden, die beim Einsetzen sofort $g(x)$ ergibt. Sie müssen schon ein bisschen Zusatzarbeit leisten, indem Sie die Lösung zu der homogenen Version derselben Differentialgleichung addieren.

Sehen wir uns das Ganze genauer an. Angenommen, Sie haben die folgende Differentialgleichung:

$y'' + p(x)y' + q(x)y = g(x)$

Die folgende Lösung ergibt beim Einsetzen $g(x)$:

$y = y_p(x)$

Damit Ihre Lösung korrekt ist, müssen Sie die homogene Lösung addieren. Wenn Sie dies in die Differentialgleichung einsetzen, erhalten Sie 0. Die allgemeine Lösung für die Differentialgleichung lautet:

$y = c_1 y_1(x) + c_1 y_2(x) + y_p(x)$

Dabei ist $c_1 y_1(x) + c_1 y_2(x)$ die Lösung der entsprechenden homogenen Differentialgleichung:

$y'' + p(x)yy' + q(x)y = 0$

Das bedeutet, y_1 und y_2 sind eine grundlegende Lösungsmenge für die homogene Differentialgleichung, und $y_p(x)$ ist eine spezielle (oder spezifische) Lösung für die nicht homogene Gleichung.

Um eine Differentialgleichung zweiter Ordnung zu lösen, die sowohl linear *als auch* nicht homogen ist, gehen Sie nach den folgenden allgemeinen Schritten vor:

1. **Bestimmen Sie die entsprechende homogene Differentialgleichung, indem Sie $g(x)$ gleich 0 setzen.**

2. **Bestimmen Sie die allgemeine Lösung $y = c_1 y_1(x) + c_1 y_2(x)$ der entsprechenden homogenen Differentialgleichung.**

   Diese allgemeine Lösung der homogenen Gleichung wird als y_h bezeichnet.

5 ➤ Nicht homogene lineare Differentialgleichungen zweiter Ordnung

3. **Bestimmen Sie eine einzelne Lösung der nicht homogenen Gleichung.**
   Diese Lösung wird manchmal auch als die spezielle (oder spezifische) Lösung y_p bezeichnet.
4. **Die allgemeine Lösung der nicht homogenen Differentialgleichung ist die Summe $y_h + y_p$.**

Die folgende Beispielaufgabe verdeutlicht die einzelnen Schritte. Nehmen Sie sich ein paar Minuten Zeit, sich diese Vorgehensweise anzusehen, und testen Sie Ihr Wissen anschließend an den Übungsaufgaben.

Frage

Bestimmen Sie die allgemeine Lösung der folgenden Differentialgleichung:

$y'' - y' - 2y = 10e^{4x}$

Antwort

$y = c_1 e^{-x} + c_2 e^{2x} + e^{4x}$

1. Bestimmen Sie zuerst die homogene Version der Differentialgleichung:

   $y'' - y' - 2y = 0$

2. Gehen Sie davon aus, dass die Lösung der homogenen Differentialgleichung die Form $y = e^{rx}$ hat. Wenn Sie dies in die Differentialgleichung einsetzen, erhalten Sie die folgende charakteristische Gleichung:

   $r^2 - r - 2 = 0$

3. Faktorisieren Sie die charakteristische Gleichung wie folgt:

   $(r+1)(r-2) = 0$

4. Jetzt können Sie feststellen, dass die Nullstellen r_1 und r_2 der charakteristischen Gleichung gleich –1 und 2 sind, und erhalten damit

   $y_1 = e^{-x}$ und $y_2 = e^{2x}$

5. Die allgemeine Lösung der homogenen Differentialgleichung ist also vorgegeben durch:

   $y = c_1 e^{-x} + c_2 e^{2x}$

6. Jetzt brauchen Sie eine spezielle Lösung für die nicht homogene Differentialgleichung, von der Sie ausgegangen sind:

   $y'' - y' - 2y = 10e^{4x}$

   Weil $g(x)$ hier die Form e^{4x} hat, können Sie davon ausgehen, dass die spezielle Lösung die folgende Form hat:

   $y_p(x) = Ae^{4x}$

7. Setzen Sie $y_p(x)$ in die Differentialgleichung ein, um Folgendes zu erhalten:

   $16Ae^{4x} - 4Ae^{4x} - 2Ae^{4x} = 10e^{4x}$

8. Kürzen Sie den e^{4x}-Term weg:

   $16A - 4A - 2A = 10$

   oder

   $10A = 10$

   somit ist A = 1.

9. Tata! Ihre spezielle Lösung lautet:

   $y_p(x) = e^{4x}$

10. Weil die allgemeine Lösung der nicht homogenen Gleichung, von der Sie ausgegangen sind, die Summe der allgemeinen Lösung der entsprechenden homogenen Gleichung und einer speziellen Lösung der nicht homogenen Gleichung ist, erhalten Sie die folgende Lösung:

    $y = y_h + y_p$

    Das ist letztlich

    $y = c_1 e^{4x} + c_2 e^{4x} + e^{4x}$

Aufgabe 1

Wie lautet die allgemeine Lösung dieser nicht homogenen Differentialgleichung zweiter Ordnung?

$$y'' + 3y' - 2y = 6e^x$$

Lösung

Aufgabe 2

Bestimmen Sie die allgemeine Lösung der folgenden nicht homogenen Differentialgleichung zweiter Ordnung:

$$y'' + 4y' + 3y = 30e^{2x}$$

Lösung

Aufgabe 3

Bestimmen Sie die allgemeine Lösung für diese Gleichung:

$$y'' + 5y' + 6y = 36e^x$$

Lösung

Aufgabe 4

Wie lautet die allgemeine Lösung für diese nicht homogene Differentialgleichung zweiter Ordnung?

$$y'' + 2y' + y = 8e^x$$

Lösung

5 ➤ Nicht homogene lineare Differentialgleichungen zweiter Ordnung

Aufgabe 5

Bestimmen Sie die allgemeine Lösung für die folgende nicht homogene Differentialgleichung zweiter Ordnung:

$$y'' + 6y' + 8y = 70e^{3x}$$

Lösung

Aufgabe 6

Bestimmen Sie die allgemeine Lösung für die folgende Gleichung:

$$y'' + 6y' + 5y = 36e^x$$

Lösung

Die allgemeine Lösung bestimmen, wenn $g(x)$ ein Polynom ist

Manchmal verhält sich $g(x)$ wie ein Polynom, wie bei $g(x) = ax^n + bx^{n-1} + cx^{n-2}$ (wobei a, b und c Konstanten sind). Sie müssen mit derartigen Situationen umzugehen wissen, um die allgemeine Lösung für eine solche nicht homogene Differentialgleichung zweiter Ordnung zu finden.

 So lösen Sie eine Differentialgleichung der Form $ay'' + by' + cy = g(x)$, wobei a, b und c Konstanten und $g(x)$ ein Polynom n-ter Ordnung ist:

1. **Wenn $g(x)$ ein Polynom ist, können Sie davon ausgehen, dass die spezielle Lösung dieselbe Form hat, wobei jedoch die Werte der Koeffizienten noch zu bestimmen sind.**

    $$y_p = A_n x^n + A_{n-1} x^{n-1} + A_{n-2} x^{n-2} \ldots A_1 x + A_0$$

2. **Wenn $g(x)$ die Summe von Termen $g_1(x)$, $g_2(x)$, $g_3(x)$ usw. ist, können Sie die Aufgabe in mehrere Teilaufgaben zerlegen:**

    $$ay'' + by' + cy = g_1(x)$$
    $$ay'' + by' + cy = g_2(x)$$
    $$ay'' + by' + cy = g_3(x)$$

    Die spezielle Lösung ist die Summe der Lösungen dieser Teilaufgaben.

3. Setzen Sie y_p in die Differentialgleichung ein und lösen Sie nach den unbestimmten Koeffizienten auf.

4. Bestimmen Sie die allgemeine Lösung, $y_h = c_1 y_1 + c_2 y_2$, der zugehörigen homogenen Differentialgleichung.

5. Die allgemeine Lösung der nicht homogenen Differentialgleichung ist die Summe aus y_h und y_p.

6. Lösen Sie unter Verwendung der Anfangsbedingungen nach c_1 und c_2 auf, falls das in der Aufgabenstellung gefragt ist.

Betrachten Sie das folgende Beispiel. Sobald Sie bereit sind, lösen Sie die folgenden Übungsaufgaben, in denen Sie nach der allgemeinen Lösung für den Fall suchen, dass $g(x)$ ein Polynom ist.

Frage

Bestimmen Sie die allgemeine Lösung für die folgende Differentialgleichung:

$y'' = 12x^2 + 12x - 2$

mit

$y(0) = 1$

und

$y'(0) = 3$

Antwort

$y = x^4 + 2x^3 - x^2 + 3x + 1$

1. Die homogene Gleichung ist einfach

   $y'' = 0$

2. Sie erhalten die Lösung durch Integration:

   $y' = c_1$

   Durch erneute Integration erhalten Sie y_h:

   $y_h = c_1 x + c_2$

   Die Lösung für die homogene Gleichung lautet also $y_h = c_1 x + c_2$.

3. Jetzt brauchen Sie die Lösung für die nicht homogene Gleichung. Der $g(x)$-Term ist $12x^2 + 12x - 1$, Sie können also davon ausgehen, dass die spezielle Lösung eine ähnliche Form aufweist:

   $y_p = Ax^2 + Bx + C$

   Dabei sind A, B und C konstante Koeffizienten, die Sie bestimmen müssen.

4. Aha. Ihre für y_p angenommene Form hat Terme mit y_h gemeinsam, der allgemeinen Lösung der homogenen Gleichung:

   $y_h = c_1 x + c_2$

   $y_p = Ax^2 + Bx + C$

   Beide Gleichungen enthalten einen x-Term und einen konstanten Term. Wenn y_p und y_h gemeinsame Terme haben, die sich nur durch eine multiplikative Konstante unterscheiden, ist das nicht gut, weil diese Terme eigentlich Teil derselben Lösung sind.

5. Dieses Problem lösen Sie, indem Sie y_p mit aufeinanderfolgenden Potenzen von x multiplizieren, bis keine Terme derselben Potenz wie in y_h mehr vorliegen. Multiplizieren Sie beispielsweise y_p mit x, um Folgendes zu erhalten:

   $y_p = Ax^3 + Bx^2 + Cx$

5 ➤ Nicht homogene lineare Differentialgleichungen zweiter Ordnung

6. Sie haben jedoch immer noch ein Problem, weil sich der Cx-Term mit dem $c_1 x$-Term in y_h überlappt. Multiplizieren Sie also weiter mit x:

   $$y_p = Ax^4 + Bx^3 + Cx^2$$

   Dieses Ergebnis hat keine Terme mehr mit der homogenen Lösung y_h gemeinsam, Sie sind also auf dem besten Weg.

7. Setzen Sie die angenommene Lösung in die Differentialgleichung ein:

   $$12Ax^2 + 6Bx + 2C = 12x^2 + 12x - 2$$

8. Vergleichen Sie die Koeffizienten der ähnlichen Terme:

   $$12A = 12$$
   $$6B = 12$$
   $$2C = -2$$

   Damit ist

   $$A = 1$$
   $$B = 2$$
   $$C = -1$$

9. Hier Ihre spezielle Lösung:

   $$y_p = x^4 + 2x^3 - 1x^2$$

10. Jetzt können Sie Ihre allgemeine Lösung bestimmen:

    $$y = y_h + y_p$$
    $$= c_1 x + c_2 + x^4 + 2x^3 - x^2$$

    Durch Umordnen erhalten Sie:

    $$y = y_h + y_p$$
    $$= x^4 + 2x^3 - x^2 + c_1 x + c_2$$

11. Sie finden c_1 und c_2, indem Sie die Anfangsbedingungen nutzen. Durch Einsetzen von $y(0) = 1$ erhalten Sie

    $$y(0) = 1 = c_2$$

    Damit ist $c_2 = 1$.

12. Bestimmen Sie die Ableitung der allgemeinen Lösung:

    $$y' = 4x^3 + 3x^2 - 2x + c_1$$

13. Anschließend setzen Sie die Anfangsbedingung ein, $y'(0) = 3$, um Folgendes zu erhalten:

    $$y'(0) = 3 = c_1$$

14. Die allgemeine Lösung ist also:

    $$y = x^4 + 2x^3 - x^2 + 3x + 1$$

Aufgabe 7

Bestimmen Sie die allgemeine Lösung der folgenden nicht homogenen Differentialgleichung zweiter Ordnung:

$y'' + 3y' + 2y = 4x$

Lösung

Aufgabe 8

Bestimmen Sie die allgemeine Lösung für die folgende Gleichung:

$y'' + 4y' + 3y = 3x + 10$

Lösung

Aufgabe 9

Finden Sie die allgemeine Lösung für die folgende nicht homogene Differentialgleichung zweiter Ordnung:

$y'' + 5y' + 6y = 12x - 2$

Lösung

Aufgabe 10

Bestimmen Sie die allgemeine Lösung für diese Gleichung:

$y'' + 6y' + 5y = 5x + 16$

Lösung

5 ➤ Nicht homogene lineare Differentialgleichungen zweiter Ordnung

Gleichungen mit nicht homogenem Term mit Sinus und Kosinus lösen

Die dritte Form, die $g(x)$ annehmen kann, ist eine Kombination aus Sinus und Kosinus. Betrachten Sie die folgende Differentialgleichung:

$$y'' + 3y' + 2y = \sin(x)$$

Natürlich ist die allgemeine Lösung die Summe der homogenen Lösung und einer speziellen Lösung:

$$y = y_h + y_p$$

Weil in diesem Fall gilt $g(x) = \sin(x)$, können Sie durchaus davon ausgehen, dass

$$y_p = A\sin(x) + B\cos(x)$$

Dabei sind A und B unbestimmte Koeffizienten. Wie ermitteln Sie A und B? Setzen Sie einfach y_p in die Differentialgleichung ein und lösen Sie auf, um Ihre Koeffizienten zu erhalten.

Anhand der folgenden Aufgaben können Sie die Anwendung der Methode der unbestimmten Koeffizienten üben, um nach der allgemeinen Lösung der nicht homogenen Gleichung aufzulösen, wenn $g(x)$ Sinus und Kosinus enthält.

Frage

Bestimmen Sie die allgemeine Lösung für die folgende Differentialgleichung:

$$y'' + 3y' + 2y = 10\sin(x)$$

mit

$$y(0) = -1$$

und

$$y'(0) = -2$$

Antwort

$$y = e^{-x} + e^{-2x} + \sin(x) - 3\cos(x)$$

1. Beginnen Sie damit, die homogene Version der Differentialgleichung zu bestimmen:

$$y'' + 3y' + 2y = 0$$

2. Gehen Sie davon aus, dass die Lösung für die homogene Differentialgleichung die Form $y = e^{rx}$ besitzt. Wenn Sie dies in die Differentialgleichung einsetzen, erhalten Sie die folgende charakteristische Gleichung:

$$r^2 + 3r + 2 = 0$$

3. Faktorisieren Sie die charakteristische Gleichung wie folgt:

$$(r+1)(r+2) = 0$$

4. Bestimmen Sie die Nullstellen r_1 und r_2 der charakteristischen Gleichung. Sie erhalten -1 und -2 und damit:

$$y_1 = e^{-x} \quad \text{und} \quad y_2 = e^{-2x}$$

5. Die Lösung für die homogene Differentialgleichung ist also gegeben durch:

$$y_h = c_1 e^{-x} + c_2 e^{-2x}$$

6. Jetzt brauchen Sie eine spezielle Lösung für die Differentialgleichung:

$$y'' + 3y' + 2y = 10\sin(x)$$

7. Gehen Sie davon aus, dass die spezielle Lösung die folgende Form hat:

   $y_p = A\sin(x) + B\cos(x)$

8. Jetzt setzen Sie den A sin(x)-Term in die linke Seite der Differentialgleichung ein und erhalten Folgendes:

   $y'' + 3y' + 3y$
   $= -A\sin(x) + 3A\cos(x) + 2A\sin(x)$

9. Jetzt setzen Sie den B cos(x)-Term in die linke Seite der Differentialgleichung ein:

   $y'' + 3y' + 2y$
   $= -B\cos(x) - 3B\sin(x)$
   $+ 2B\cos(x)$

10. Sie können damit die Differentialgleichung wie folgt schreiben:

    $-A\sin(x) + 3A\cos(x) + 2A\sin(x)$
    $- B\cos(x) - 3B\sin(x) + 2B\cos(x)$
    $= 10\sin(x)$

    das bedeutet

    $3A\cos(x) - B\cos(x)$
    $+ 2B\cos(x) = 0$

    und

    $-A\sin(x) + 2A\sin(x) - 3B\sin(x)$
    $= 10\sin(x)$

11. Dividieren Sie durch sin(x) bzw. cos(x), um die erste Gleichung

    $3A - B + 2B = 3A + B = 0$

    bzw. die zweite Gleichung zu erhalten:

    $-A + 2A - 3B = A - 3B = 10$

12. Addieren Sie die erste Gleichung dreimal zur zweiten:

    $9A + A = 10$

13. Nutzen Sie die zweite Gleichung, um Folgendes zu erhalten:

    $A - 3B = 1 - 3B = 10$

    Merken Sie etwas? $B = -3$.

14. Die spezielle Lösung lautet also:

    $y_p = \sin(x) - 3\cos(x)$

15. Die allgemeine Lösung lautet:

    $y = y_h + y_p$

    Somit ist

    $y = c_1 e^{-x} + c_2 e^{-2x} + \sin(x) - 3\cos(x)$

16. Bestimmen Sie mit Hilfe der Anfangsbedingungen die erste Gleichung:

    $y(0) = -1 = c_1 + c_2 + \sin(0)$
    $- 3\cos(0) = c_1 + c_2 - 3$

    (damit erhalten Sie $c_1 + c_2 = 2$)

    und die zweite Gleichung:

    $y'(0) = -2 = -c_1 - 2c_2 + \cos(0)$
    $= -c_1 - 2c_2 + 1$

    (damit erhalten Sie $-c_1 - 2c_2 = -3$)

17. Addieren Sie die erste Gleichung zur zweiten Gleichung:

    $-c_2 = -1$

    Tata! $c_2 = 1$.

18. Setzen Sie dieses Ergebnis in die erste Gleichung ein, um Folgendes zu erhalten:

    $1 + c_2 = 2$

    Damit ist $c_1 = 1$.

19. Das bedeutet, die allgemeine Lösung lautet:

    $y = e^{-x} + e^{-2x} + \sin(x) - 3\cos(x)$

Aufgabe 11

Bestimmen Sie die Lösung für die folgende nicht homogene Differentialgleichung zweiter Ordnung:

$y'' + 5y' + 6y = 10\sin(x)$

mit

$y(0) = 1$

und

$y'(0) = -4$

Lösung

Aufgabe 12

Bestimmen Sie die allgemeine Lösung der folgenden Gleichung:

$y'' + 4y' + 3y = 5\cos(x)$

mit

$y(0) = 7/2$

und

$y'(0) = -6$

Lösung

Lösungen für die Aufgaben zu nicht homogenen linearen Differentialgleichungen zweiter Ordnung

Hier folgen die Lösungen zu den Übungsaufgaben aus diesem Kapitel. Die einzelnen Schritte sind genau aufgezeigt, so dass Sie gegebenenfalls nachlesen können, falls Sie an irgendeiner Stelle nicht mehr weiterwissen.

1. Wie lautet die allgemeine Lösung dieser nicht homogenen Differentialgleichung zweiter Ordnung?

   $y'' + 3y' - 2y = 6e^x$

   Lösung:

   $y = c_1 e^{-x} + c_2 e^{-2x} + e^x$

   a) Bestimmen Sie zuerst die homogene Version der ursprünglichen Gleichung:

   $y'' + 3y' + 2y = 0$

   b) Gehen Sie davon aus, dass die Lösung der homogenen Differentialgleichung die Form $y = e^{rx}$ hat. Wenn Sie diese Lösung in die Gleichung einsetzen, erhalten Sie die folgende charakteristische Gleichung:

   $r^2 + 3r + 2 = 0$

c) Faktorisieren Sie wie folgt:

$(r+1)(r+2) = 0$

d) Weil Sie feststellen, dass die Nullstellen, r_1 und r_2 der charakteristischen Gleichung gleich –1 und –2 sind, wissen Sie, dass

$y_1 = e^{-x}$ und $y_2 = e^{-2x}$

e) Damit ist die Lösung für die homogene Differentialgleichung gegeben durch

$y = c_1 e^{-x} + c_2 e^{-2x}$

f) Jetzt brauchen Sie eine spezielle Lösung für die Differentialgleichung:

$y'' + 3y' + 2y = 6e^x$

Beachten Sie, dass $g(x)$ hier die Form e^x hat, gehen Sie also davon aus, dass die spezielle Lösung die folgende Form hat:

$y_p(x) = Ae^x$

g) Setzen Sie $y_p(x)$ in die Gleichung ein:

$Ae^x + 3Ae^x + 2Ae^x = 6e^x$

h) Kürzen Sie den e^x-Term heraus:

$A + 3A + 2A = 6$

oder $6A = 6$, damit ist $A = 1$

i) Ihre spezielle Lösung lautet:

$y_p(x) = e^x$

j) Weil die allgemeine Lösung der nicht homogenen Gleichung, von der Sie ausgegangen sind, gleich der Summe der allgemeinen Lösung der entsprechenden homogenen Gleichung und einer speziellen Lösung der nicht homogenen Gleichung ist, sollten Sie die folgende Lösung erhalten:

$y = y_h + y_p$

Das ist letztlich

$y = c_1 e^{-x} + c_2 e^{-2x} + e^x$

2. Bestimmen Sie die allgemeine Lösung der folgenden nicht homogenen Differentialgleichung zweiter Ordnung:

$y'' + 4y' - 3y = 30e^{2x}$

Lösung:

$y = c_1 e^{-x} + c_2 e^{-3x} + 2e^{2x}$

a) Bestimmen Sie zuerst die homogene Version der ursprünglichen Gleichung:

$y'' + 4y' + 3y = 0$

5 ➤ Nicht homogene lineare Differentialgleichungen zweiter Ordnung

b) Gehen Sie davon aus, dass die Lösung der homogenen Differentialgleichung die Form $y = e^{rx}$ hat. Wenn Sie diese Lösung in die Gleichung einsetzen, erhalten Sie die folgende charakteristische Gleichung:

$r^2 + 4r + 3 = 0$

c) Faktorisieren Sie wie folgt:

$(r + 1)(r + 3) = 0$

d) Weil Sie feststellen, dass die Nullstellen, r_1 und r_2 der charakteristischen Gleichung gleich –1 und –3 sind, wissen Sie, dass

$y_1 = e^{-x}$ und $y_2 = e^{-3x}$

e) Damit ist die Lösung für die homogene Differentialgleichung gegeben durch

$y = c_1 e^{-x} + c_2 e^{-3x}$

f) Jetzt brauchen Sie eine spezielle Lösung für die Differentialgleichung:

$y'' + 4y' + 3y = 30e^{2x}$

Beachten Sie, dass $g(x)$ hier die Form e^{2x} hat, gehen Sie also davon aus, dass die spezielle Lösung die folgende Form hat:

$y_p(x) = Ae^{2x}$

g) Setzen Sie $y_p(x)$ in die Gleichung ein:

$4Ae^{2x} + 8Ae^{2x} + 3Ae^{2x} = 30e^{2x}$

h) Kürzen Sie den e^{2x}-Term heraus:

$4A + 8A + 3A = 30$

das ist

$15A = 30,$ damit ist $A = 2$

damit haben Sie Ihre spezielle Lösung

$y_p(x) = 2e^{2x}$

i) Führen Sie alles zusammen, um die folgende Gleichung als Lösung zu erhalten:

$y = y_h + y_p$

oder

$y = c_1 e^{-x} + c_2 e^{-3x} + 2e^{2x}$

3. Bestimmen Sie die allgemeine Lösung für diese Gleichung:

$y'' + 5y' - 6y = 36e^x$

Lösung:

$y = c_1 e^{-2x} + c_2 e^{-3x} + 3e^x$

a) Bestimmen Sie zuerst die homogene Version der ursprünglichen Gleichung:

$y'' + 5y' + 6y = 0$

b) Gehen Sie davon aus, dass die Lösung der homogenen Differentialgleichung die Form $y = e^{rx}$ hat. Wenn Sie diese Lösung in die Gleichung einsetzen, erhalten Sie die folgende charakteristische Gleichung:

$r^2 + 5r + 6 = 0$

c) Faktorisieren Sie wie folgt:

$(r + 2)(r + 3) = 0$

d) Weil Sie feststellen, dass die Nullstellen, r_1 und r_2 der charakteristischen Gleichung gleich –2 und –3 sind, wissen Sie, dass

$y_1 = e^{-2x}$ und $y_2 = e^{-3x}$

e) Damit ist die Lösung für die homogene Differentialgleichung gegeben durch

$y = c_1 e^{-2x} + c_2 e^{-3x}$

f) Jetzt brauchen Sie eine spezielle Lösung für die Differentialgleichung:

$y'' + 5y' + 6y = 36e^x$

Beachten Sie, dass $g(x)$ hier die Form e^x hat, gehen Sie also davon aus, dass die spezielle Lösung die folgende Form hat:

$y_p(x) = Ae^x$

g) Setzen Sie $y_p(x)$ in die Gleichung ein:

$Ae^x + 5Ae^x + 6Ae^x = 36e^x$

h) Kürzen Sie den e^x-Term heraus:

$A + 5A + 6A = 36$

oder

$12A = 36,$ damit ist $A = 3$

i) Ihre spezielle Lösung lautet:

$y_p(x) = 3e^x$

j) Führen Sie alles zusammen, um die folgende Gleichung als Lösung zu erhalten:

$y = y_h + y_p$

das ist

$y = c_1 e^{-2x} + c_2 e^{-3x} + 3e^x$

5 ▸ Nicht homogene lineare Differentialgleichungen zweiter Ordnung

4. Wie lautet die allgemeine Lösung für diese nicht homogene Differentialgleichung zweiter Ordnung?

   $y'' + 2y' + y = 8e^x$

   Lösung:

   $y = c_1 e^{-x} + c_2 e^{-x} + e^x$

   a) Bestimmen Sie zuerst die homogene Version der ursprünglichen Gleichung:

   $y'' + 2y' + y = 0$

   b) Gehen Sie davon aus, dass die Lösung der homogenen Differentialgleichung die Form $y = e^{rx}$ hat. Wenn Sie diese Lösung in die Gleichung einsetzen, erhalten Sie die folgende charakteristische Gleichung:

   $r^2 + 2r + 1 = 0$

   c) Faktorisieren Sie wie folgt:

   $(r + 1)(r + 1) = 0$

   d) Weil Sie feststellen, dass die Nullstellen, r_1 und r_2 der charakteristischen Gleichung gleich –1 und –1 sind, d.h. es handelt sich um identische reelle Nullstellen, wissen Sie, dass

   $y_1 = e^{-x}$ und $y_2 = xe^{-x}$

   e) Damit ist die Lösung für die homogene Differentialgleichung gegeben durch

   $y = c_1 e^{-x} + c_2 x e^{-x}$

   f) Jetzt brauchen Sie eine spezielle Lösung für die Differentialgleichung:

   $y'' + 2y' + y = 8e^x$

   Beachten Sie, dass $g(x)$ hier die Form e^x hat, gehen Sie also davon aus, dass die spezielle Lösung die folgende Form hat:

   $y_p(x) = Ae^x$

   g) Setzen Sie $y_p(x)$ in die Differentialgleichung ein:

   $Ae^x + 2Ae^x + Ae^x = 8e^x$

   h) Kürzen Sie den e^x-Term heraus:

   $A + 2A + A = 8$

   das bedeutet

   $4A = 8$, und damit ist $A = 2$

   Damit haben Sie Ihre spezielle Lösung von

   $y_p(x) = 2e^x$

   i) Führen Sie alles zusammen, um die folgende Gleichung als Lösung zu erhalten:

   $y = y_h + y_p$

   oder

   $y = c_1 e^{-x} + c_2 x e^{-x} + 2e^x$

5. Bestimmen Sie die allgemeine Lösung für die folgende nicht homogene Differentialgleichung zweiter Ordnung:

$y'' + 6y' + 8y = 70e^{3x}$

Lösung:

$y = c_1 e^{-2x} + c_2 e^{-4x} + 2e^{3x}$

a) Bestimmen Sie zuerst die homogene Version der ursprünglichen Gleichung:

$y'' + 6y' + 8y = 0$

b) Gehen Sie davon aus, dass die Lösung der homogenen Differentialgleichung die Form $y = e^{rx}$ hat. Wenn Sie diese Lösung in die Gleichung einsetzen, erhalten Sie die folgende charakteristische Gleichung:

$r^2 + 6r + 8 = 0$

c) Faktorisieren Sie wie folgt:

$(r+2)(r+4) = 0$

d) Weil Sie feststellen, dass die Nullstellen, r_1 und r_2 der charakteristischen Gleichung gleich –2 und –4 sind, wissen Sie, dass

$y_1 = e^{-2x}$ und $y_2 = e^{-4x}$

e) Damit ist die Lösung für die homogene Differentialgleichung gegeben durch

$y = c_1 e^{-2x} + c_2 e^{-4x}$

f) Jetzt brauchen Sie eine spezielle Lösung für die Differentialgleichung:

$y'' + 6y' + 8y = 70e^{3x}$

04

$y_p(x) = Ae^{3x}$

g) Setzen Sie $y_p(x)$ in die Differentialgleichung ein:

$9Ae^{3x} + 18Ae^{3x} + 8Ae^{3x} = 70e^{3x}$

h) Kürzen Sie den e^x-Term heraus:

$9A + 18A + 8A = 70$

oder

$35A = 70$, damit ist $A = 2$

i) Ihre spezielle Lösung lautet

$y_p(x) = 2e^{3x}$

j) Führen Sie alles zusammen, um die folgende Gleichung als Lösung zu erhalten:

$y = y_h + y_p$

das bedeutet

$y = c_1 e^{-2x} + c_2 e^{-4x} + 2e^{3x}$

5 ▶ Nicht homogene lineare Differentialgleichungen zweiter Ordnung

6. Bestimmen Sie die allgemeine Lösung für die folgende Gleichung:

   $y'' + 6y' + 5y = 36e^x$

   Lösung:

   $y = c_1 e^{-x} + c_2 e^{-5x} + 3e^x$

   a) Bestimmen Sie zuerst die homogene Version der ursprünglichen Gleichung:

   $y'' + 6y' + 5y = 0$

   b) Gehen Sie davon aus, dass die Lösung der homogenen Differentialgleichung die Form $y = e^{rx}$ hat. Wenn Sie diese Lösung in die Gleichung einsetzen, erhalten Sie die folgende charakteristische Gleichung:

   $r^2 + 6r + 5 = 0$

   c) Faktorisieren Sie wie folgt:

   $(r+1)(r+5) = 0$

   d) Weil Sie feststellen, dass die Nullstellen, r_1 und r_2 der charakteristischen Gleichung gleich –1 und –5 sind, wissen Sie, dass

   $y_1 = e^{-x}$ und $y_2 = e^{-5x}$

   e) Damit ist die Lösung für die homogene Differentialgleichung gegeben durch

   $y = c_1 e^{-x} + c_2 e^{-5x}$

   f) Jetzt brauchen Sie eine spezielle Lösung für die Differentialgleichung:

   $y'' + 6y' + 5y = 36e^x$

   Beachten Sie, dass $g(x)$ hier die Form e^x hat, gehen Sie also davon aus, dass die spezielle Lösung die folgende Form hat:

   $y_p(x) = Ae^x$

   g) Setzen Sie $y_p(x)$ in die Differentialgleichung ein:

   $Ae^x + 6Ae^x + 5Ae^x = 36e^x$

   h) Kürzen Sie den e^x-Term heraus:

   $A + 6A + 5A = 36$

   das ist

   $12A = 36$, damit ist $A = 3$

   Ihre spezielle Lösung lautet also

   $y_p(x) = 3e^x$

   i) Führen Sie alles zusammen, um die folgende Gleichung als Lösung zu erhalten:

   $y = y_h + y_p$

   oder

   $y = c_1 e^{-x} + c_2 e^{-5x} + 3e^x$

7. Bestimmen Sie die allgemeine Lösung der folgenden nicht homogenen Differentialgleichung zweiter Ordnung:

   $y'' + 3y' + 2y = 4x$

   Lösung:

   $y = c_1 e^{-x} + c_2 e^{-2x} + 2x - 3$

   a) Bestimmen Sie zuerst die homogene Version der ursprünglichen Gleichung:

      $y'' + 3y' + 2y = 0$

   b) Gehen Sie davon aus, dass die Lösung der homogenen Differentialgleichung die Form $y = e^{rx}$ hat. Wenn Sie diese Lösung in die Gleichung einsetzen, erhalten Sie die folgende charakteristische Gleichung:

      $r^2 + 3r + 2 = 0$

   c) Faktorisieren Sie die charakteristische Gleichung wie folgt:

      $(r+1)(r+2) = 0$

   d) Weil Sie feststellen, dass die Nullstellen, r_1 und r_2 der charakteristischen Gleichung gleich -1 und -2 sind, wissen Sie, dass

      $y_1 = e^{-x}$ und $y_2 = e^{-2x}$

   e) Damit ist die Lösung für die homogene Differentialgleichung gegeben durch

      $y = c_1 e^{-x} + c_2 e^{-2x}$

   f) Sie sind noch nicht fertig! Jetzt brauchen Sie eine spezielle Lösung für die Differentialgleichung:

      $y'' + 3y' + 2y = 4x$

      Beachten Sie, dass $g(x)$ hier die Form eines Polynoms hat, gehen Sie also davon aus, dass die spezielle Lösung die folgende Form hat:

      $y_p(x) = Ax^2 + Bx + C$

   g) Wunderbar. Jetzt setzen Sie $y_p(x)$ in die Differentialgleichung ein:

      $2A + 6Ax + 3B + 2Ax^2 + 2Bx + 2C = 4x$

   h) Es gibt keinen Term mit x^2 auf der rechten Seite, damit haben Sie A = 0 und

      $3B + 2Bx + 2C = 4x$

   i) Wenn Sie jetzt den Koeffizienten von x betrachten, erhalten Sie

      $2B = 4$, also ist $B = 2$

   j) Jetzt können Sie die restlichen konstanten Terme betrachten:

      $3B + 2C = 0$

      Weil $B = 2$ ist $C = -3$.

5 ▶ Nicht homogene lineare Differentialgleichungen zweiter Ordnung

k) Die spezielle Lösung lautet also:

$y_p(x) = 2x - 3$

l) Natürlich haben Sie nicht vergessen, dass die allgemeine Lösung der nicht homogenen Gleichung, von der Sie ausgegangen sind, die Summe der allgemeinen Lösung der entsprechenden homogenen Gleichung und einer speziellen Lösung der nicht homogenen Gleichung ist. Das bedeutet, Sie haben die folgende Lösung gefunden:

$y = y_h + y_p$

nämlich

$y = c_1 e^{-x} + c_2 e^{-2x} + 2x - 3$

8. Bestimmen Sie die allgemeine Lösung für die folgende Gleichung:

$y'' + 4y' + 3y = 3x - 10$

Lösung:

$y = c_1 e^{-x} + c_2 e^{-3x} + x + 2$

a) Bestimmen Sie zuerst die homogene Version der ursprünglichen Gleichung:

$y'' + 4y' + 3y = 0$

b) Gehen Sie davon aus, dass die Lösung der homogenen Differentialgleichung die Form $y = e^{rx}$ hat. Wenn Sie diese Lösung in die Gleichung einsetzen, erhalten Sie die folgende charakteristische Gleichung:

$r^2 + 4r + 3 = 0$

c) Faktorisieren Sie:

$(r+1)(r+3) = 0$

d) Weil Sie feststellen, dass die Nullstellen, r_1 und r_2 der charakteristischen Gleichung gleich –1 und –3 sind, wissen Sie, dass

$y_1 = e^{-x}$ und $y_2 = e^{-3x}$

e) Damit ist die Lösung für die homogene Differentialgleichung gegeben durch

$y = c_1 e^{-x} + c_2 e^{-3x}$

f) Jetzt brauchen Sie eine spezielle Lösung für die Differentialgleichung:

$y'' + 4y' + 3y = 3x + 10$

Beachten Sie, dass $g(x)$ hier die Form eines Polynoms hat, gehen Sie also davon aus, dass die spezielle Lösung die folgende Form hat:

$y_p(x) = Ax^2 + Bx + C$

g) Jetzt setzen Sie $y_p(x)$ in die Differentialgleichung ein:

$2A + 8Ax + 4B + 3Ax^2 + 3Bx + 3C = 3x + 10$

h) Es gibt keinen Term mit x^2 auf der rechten Seite, damit haben Sie A = 0 und

$4B + 3Bx + 3C = 3x + 10$

i) Wenn Sie jetzt den Koeffizienten von x betrachten, erhalten Sie

$3B = 3$, also ist $B = 1$

j) Jetzt können Sie einen schnellen Blick auf die restlichen konstanten Terme werfen:

$4B + 3C = 10$

Was wissen Sie? $B = 1$, somit ist $C = 2$.

k) Die spezielle Lösung lautet also:

$y_p(x) = x + 2$

l) Wenn Sie all dies zusammenfassen, erhalten Sie die folgende allgemeine Lösung:

$y = y_h + y_p$

oder

$y = c_1 e^{-x} + c_2 e^{-3x} + x + 2$

9. Finden Sie die allgemeine Lösung für die folgende nicht homogene Differentialgleichung zweiter Ordnung:

$y'' + 5y' + 6y = 12x - 2$

Lösung:

$y = c_1 e^{-2x} + c_2 e^{-3x} + 2x - 2$

a) Bestimmen Sie zuerst die homogene Version der ursprünglichen Gleichung:

$y'' + 5y' + 6y = 0$

b) Gehen Sie davon aus, dass die Lösung der homogenen Differentialgleichung die Form $y = e^{rx}$ hat. Wenn Sie diese Lösung in die Gleichung einsetzen, erhalten Sie die folgende charakteristische Gleichung:

$r^2 + 5r + 6 = 0$

c) Faktorisieren Sie die charakteristische Gleichung wie folgt:

$(r + 2)(r + 3) = 0$

d) Weil Sie feststellen, dass die Nullstellen, r_1 und r_2 der charakteristischen Gleichung gleich –2 und –3 sind, wissen Sie, dass

$y_1 = e^{-2x}$ und $y_2 = e^{-3x}$

e) Damit ist die Lösung für die homogene Differentialgleichung gegeben durch

$y = c_1 e^{-2x} + c_2 e^{-3x}$

5 ▶ Nicht homogene lineare Differentialgleichungen zweiter Ordnung

f) **Aber Sie sind noch nicht fertig! Jetzt brauchen Sie eine spezielle Lösung für die Differentialgleichung:**

$$y'' + 5y' + 6y = 12x - 2$$

Beachten Sie, dass $g(x)$ hier die Form eines Polynoms hat, gehen Sie also davon aus, dass die spezielle Lösung die folgende Form hat:

$$y_p(x) = Ax^2 + Bx + C$$

g) **Wunderbar. Jetzt setzen Sie $y_p(x)$ in die Differentialgleichung ein:**

$$2A + 10Ax + 5B + 6Ax^2 + 6Bx + 6C = 12x - 2$$

h) **Es gibt keinen Term mit x^2 auf der rechten Seite, damit haben Sie A = 0 und**

$$5B + 6Bx + 6C = 12x - 2$$

i) **Wenn Sie jetzt den Koeffizienten von x betrachten, erhalten Sie**

$$6B = 12, \quad \text{also ist} \quad B = 2$$

j) **Jetzt können Sie einen Blick auf die restlichen konstanten Terme werfen:**

$$5B + 6C = -2$$

Weil $B = 2$ ist, ist $C = -2$.

k) **Die spezielle Lösung lautet also:**

$$y_p(x) = 2x - 2$$

l) **Wenn Sie all dies zusammenfassen, erhalten Sie die folgende allgemeine Lösung:**

$$y = y_h + y_p$$

oder

$$y = c_1 e^{-2x} + c_2 e^{-3x} + 2x - 2$$

10. **Bestimmen Sie die allgemeine Lösung für diese Gleichung:**

$$y'' + 6y' + 5y = 5x + 16$$

Lösung:

$$y = c_1 e^{-x} + c_2 e^{-5x} + x + 2$$

a) **Bestimmen Sie zuerst die homogene Version der ursprünglichen Gleichung:**

$$y'' + 6y' + 5y = 0$$

b) **Gehen Sie davon aus, dass die Lösung der homogenen Differentialgleichung die Form $y = e^{rx}$ hat. Wenn Sie diese Lösung in die Gleichung einsetzen, erhalten Sie die folgende charakteristische Gleichung:**

$$r^2 + 6r + 5 = 0$$

c) **Faktorisieren Sie die charakteristische Gleichung wie folgt:**

$$(r + 1)(r + 5) = 0$$

d) Weil Sie feststellen, dass die Nullstellen, r_1 und r_2 der charakteristischen Gleichung gleich –1 und –5 sind, wissen Sie, dass

$y_1 = e^{-x}$ und $y_2 = e^{-5x}$

e) Damit ist die Lösung für die homogene Differentialgleichung gegeben durch

$y = c_1 e^{-x} + c_2 e^{-5x}$

f) Jetzt brauchen Sie eine spezielle Lösung für die Differentialgleichung:

$y'' + 6y' + 5y = 5x + 16$

Beachten Sie, dass $g(x)$ hier die Form eines Polynoms hat, gehen Sie also davon aus, dass die spezielle Lösung die folgende Form hat:

$y_p(x) = Ax^2 + Bx + C$

g) Jetzt setzen Sie $y_p(x)$ in die Differentialgleichung ein:

$2A + 12Ax + 6B + 5Ax^2 + 5Bx + 5C = 5x + 16$

h) Es gibt keinen Term mit x^2 auf der rechten Seite, damit haben Sie A = 0 und

$6B + 5Bx + 5C = 5x + 16$

i) Wenn Sie jetzt den Koeffizienten von x betrachten, erhalten Sie

$5B = 5$, also ist $B = 1$

j) Jetzt können Sie einen schnellen Blick auf die restlichen konstanten Terme werfen:

$6B + 5C = 16$

Weil $B = 1$ ist, ist $C = 2$.

k) Die spezielle Lösung lautet also:

$y_p(x) = x + 2$

l) Wenn Sie all dies zusammenfassen, erhalten Sie die folgende allgemeine Lösung:

$y = y_h + y_p$

oder

$y = c_1 e^{-x} + c_2 e^{-5x} + x + 2$

5 ▶ Nicht homogene lineare Differentialgleichungen zweiter Ordnung

11. Bestimmen Sie die Lösung für die folgende nicht homogene Differentialgleichung zweiter Ordnung:

    $y'' + 5y' + 6y = 10\sin(x)$

    mit

    $y(0) = 1$

    und

    $y'(0) = -4$

    Lösung:

    $y = e^{-2x} + e^{-3x} + \sin(x) - \cos(x)$

    a) Bestimmen Sie zuerst die homogene Version der ursprünglichen Differentialgleichung:

    $y'' + 5y' + 6y = 0$

    b) Gehen Sie davon aus, dass die Lösung der homogenen Differentialgleichung die Form $y = e^{rx}$ hat. Wenn Sie diese Lösung in die Gleichung einsetzen, erhalten Sie die folgende charakteristische Gleichung:

    $r^2 + 5r + 6 = 0$

    c) Im nächsten Schritt faktorisieren Sie die charakteristische Gleichung wie folgt:

    $(r + 2)(r + 3) = 0$

    d) Weil Sie feststellen, dass die Nullstellen, r_1 und r_2 der charakteristischen Gleichung gleich –2 und –3 sind, wissen Sie, dass

    $y_1 = e^{-2x}$ und $y_2 = e^{-3x}$

    e) Damit ist die Lösung für die homogene Differentialgleichung gegeben durch

    $y_h = c_1 e^{-2x} + c_2 e^{-3x}$

    f) Jetzt brauchen Sie eine spezielle Lösung für die Differentialgleichung:

    $y'' + 5y' + 6y = 10\sin(x)$

    g) Gehen Sie davon aus, dass die spezielle Lösung die folgende Form hat:

    $y_p = A\sin(x) + B\cos(x)$

    h) Jetzt setzen Sie den $A\sin(x)$-Term auf der linken Seite in die Differentialgleichung ein:

    $y'' + 5y' + 6y = -A\sin(x) + 5A\cos(x) + 6A\sin(x)$

    i) Jetzt setzen Sie den $B\cos(x)$-Term auf der linken Seite in die Differentialgleichung ein:

    $y'' + 5y' + 6y = -B\cos(x) - 5B\sin(x) + 6B\cos(x)$

j) Damit können Sie die Differentialgleichung offensichtlich wie folgt darstellen:

$-A\sin(x) + 5A\cos(x) + 6A\sin(x) - B\cos(x) - 5B\sin(x) + 6B\cos(x)$
$= 10\sin(x)$

das bedeutet

$5A\cos(x) - B\cos(x) + 6B\cos(x) = 0$

und

$-A\sin(x) + 6A\sin(x) - 5B\sin(x) = 10\sin(x)$

k) Durch Division durch $\sin(x)$ bzw. $\cos(x)$ erhalten Sie die folgende erste Gleichung

$5A - B + 6B = 5A + 5B = 0$

und die zweite Gleichung:

$-A + 6A - 5B = 5A - 5B = 10$

l) Addieren Sie die erste Gleichung zur zweiten Gleichung:

$10A = 10, \quad \text{also ist} \quad A = 1$

m) Bestimmen Sie mit Hilfe der zweiten Gleichung Folgendes:

$5A - 5B = 5 - 5B = 10$

somit ist $B = -1$

n) Die spezielle Lösung lautet also

$y_p = \sin(x) - \cos(x)$

und die allgemeine Lösung lautet

$y = y_h + y_p$

so dass

$y = c_1 e^{-2x} + c_2 e^{-3x} + \sin(x) - \cos(x)$

o) Anhand der Anfangsbedingungen können Sie die erste Gleichung bestimmen

$y(0) = 1 = c_1 e^{-x} + c_2 e^{-2x} + \sin(x) - \cos(x) = c_1 + c_2 - 1$

ebenso wie die zweite Gleichung:

$y'(0) = -4 = -2c_1 - 3c_2 + 1$

p) Addieren Sie die erste Gleichung zweimal zur zweiten, um Folgendes zu erhalten:

$-c_2 + 1 = 0$

somit ist $c_2 = 1$

5 ▶ Nicht homogene lineare Differentialgleichungen zweiter Ordnung

q) Setzen Sie dieses Ergebnis in die erste Gleichung ein, um Folgendes zu erhalten:

$-2c_2 - 3 = -5$

somit ist $c_1 = 1$

r) Ihre allgemeine Lösung lautet also

$y = e^{-2x} + e^{-3x} + \sin(x) - \cos(x)$

12. Bestimmen Sie die allgemeine Lösung der folgenden Gleichung:

$y'' + 4y' + 3y = 5\cos(x)$

mit

$y(0) = 7/2$

und

$y'(0) = -6$

Lösung:

$y = e^{-x} + 2e^{-3x} + \sin(x) + \cos(x)/2$

a) Bestimmen Sie zuerst die homogene Version der ursprünglichen Differentialgleichung:

$y'' + 4y' + 3y = 0$

b) Gehen Sie davon aus, dass die Lösung der homogenen Differentialgleichung die Form $y = e^{rx}$ hat. Wenn Sie diese Lösung in die Gleichung einsetzen, erhalten Sie die folgende charakteristische Gleichung:

$r^2 + 4r + 3 = 0$

c) Faktorisieren Sie:

$(r+1)(r+3) = 0$

d) Weil Sie feststellen, dass die Nullstellen, r_1 und r_2 der charakteristischen Gleichung gleich –1 und –3 sind, wissen Sie, dass

$y_1 = e^{-x}$ und $y_2 = e^{-3x}$

e) Damit ist die Lösung für die homogene Differentialgleichung gegeben durch

$y_h = c_1 e^{-x} + c_2 e^{-3x}$

f) Das ist schon nicht schlecht, aber jetzt brauchen Sie eine spezielle Lösung für die Differentialgleichung:

$y'' + 4y' + 3y = 5\cos(x)$

g) Gehen Sie davon aus, dass die spezielle Lösung die folgende Form hat:

$y_p = A\sin(x) + B\cos(x)$

h) Jetzt setzen Sie $A \sin(x)$ auf der linken Seite in die Differentialgleichung ein:

$y'' + 4y' + 3y = -A\sin(x) + 4A\cos(x) + 3A\sin(x)$

i) Jetzt setzen Sie $B \cos(x)$ auf der linken Seite in die Differentialgleichung ein:

$y'' + 4y' + 3y = -B\cos(x) - 4B\sin(x) + 3B\cos(x)$

j) Überraschung! Damit können Sie die Differentialgleichung offensichtlich wie folgt darstellen:

$-A\sin(x) + 4A\cos(x) + 3A\sin(x) - B\cos(x) - 4B\sin(x) + 3B\cos(x)$
$= 5\cos(x)$

das heißt

$4A\cos(x) - B\cos(x) + 3B\cos(x) = 5\cos(x)$

und

$-A\sin(x) + 3A\sin(x) - 4B\sin(x) = 0$

k) Durch Division durch $\sin(x)$ bzw. $\cos(x)$ erhalten Sie die folgende erste Gleichung

$4A - B + 3B = 4A + 2B = 5$

und die zweite Gleichung:

$-A + 3A - 4B = 2A - 4B = 0$

l) Addieren Sie die erste Gleichung zweimal zur zweiten Gleichung:

$10A = 10$, also ist $A = 1$

m) Bestimmen Sie mit Hilfe der zweiten Gleichung Folgendes:

$2A - 4B = 0$

Somit ist $B = 1/2$

Das bedeutet, die spezielle Lösung lautet:

$y_p = \sin(x) + \cos(x)/2$

Und die allgemeine Lösung ist:

$y = y_h + y_p$

Und das ist letztlich:

$y = c_1 e^{-x} + c_2 e^{-3x} + \sin(x) - \cos(x)/2$

n) Anhand der Anfangsbedingungen können Sie die erste Gleichung bestimmen

$y(0) = {}^7/_2 = c_1 e^{-x} + c_2 e^{-3x} + \sin(x) + \cos(x)/2 = c_1 + c_2 + 1/2$

ebenso wie die zweite Gleichung:

$y'(0) = -6 = -c_1 - 3c_2 + 1$

5 ► Nicht homogene lineare Differentialgleichungen zweiter Ordnung

o) Schreiben Sie die erste Gleichung wie folgt um:

$3 = c_1 + c_2$

und die zweite Gleichung wie folgt:

$-7 = -c_1 - 3c_2$

p) Addieren Sie die erste Gleichung zur zweiten, um Folgendes zu erhalten:

$-4 = -2c_2$

Das bedeutet, $c_2 = 2$

q) Setzen Sie dieses Ergebnis in die erste Gleichung ein, um Folgendes zu erhalten:

$-7 = -c_1 - 6,$ also ist $c_1 = 1$

r) Ihre allgemeine Lösung lautet also:

$y = e^{-x} + 2e^{-3x} + \sin(x) + \cos(x)/2$

Homogene lineare Differential-gleichungen höherer Ordnung

In diesem Kapitel...

▶ Die Verfahrensweise für höhere Ordnungen mit reellen und unterschiedlichen Nullstellen betrachten
▶ Mit komplexen Nullstellen Komplexität einführen
▶ Bei doppelten Nullstellen die doppelte Arbeit vermeiden

In diesem Kapitel werden Sie lernen, mit Differentialgleichungen höherer Ordnung umzugehen, wobei $n > 2$. (*Hinweis*: Gleichungen höherer Ordnung werden manchmal auch als Gleichungen n-ter Ordnung bezeichnet.) Eine allgemeine lineare Differentialgleichung höherer Ordnung sieht wie folgt aus:

$$\frac{d^n y}{dx^n} + p_1(x)\frac{d^{n-1} y}{dx^{n-1}} + p_2(x)\frac{d^{n-2} y}{dx^{n-2}} + \cdots + p_{n-1}(x)\frac{dy}{dx} + p_n(x)y = g(x)$$

Das Lösen von Differentialgleichungen höherer Ordnung mit $n = 3$ oder höher ist dem Lösen von Differentialgleichungen erster oder zweiter Ordnung ganz ähnlich, mit zwei Ausnahmen: Sie brauchen mehr Integrationen, und Sie müssen größere Gleichungssysteme lösen, um die Anfangsbedingungen zu erfüllen.

Jede Differentialgleichung höherer Ordnung in diesem Kapitel hat konstante Koeffizienten. Sie können die Aufgaben in der Regel lösen, indem Sie es mit einer Lösung in der folgenden Form probieren:

$$y = e^{rx}$$

Durch Einsetzen in diese Versuchslösung erhalten Sie eine charakteristische Gleichung in Potenzen von r, genau wie für die Differentialgleichungen erster und zweiter Ordnung, um die es in den Kapiteln 4 und 5 ging. Das Problem ist hier, dass Sie es mit kubischen (oder höheren!) charakteristischen Gleichungen zu tun haben, ebenso wie mit 3×3-Gleichungssystemen, um die Anfangsbedingungen verarbeiten zu können.

Wenn Sie einer charakteristischen Gleichung begegnen, die manuell nur schwer lösbar ist, empfehle ich Ihnen, einen Web-basierten Gleichungslöser. Ein gutes Beispiel für einen solchen Gleichungslöser finden Sie unter www.quickmath.com. Suchen Sie auf der Startseite links nach dem Eintrag EQUATIONS (Gleichungen). Anschließend klicken Sie auf den Unterpunkt SOLVE (Lösen). Eine weitere Möglichkeit, lineare Gleichungssysteme online zu lösen, ist math.cowpi.com/systemsolver. Diese Webseiten können Ihnen die Lösung der Übungsaufgaben in diesem Kapitel etwas leichter machen.

Wie bei linearen Differentialgleichungen zweiter Ordnung kann die hier ermittelte charakteristische Gleichung drei verschiedene Arten von Nullstellen haben:

✔ Reelle und unterschiedliche Nullstellen

✔ Komplexe Nullstellen

✔ Reelle und identische Nullstellen

In diesem Kapitel werden Sie diese Varianten bei linearen homogenen Differentialgleichungen kennen lernen.

Definitiv unterschiedlich: Die Arbeit mit reellen und unterschiedlichen Nullstellen

In diesem Abschnitt üben Sie den Fall, für den die charakteristische Gleichung reelle und unterschiedliche Nullstellen hat – d.h. die Nullstellen sind nicht imaginär und sie sind nicht gleich.

Es folgt eine lineare Differentialgleichung zweiter Ordnung, die homogen ist und konstante Koeffizienten besitzt:

$y'' + 3y' + 2 = 0$

Bei der Gleichung in dieser Form können Sie mit Sicherheit davon ausgehen, dass die Lösung wie folgt aussehen muss:

$y = e^{rx}$

Durch Einsetzen dieser Lösung in die Differentialgleichung erhalten Sie

$r^2 e^{rx} + 3r e^{rx} + 2e^{rx} = 0$

Und durch Division durch e^{rx} erhalten Sie:

$r^2 + 3r + 2 = 0$

Überraschung! Das ist genau Ihre charakteristische Gleichung, die Sie als quadratische Gleichung lösen können. Damit erhalten Sie:

$(r + 1)(r + 2) = 0$

Die Nullstellen der charakteristischen Gleichung sind also −1 und −2, womit Sie die beiden folgenden Lösungen erhalten:

$y = e^{-x}$ und $y = e^{-2x}$

Das Verfahren für Differentialgleichungen höherer Ordnung ist ganz ähnlich, aber die Algebra ist etwas komplizierter, weil die charakteristische Gleichung eine höhere Ordnung aufweist. Die folgende Beispielaufgabe wird dies verdeutlichen. Anschließend können Sie selbst ein paar Übungsaufgaben lösen.

6 ➤ Homogene lineare Differentialgleichungen höherer Ordnung

Frage

Bestimmen Sie die Lösung für diese Differentialgleichung:

$$y''' - 6y'' + 11y' - 6y = 0$$

mit den folgenden Anfangsbedingungen:

$y(0) = 9$
$y'(0) = 20$
$y''(0) = 50$

Antwort

$y = 2e^x + 3e^{2x} + 4e^{3x}$

1. Diese Differentialgleichung hat konstante Koeffizienten, Sie können also von einer Lösung der folgenden Form ausgehen:

   $y = e^{rx}$

2. Durch Einsetzen Ihrer Versuchslösung in die Differentialgleichung erhalten Sie:

   $r^3 e^{rx} - 6r^2 e^{rx} + 11r e^{rx} - 6e^{rx} = 0$

3. Durch Kürzen von e^{rx} erhalten Sie:

   $r^3 - 6r^2 + 11r - 6 = 0$

4. Damit haben Sie eine kubische Gleichung. Atmen sie aus und sehen Sie sich die Gleichung genauer an. Erkennen Sie, wie Sie faktorisieren können?

   $(r-1)(r-2)(r-3) = 0$

   Falls Sie die charakteristische Gleichung nicht von Hand faktorisieren wollen oder können, probieren Sie es mit dem Gleichungslöser unter www.quickmath.com aus. (Weitere Informationen über den Zugriff auf diesen Teil der Website finden Sie in der Einführung zu diesem Kapitel.)

5. Die Nullstellen lauten:

   $r_1 = 1$, $r_2 = 2$ und $r_3 = 3$

6. Weil die Nullstellen reell und unterschiedlich sind, lauten die Lösungen:

   $y_1 = e^x$, $y_2 = e^{2x}$ und $y_3 = e^{3x}$

7. Die allgemeine Lösung ist also:

   $y = c_1 e^x + c_2 e^{2x} + c_3 e^{3x}$

8. Jetzt können Sie die Anfangsbedingungen anwenden (wurde auch Zeit, oder?). Neben der Form für y brauchen Sie auch y', das Sie berechnen können als

   $y' = c_1 e^x + 2c_2 e^{2x} + 3c_3 e^{3x}$

   ebenso wie y'', das Sie berechnen können als

   $y'' = c_1 e^x + 4c_2 e^{2x} + 9c_3 e^{3x}$

9. Aus den Anfangsbedingungen erhalten Sie Ihre drei Gleichungen mit c_1, c_2 und c_3, die Sie lösen müssen, um die Koeffizienten zu bestimmen:

   $y(0) = c_1 + c_2 + c_3 = 9$
   $y'(0) = c_1 + 2c_2 + 3c_3 = 20$
   $y''(0) = c_1 + 4c_2 + 9c_3 = 50$

10. Wenn Sie dieses Gleichungssystem aus drei Gleichungen manuell lösen, erhalten Sie:

    $c_1 = 2$, $c_2 = 3$ und $c_3 = 4$

    Natürlich können Sie auch math.cowpi.com/systemsolver dafür verwenden. Klicken Sie einfach auf den Link 3×3 und geben Sie die Gleichungen ein, um das System zu lösen.

11. Die Lösung für die Differentialgleichung unter Anwendung der Anfangsbedingungen lautet also

    $y = 2e^x + 3e^{2x} + 4e^{3x}$

Aufgabe 1

Bestimmen Sie die Lösung für die folgende Differentialgleichung:

$y''' = 7y'' + 14y' + 8y = 0$

mit den folgenden Anfangsbedingungen:

$y(0) = 3$

$y'(0) = -7$

$y''(0) = 21$

Lösung

Aufgabe 2

Lösen Sie diese Gleichung:

$y''' + 8y'' + 19y' + 12y = 0$

mit

$y(0) = 4$

$y'(0) = -12$

$y''(0) = 42$

Lösung

Aufgabe 3

Bestimmen Sie die Lösung für die folgende Gleichung:

$y''' + 9y'' + 26y' + 24y = 0$

mit

$y(0) = 5$

$y'(0) = -16$

$y''(0) = 54$

Lösung

Aufgabe 4

Bestimmen Sie die Lösung für die folgende Differentialgleichung:

$y''' + 10y'' + 31y' + 30y = 0$

mit den folgenden Anfangsbedingungen:

$y(0) = 6$

$y'(0) = -19$

$y''(0) = 71$

Lösung

Aufgabe 5

Lösen Sie die folgende Gleichung:

$y''' + 11y'' + 36y' + 36y = 0$

mit

$y(0) = 5$

$y'(0) = -17$

$y''(0) = 67$

Lösung

Aufgabe 6

Bestimmen Sie die Lösung für diese Gleichung:

$y''' + 10y'' + 29y' + 20y = 0$

Wenden Sie die folgenden Anfangsbedingungen an:

$y(0) = 7$

$y''(0) = -30$

$y''(0) = 142$

Lösung

Es wird komplex: Mit komplexen Nullstellen

Was tun, wenn die charakteristische Gleichung einer Differentialgleichung komplexe Nullstellen hat (d.h. sie enthalten die imaginäre Zahl i), die

$r_1 = i$ und $r_2 = -i$

Solche Fällen können Sie mit den beiden folgenden Beziehungen lösen:

$e^{(\alpha + i\beta)x} = e^{\alpha x}(\cos \beta x + i \sin \beta x)$

und

$e^{(\alpha - i\beta)x} = e^{\alpha x}(\cos \beta x - i \sin \beta x)$

Nehmen Sie sich ein bisschen Zeit für das nächste Beispiel, das zeigt, wie Sie solche Gleichungen lösen. Anschließend können Sie einige Übungsaufgaben lösen, in denen es um lineare Differentialgleichungen höherer Ordnung mit komplexen Nullstellen geht.

Frage

Bestimmen Sie die Lösung für die folgende Differentialgleichung:

$y^{(4)} - y = 0$

mit

$y(0) = 3$
$y'(0) = 1$
$y''(0) = -1$
$y'''(0) = -3$

Antwort

$y = e^{-x} + 2\cos x + 2\sin x$

1. Sie wissen, dass diese Differentialgleichung konstante Koeffizienten hat, Sie können also von einer Lösung der folgenden Form ausgehen:

   $y = e^{rx}$

2. Setzen Sie Ihre Lösung in die Differentialgleichung ein, um Folgendes zu erhalten:

   $r^4 e^{rx} - e^{rx} = 0$

3. Kürzen Sie e^{rx} heraus:

   $r^4 - 1 = 0$

4. Faktorisieren Sie die resultierende charakteristische Gleichung:

   $(r^2 - 1)(r^2 + 1) = 0$

5. Die Nullstellen der charakteristischen Gleichung sind damit:

   $r_1 = 1, r_2 = -1, r_3 = i$ und $r_4 = -i$

6. Nutzen Sie die folgenden Beziehungen, um die Lösungen leichter zu erkennen:

   $e^{i\beta x} = \cos \beta x + i \sin \beta x$

   und

   $e^{-i\beta x} = \cos \beta x - i \sin \beta x$

7. Sie haben damit festgestellt, dass y_3 und y_4 als Linearkombination aus Sinus und Kosinus dargestellt werden können (beachten Sie, dass Sie das i in eine multiplikative Konstante absorbieren können). Sie haben also die folgenden Lösungen:

   $y_1 = e^x$
   $y_2 = e^{-x}$
   $y_3 = \cos x$
   $y_4 = \sin x$

8. Die allgemeine Lösung lautet also:

   $y = c_1 e^x + c_2 e^{-x} + c_3 \cos x + c_4 \sin x$

9. Um die Anfangsbedingung en anzuwenden, müssen Sie y' bestimmen:

   $y' = c_1 e^x - c_2 e^{-x} - c_3 \sin x + c_4 \cos x$

   ebenso wie y'':

   $y'' = c_1 e^x + c_2 e^{-x} - c_3 \cos x - c_4 \sin x$

   und y''':

   $y''' = c_1 e^x - c_2 e^{-x} + c_3 \sin x - c_4 \cos x$

10. Wenn Sie die Formen für y, y', y'' und y''' in die Anfangsbedingungen einsetzen, erhalten Sie:

    $y(0) = c_1 + c_2 + c_3 = 3$
    $y'(0) = c_1 - c_2 + c_4 = 1$
    $y''(0) = c_1 + c_2 - c_3 = -1$
    $y'''(0) = c_1 - c_2 - c_4 = -3$

11. Lösen Sie dieses 4×4-Gleichungssystem manuell oder mit einem Online-Tool, wie etwa dem 4×4-Gleichungslöser unter math.cowpi.com/systemsolver:

    $c_1 = 0, c_2 = 1, c_3 = 2$ und $c_4 = 2$

12. Nachdem Sie die Anfangsbedingungen angewendet haben, erhalten Sie schließlich die allgemeine Lösung:

    $y = e^{-x} + 2\cos x + 2\sin x$

6 ▸ Homogene lineare Differentialgleichungen höherer Ordnung

Aufgabe 7
Wie lautet die Lösung für die folgende Differentialgleichung:

$y^{(4)} - 16y = 0$

mit

$y(0) = 3$

$y'(0) = 2$

$y''(0) = -4$

$y'''(0) = -24$

Lösung

Aufgabe 8
Bestimmen Sie die Lösung für diese Differentialgleichung:

$y^{(4)} - 81y = 0$

mit

$y(0) = 4$

$y'(0) = 12$

$y''(0) = -18$

$y'''(0) = -162$

Lösung

Identitätsprobleme: Gleichungen bei identischen Nullstellen lösen

Identische Nullstellen sind mühelos zu erkennen, aber schwer aufzulösen, wenn Sie nicht genau wissen, was zu tun ist. Warum? Wenn Sie eine Differentialgleichung haben, deren charakteristische Gleichung die Nullstellen –2, –2, –2 und –2 hat, ist dieses vierfache Vorkommen von –2 ein Problem, weil Sie nicht einfach sagen können, dass die Lösungen lauten:

$y_1 = e^{-2x}$

$y_2 = e^{-2x}$

$y_3 = e^{-2x}$

$y_4 = e^{-2x}$

Die Verwendung dieser Lösung würde zu einer allgemeinen Lösung wie der Folgenden führen:

$y = c_1 e^{-2x} + c_2 e^{-2x} + c_3 e^{-2x} + c_4 e^{-2x}$

Und das entspricht letztlich dem Folgenden, wenn Sie die Konstanten zusammenfassen:

$y = c e^{-2x}$

mit $c = c_1 + c_2 + c_3 + c_4$.

Solche Szenarien bewältigen Sie, indem Sie Potenzen von x addieren. Wenn beispielsweise $y_1 = c_1 e^{-2x}$ ist, erhalten Sie

$y_2 = c_2 x e^{-2x}$

$y_3 = c_3 x^2 e^{-2x}$

$y_4 = c_4 x^3 e^{-2x}$

für den Rest. Die allgemeine Lösung lautet also

$y = c_1 e^{-2x} + c_2 x e^{-2x} + c_3 x^2 e^{-2x} + c_4 x^3 e^{-2x}$

Betrachten Sie das folgende Beispiel. Es zeigt eine weitere lineare Differentialgleichung höherer Ordnung mit identischen Nullstellen. Anschließend können Sie selbstständig die Übungsaufgaben lösen.

Frage

Bestimmen Sie die Lösung für die folgende Differentialgleichung:

$y^{(4)} + 4y''' + 6y'' + 4y' + y = 0$

Antwort

$y = c_1 e^{-x} + c_2 x e^{-x} + c_3 x^2 e^{-x} + c_4 x^3 e^{-x}$

1. Hier haben Sie eine Differentialgleichung vierter Ordnung mit konstanten Koeffizienten, Sie können es also mit einer Lösung der folgenden Form probieren:

   $y = e^{rx}$

2. Setzen Sie Ihre Versuchslösung in die Differentialgleichung ein:

   $r^4 e^{rx} + 4r^3 e^{rx} + 6r^2 e^{rx} + 4r e^{rx} + e^{rx} = 0$

3. Anschließend dividieren Sie durch e^{rx}, um die charakteristische Gleichung zu erhalten:

   $r^4 + 4r^3 + 6r^2 + 4r + 1 = 0$

4. Faktorisieren Sie die charakteristische Gleichung wie folgt. Das können Sie entweder manuell machen oder ein Werkzeug wie etwa www.quickmath.com dafür einsetzen (weitere Informationen über den Zugriff auf dieses Tool finden Sie in der Einleitung zu diesem Kapitel).

   $(r + 1)(r + 1)(r + 1)(r + 1)$

5. Die Nullstellen der charakteristischen Gleichung sind –1, –1, –1, –1 – lauter identische Nullstellen. Weil die resultierenden Lösungen alle gleich sind, sind dies alles *degenerierte Lösungen*:

   $y_1 = e^{-x}$

   $y_2 = e^{-x}$

   $y_3 = e^{-x}$

   $y_4 = e^{-x}$

6. Multiplizieren Sie die degenerierten Lösungen mit aufsteigenden Potenzen von x, um Folgendes zu erhalten:

   $y_1 = c_1 e^{-x}$

   $y_2 = c_2 x e^{-x}$

   $y_3 = c_3 x^2 e^{-x}$

   $y_4 = c_4 x^3 e^{-x}$

7. Setzen Sie die vier Einzellösungen zusammen, um die folgende allgemeine Lösung zu erhalten:

   $y = c_1 e^{-x} + c_2 x e^{-x} + c_3 x^2 e^{-x} + c_4 x^3 e^{-x}$

Aufgabe 9
Bestimmen Sie die Lösung für die folgende Gleichung:

$y''' + 3y'' + 3y' + y = 0$

Lösung

Aufgabe 10
Lösen Sie die folgende Differentialgleichung:

$y''' + 9y'' + 27y' + 27y = 0$

Lösung

Aufgabe 11
Wie lautet die Lösung für diese Gleichung?

$y''' + 15y'' + 75y' + 125y = 0$

Lösung

Aufgabe 12
Bestimmen Sie die Lösung für die folgende Gleichung:

$y''' + 4y'' + 5y' + 2y = 0$

Lösung

Aufgabe 13

Lösen Sie diese Differentialgleichung:

$y''' + 5y'' + 8y' + 4y = 0$

Lösung

Aufgabe 14

Wie lautet die Lösung für diese Gleichung:

$y''' + 5y'' + 7y' + 3y = 0$

Lösung

Lösungen für die Aufgaben zu linearen Differentialgleichungen höherer Ordnung

Hier folgen die Lösungen zu den Übungsaufgaben aus diesem Kapitel. Die einzelnen Schritte sind genau aufgezeigt, so dass Sie gegebenenfalls nachlesen können, falls Sie an irgendeiner Stelle nicht mehr weiterwissen. Viel Spaß!

1. **Bestimmen Sie die Lösung für die folgende Differentialgleichung:**

   $y''' + 7y'' + 14y' + 8y = 0$

   mit den folgenden Anfangsbedingungen:

   $y(0) = 3$

   $y'(0) = -7$

   $y''(0) = 21$

   Lösung:

   $y = e^{-x} + e^{-2x} + e^{-4x}$

   a) Weil diese Differentialgleichung konstante Koeffizienten hat, beginnen Sie damit, eine Lösung der folgenden Form anzunehmen:

   $y = e^{rx}$

b) Setzen Sie Ihren Lösungsversuch in die Differentialgleichung ein:

$r^3 e^{rx} + 7r^2 e^{rx} + 14r e^{rx} + 8 e^{rx} = 0$

c) Kürzen Sie e^{rx} heraus:

$r^3 + 7r^2 + 14r + 8 = 0$

d) Damit haben Sie eine kubische Gleichung, die Sie wie folgt faktorisieren können. Entweder manuell oder mit Hilfe eines Werkzeugs wie etwa www.quickmath.com (weitere Informationen über den Zugriff auf dieses Tool finden Sie in der Einleitung zu diesem Kapitel).

$(r+1)(r+2)(r+4) = 0$

e) Die Nullstellen lauten also:

$r_1 = -1$, $r_2 = -2$ und $r_3 = -4$

f) Diese Nullstellen sind reell und unterschiedlich, die Lösungen lauten also

$y_1 = e^{-x}$, $y_2 = e^{-2x}$ und $y_3 = e^{-4x}$

g) Damit ist die allgemeine Lösung:

$y = c_1 e^{-x} + c_2 e^{-2x} + c_3 e^{-4x}$

h) Jetzt können Sie die Anfangsbedingungen anwenden. Neben der Form für y brauchen Sie aber auch y':

$y' = -c_1 e^{-x} - 2c_2 e^{-2x} - 4c_3 e^{-4x}$

und y'':

$y'' = c_1 e^{-x} + 4c_2 e^{-2x} + 16c_3 e^{-4x}$

i) Gemäß der Anfangsbedingungen lauten Ihre drei Gleichungen mit c_1, c_2 und c_3, die Sie lösen müssen, um die Koeffizienten zu bestimmen:

$y(0) = c_1 + c_2 + c_3 = 3$

$y'(0) = -c_1 - 2c_2 - 4c_3 = -7$

$y''(0) = c_1 + 4c_2 + 16c_3 = 21$

j) Wenn Sie dieses System aus drei Gleichungen von Hand (oder mit Hilfe des 3×3-Gleichungslösers unter math.cowpi.com/systemsolver) lösen, erhalten Sie:

$c_1 = 1$, $c_2 = 1$ und $c_3 = 1$

k) Die Lösung der Differentialgleichung mit Anwendung der Anfangsbedingungen lautet also:

$y = e^{-x} + e^{-2x} + e^{-4x}$

2. Lösen Sie diese Gleichung:

$y''' + 8y'' + 19y' + 12y = 0$

mit

$y(0) = 4$

$y'(0) = -12$

$y''(0) = 42$

Lösung:

$y = e^{-x} + e^{-2x} + e^{-4x}$

a) Beginnen Sie damit, eine Lösung der folgenden Form anzunehmen:

$y = e^{rx}$

b) Setzen Sie Ihren Lösungsversuch in die Differentialgleichung ein:

$r^3 e^{rx} + 8r^2 e^{rx} + 19r e^{rx} + 12 e^{rx} = 0$

c) Kürzen Sie e^{rx} heraus:

$r^3 + 8r^2 + 19r + 12 = 0$

d) Damit haben Sie eine kubische Gleichung, die Sie wie folgt faktorisieren können.

$(r+1)(r+3)(r+4) = 0$

Die Nullstellen sind also:

$r_1 = -1, \quad r_2 = -3 \quad \text{und} \quad r_3 = -4$

e) Diese Nullstellen sind reell und unterschiedlich, die Lösungen lauten also

$y_1 = e^{-x}, \quad y_2 = e^{-3x} \quad \text{und} \quad y_3 = e^{-4x}$

f) Damit ist die allgemeine Lösung:

$y = c_1 e^{-x} + c_2 e^{-3x} + c_3 e^{-4x}$

g) Wunderbar. Jetzt können Sie die Anfangsbedingungen anwenden. Neben der Form für y brauchen Sie aber auch y':

$y' = -c_1 e^{-x} - 3c_2 e^{-3x} - 4c_3 e^{-4x}$

und y'' als

$y'' = c_1 e^{-x} + 9c_2 e^{-3x} + 16c_3 e^{-4x}$

h) Gemäß der Anfangsbedingungen lauten Ihre drei Gleichungen mit c_1, c_2 und c_3, die Sie lösen müssen, um die Koeffizienten zu bestimmen:

$y(0) = c_1 + c_2 + c_3 = 4$

$y'(0) = -c_1 - 3c_2 - 4c_3 = -12$

$y''(0) = c_1 + 9c_2 + 16c_3 = 42$

6 ▶ Homogene lineare Differentialgleichungen höherer Ordnung

i) Wenn Sie dieses System aus drei Gleichungen lösen, erhalten Sie:

$c_1 = 1$, $c_2 = 1$ und $c_3 = 2$

j) Die Lösung der Differentialgleichung mit Anwendung der Anfangsbedingungen lautet also:

$y = e^{-x} + e^{-3x} + 2e^{-4x}$

3. Bestimmen Sie die Lösung für die folgende Gleichung:

$y''' + 9y'' + 26y' + 24y = 0$

mit den folgenden Anfangsbedingungen:

$y(0) = 5$

$y'(0) = -16$

$y''(0) = 54$

Lösung:

$y = e^{-2x} + 2e^{-3x} + 2e^{-4x}$

a) Weil diese Differentialgleichung konstante Koeffizienten hat, beginnen Sie damit, eine Lösung der folgenden Form anzunehmen:

$y = e^{rx}$

b) Setzen Sie Ihren Lösungsversuch in die Differentialgleichung ein:

$r^3 e^{rx} + 9r^2 e^{rx} + 26r e^{rx} + 24 e^{rx} = 0$

c) Kürzen Sie e^{rx} heraus:

$r^3 + 9r^2 + 26r + 24 = 0$

d) Damit haben Sie eine kubische Gleichung, die Sie wie folgt faktorisieren können.

$(r+2)(r+3)(r+4) = 0$

e) Die Nullstellen sind also:

$r_1 = -2$, $r_2 = -3$ und $r_3 = -4$

f) Diese Nullstellen sind reell und unterschiedlich, die Lösungen lauten also

$y_1 = e^{-2x}$, $y_2 = e^{-3x}$ und $y_3 = e^{-4x}$

g) Damit ist die allgemeine Lösung:

$y = c_1 e^{-2x} + c_2 e^{-3x} + c_3 e^{-4x}$

h) Jetzt können Sie die Anfangsbedingungen anwenden. Neben der Form für y brauchen Sie aber auch y':

$y' = -2c_1 e^{-2x} - 3c_2 e^{-3x} - 4c_3 e^{-4x}$

und y'':

$y'' = 4c_1 e^{-2x} + 9c_2 e^{-3x} + 16c_3 e^{-4x}$

i) Gemäß der Anfangsbedingungen lauten Ihre drei Gleichungen mit c_1, c_2 und c_3, die Sie lösen müssen, um die Koeffizienten zu bestimmen:

$$y(0) = c_1 + c_2 + c_3 = 5$$

$$y'(0) = -2c_1 - 3c_2 - 4c_3 = -16$$

$$y''(0) = 4c_1 + 9c_2 + 16c_3 = 54$$

j) Wenn Sie dieses System aus drei Gleichungen lösen, erhalten Sie:

$$c_1 = 1, \quad c_2 = 2 \quad \text{und} \quad c_3 = 2$$

k) Die Lösung der Differentialgleichung mit Anwendung der Anfangsbedingungen lautet also:

$$y = e^{-2x} + 2e^{-3x} + 2e^{-4x}$$

4. Bestimmen Sie die Lösung für die folgende Differentialgleichung:

$$y''' + 10y'' + 31y' + 30y = 0$$

mit den folgenden Anfangsbedingungen:

$$y(0) = 6$$

$$y'(0) = -19$$

$$y''(0) = 71$$

Lösung:

$$y = 3e^{-2x} + e^{-3x} + 2e^{-5x}$$

a) Beginnen Sie damit, eine Lösung der folgenden Form anzunehmen:

$$y = e^{rx}$$

b) Setzen Sie Ihren Lösungsversuch in die Differentialgleichung ein:

$$r^3 e^{rx} + 10r^2 e^{rx} + 31r e^{rx} + 30 e^{rx} = 0$$

c) Kürzen Sie e^{rx} heraus:

$$r^3 + 10r^2 + 31r + 30 = 0$$

d) Damit haben Sie eine kubische Gleichung, die Sie wie folgt faktorisieren können.

$$(r + 2)(r + 3)(r + 5) = 0$$

Die Nullstellen sind also:

$$r_1 = -2, \quad r_2 = -3 \quad \text{und} \quad r_3 = -5$$

e) Diese Nullstellen sind reell und unterschiedlich, die Lösungen lauten also

$$y_1 = e^{-2x}, \quad y_2 = e^{-3x} \quad \text{und} \quad y_3 = e^{-5x}$$

f) Damit ist die allgemeine Lösung:

$$y = c_1 e^{-2x} + c_2 e^{-3x} + c_3 e^{-5x}$$

6 ➤ Homogene lineare Differentialgleichungen höherer Ordnung

g) Wunderbar. Jetzt können Sie die Anfangsbedingungen anwenden. Neben der Form für y brauchen Sie aber auch y':

$$y' = -2c_1 e^{-2x} - 3c_2 e^{-3x} - 5c_3 e^{-5x}$$

und y'' als

$$y'' = 4c_1 e^{-2x} + 9c_2 e^{-3x} + 25c_3 e^{-5x}$$

h) Gemäß der Anfangsbedingungen lauten Ihre drei Gleichungen mit c_1, c_2 und c_3, die Sie lösen müssen, um die Koeffizienten zu bestimmen:

$$y(0) = c_1 + c_2 + c_3 = 6$$
$$y'(0) = -2c_1 - 3c_2 - 5c_3 = -19$$
$$y''(0) = 4c_1 + 9c_2 + 25c_3 = 71$$

i) Wenn Sie dieses System aus drei Gleichungen lösen, erhalten Sie:

$$c_1 = 3, \quad c_2 = 1 \quad \text{und} \quad c_3 = 2$$

j) Die Lösung der Differentialgleichung mit Anwendung der Anfangsbedingungen lautet also:

$$y = 3e^{-2x} + e^{-3x} + 2e^{-5x}$$

5. Lösen Sie die folgende Gleichung:

$$y''' + 11y'' + 36y' + 36y = 0$$

mit

$$y(0) = 5$$
$$y'(0) = -17$$
$$y''(0) = 67$$

Lösung:

$$y = e^{-2x} + 3e^{-3x} + e^{-6x}$$

a) Weil diese Differentialgleichung konstante Koeffizienten hat, beginnen Sie damit, eine Lösung der folgenden Form anzunehmen:

$$y = e^{rx}$$

b) Setzen Sie Ihren Lösungsversuch in die Differentialgleichung ein:

$$r^3 e^{rx} + 11r^2 e^{rx} + 36r e^{rx} + 36 e^{rx} = 0$$

c) Kürzen Sie e^{rx} heraus:

$$r^3 + 11r^2 + 36r + 36 = 0$$

d) Damit haben Sie eine kubische Gleichung, die Sie wie folgt faktorisieren können.

$$(r+2)(r+3)(r+6) = 0$$

e) Die Nullstellen sind also:

$r_1 = -2, r_2 = -3$ und $r_3 = -6$

f) Diese Nullstellen sind reell und unterschiedlich, die Lösungen lauten also

$y_1 = e^{-2x}$, $y_2 = e^{-3x}$ und $y_2 = e^{-6x}$

g) Damit ist die allgemeine Lösung:

$y = c_1 e^{-x} + c_2 e^{-3x} + c_3 e^{-6x}$

h) Jetzt können Sie die Anfangsbedingungen anwenden. Neben der Form für y brauchen Sie aber auch y':

$y' = -2c_1 e^{-2x} - 3c_2 e^{-3x} - 6c_3 e^{-6x}$

und y'':

$y'' = 4c_1 e^{-2x} + 9c_2 e^{-3x} + 36c_3 e^{-6x}$

i) Gemäß der Anfangsbedingungen lauten Ihre drei Gleichungen mit c_1, c_2 und c_3, die Sie lösen müssen, um die Koeffizienten zu bestimmen:

$y(0) = c_1 + c_2 + c_3 = 5$

$y'(0) = -2c_1 - 3c_2 - 6c_3 = -17$

$y''(0) = 4c_1 + 9c_2 + 36c_3 = 67$

j) Wenn Sie dieses System aus drei Gleichungen lösen, erhalten Sie:

$c_1 = 1$, $c_2 = 3$ und $c_3 = 1$

k) Die Lösung der Differentialgleichung mit Anwendung der Anfangsbedingungen lautet also:

$y = e^{-2x} + 3e^{-3x} + e^{-6x}$

6. Bestimmen Sie die Lösung für diese Gleichung:

$y''' + 10y'' + 29y' + 20y = 0$

mit

$y(0) = 7$

$y''(0) = -30$

$y''(0) = 142$

Lösung:

$y = e^{-x} + e^{-4x} + 5e^{-5x}$

a) Weil diese Differentialgleichung konstante Koeffizienten hat, beginnen Sie damit, eine Lösung der folgenden Form anzunehmen:

$y = e^{rx}$

b) Setzen Sie Ihren Lösungsversuch in die Differentialgleichung ein:

$$r^3 e^{rx} + 10r^2 e^{rx} + 29r e^{rx} + 20 e^{rx} = 0$$

c) Kürzen Sie e^{rx} heraus:

$$r^3 + 10r^2 + 29r + 20 = 0$$

d) Die resultierende charakteristische Gleichung können Sie wie folgt faktorisieren:

$$(r+1)(r+4)(r+5) = 0$$

e) Die Nullstellen dieser charakteristischen Gleichung sind:

$$r_1 = -1, \quad r_2 = -4 \quad \text{und} \quad r_3 = -5$$

f) Diese Nullstellen sind reell und unterschiedlich, die Lösungen lauten also

$$y_1 = e^{-x}, \quad y_2 = e^{-4x} \quad \text{und} \quad y_2 = e^{-5x}$$

g) Damit ist die allgemeine Lösung:

$$y = c_1 e^{-x} + c_2 e^{-4x} + c_3 e^{-5x}$$

h) Wunderbar! Jetzt können Sie die Anfangsbedingungen anwenden. Neben der Form für y brauchen Sie aber auch y':

$$y' = -c_1 e^{-2x} - 4c_2 e^{-4x} - 5c_3 e^{-5x}$$

und y'':

$$y'' = c_1 e^{-2x} + 16c_2 e^{-3x} + 25c_3 e^{-5x}$$

i) Gemäß der Anfangsbedingungen lauten Ihre drei Gleichungen mit c_1, c_2 und c_3, die Sie lösen müssen, um die Koeffizienten zu bestimmen:

$$y(0) = c_1 + c_2 + c_3 = 7$$

$$y'(0) = -c_1 - 4c_2 - 5c_3 = -30$$

$$y''(0) = c_1 + 16c_2 + 25c_3 = 142$$

j) Wenn Sie dieses System aus drei Gleichungen lösen, erhalten Sie:

$$c_1 = 1, \quad c_2 = 1 \quad \text{und} \quad c_3 = 5$$

k) Die Lösung der Differentialgleichung mit Anwendung der Anfangsbedingungen lautet also:

$$y = e^{-x} + e^{-4x} + 5e^{-5x}$$

7. Wie lautet die Lösung für die folgende Differentialgleichung:

$y^{(4)} - 16y = 0$

mit

$y(0) = 3$

$y'(0) = 2$

$y''(0) = -4$

$y'''(0) = -24$

Lösung:

$y = e^{-2x} + 2\cos 2x + 2\sin 2x$

a) Weil diese Differentialgleichung konstante Koeffizienten hat, beginnen Sie damit, eine Lösung der folgenden Form anzunehmen:

$y = e^{rx}$

b) Setzen Sie Ihren Lösungsversuch in die Differentialgleichung ein:

$r^4 e^{rx} - 16 e^{rx} = 0$

c) Kürzen Sie e^{rx} heraus:

$r^4 - 16 = 0$

d) Die resultierende charakteristische Gleichung können Sie wie folgt faktorisieren:

$(r^2 - 4)(r^2 + 4) = 0$

e) Sie erhalten die folgenden Nullstellen der charakteristischen Gleichung:

$r_1 = 2, \quad r_2 = -2, \quad r_3 = 2i \quad \text{und} \quad r_4 = -2i$

f) Nutzen Sie die folgenden Beziehungen, um das Ganze zu vereinfachen:

$e^{i\beta x} = \cos\beta x + i\sin\beta x$

und

$e^{-i\beta x} = \cos\beta x - i\sin\beta x$

g) y_3 und y_4 können als Linearkombination von Sinus und Kosinus ausgedrückt werden, womit Sie die folgenden Lösungen erhalten (beachten Sie, dass das i in eine multiplikative Konstante absorbiert wurde)

$y_1 = e^{2x}$

$y_2 = e^{-2x}$

$y_3 = \cos 2x$

$y_4 = \sin 2x$

6 ➤ Homogene lineare Differentialgleichungen höherer Ordnung

h) Damit können Sie die folgende allgemeine Lösung bestimmen:

$y = c_1 e^{2x} + c_2 e^{-2x} + c_3 \cos 2x + c_4 \sin 2x$

i) Um die Anfangsbedingungen anzuwenden, müssen Sie y' bestimmen:

$y' = 2c_1 e^{2x} - 2c_2 e^{-2x} - 2c_3 \sin 2x + 2c_4 \cos 2x$

y'':

$y'' = 4c_1 e^{2x} + 4c_2 e^{-2x} - 4c_3 \cos 2x - 4c_4 \sin 2x$

und y''':

$y''' = 8c_1 e^{2x} - 8c_2 e^{-2x} + 8c_3 \sin 2x - 8c_4 \cos 2x$

j) Setzen Sie in die Formeln für y, y', y'' und y''' die Anfangsbedingungen ein, um Folgendes zu erhalten:

$y(0) = c_1 + c_2 + c_3 = 3$

$y'(0) = 2c_1 - 2c_2 + 2c_4 = 2$

$y''(0) = 4c_1 + 4c_2 - 4c_3 = -4$

$y'''(0) = 8c_1 - 8c_2 - 8c_4 = -24$

k) Lösen Sie dieses 4 × 4-Gleichungssystem von Hand oder mit einem Online-Tool wie etwa dem 4 × 4-Gleichungssystemlöser unter math.cowpi.com/systemsolver, um Folgendes zu erhalten:

$c_1 = 0, c_2 = 1, c_3 = 2$ und $c_4 = 2$

l) Tata! Die allgemeine Lösung mit der angewendeten Anfangsbedingung lautet:

$y = e^{-2x} + 2 \cos 2x + 2 \sin 2x$

8. Bestimmen Sie die Lösung für diese Differentialgleichung:

$y^{(4)} - 81y = 0$

mit

$y(0) = 4$

$y'(0) = 12$

$y''(0) = -18$

$y'''(0) = -162$

Lösung:

$y = e^{-3x} + 3 \cos 3x + 5 \sin 3x$

a) Weil diese Differentialgleichung konstante Koeffizienten hat, beginnen Sie damit, eine Lösung der folgenden Form anzunehmen:

$y = e^{rx}$

b) Setzen Sie Ihre Lösung in die Differentialgleichung ein:

$r^4 e^{rx} - 81 e^{rx} = 0$

c) Kürzen Sie e^{rx} heraus:

$r^4 - 81 = 0$

d) Die resultierende charakteristische Gleichung können Sie wie folgt faktorisieren:

$(r^2 - 3)(r^2 + 3) = 0$

e) Sie erhalten die folgenden Nullstellen der charakteristischen Gleichung:

$r_1 = 3, r_2 = -3, \quad r_3 = 3i \quad$ und $\quad r_4 = -3i$

f) Nutzen Sie die folgenden Beziehungen, um das Ganze zu vereinfachen:

$e^{i\beta x} = \cos \beta x + i \sin \beta x$

und

$e^{-i\beta x} = \cos \beta x - i \sin \beta x$

g) Damit haben Sie festgestellt, dass y_3 und y_4 als Linearkombination von Sinus und Kosinus ausgedrückt werden können, womit Sie die folgenden Lösungen erhalten (beachten Sie, dass das i in eine multiplikative Konstante absorbiert wurde)

$y_1 = e^{3x}$

$y_2 = e^{-3x}$

$y_3 = \cos 3x$

$y_4 = \sin 3x$

h) Die allgemeine Lösung lautet also:

$y = c_1 e^{3x} + c_2 e^{-3x} + c_3 \cos 3x + c_4 \sin 3x$

i) Um die Anfangsbedingungen anzuwenden, müssen Sie y' bestimmen:

$y' = 3c_1 e^{3x} - 3c_2 e^{-3x} - 3c_3 \sin 3x + 3c_4 \cos 3x$

und y'':

$y'' = 9c_1 e^{3x} + 9c_2 e^{-3x} - 9c_3 \cos 3x - 9c_4 \sin 3x$

und y''':

$y''' = 27c_1 e^{3x} - 27c_2 e^{-3x} + 27c_3 \sin 3x - 27c_4 \cos 3x$

j) Setzen Sie in die Formeln für y, y', y'' und y''' die Anfangsbedingungen ein, um Folgendes zu erhalten:

$y(0) = c_1 + c_2 + c_3 = 4$

$y'(0) = 3c_1 - 3c_2 + 3c_4 = 12$

$y''(0) = 9c_1 + 9c_2 - 9c_3 = -18$

$y'''(0) = 27c_1 - 27c_2 - 27c_4 = -162$

6 ▶ Homogene lineare Differentialgleichungen höherer Ordnung

k) Lösen Sie dieses 4×4-Gleichungssystem von Hand oder mit einem Online-Tool wie etwa dem 4×4-Gleichungssystemlöser unter math.cowpi.com/systemsolver, um Folgendes zu erhalten:

$c_1 = 0, \quad c_2 = 1, c_3 = 3 \quad$ und $\quad c_4 = 5$

l) Die allgemeine Lösung mit der angewendeten Anfangsbedingung lautet schließlich:

$y = e^{-3x} + 3\cos 3x + 5\sin 3x$

9. Bestimmen Sie die Lösung für die folgende Gleichung:

$y''' + 3y'' + 3y' + y = 0$

Lösung:

$y = c_1 e^{-x} + c_2 x e^{-x} + c_3 x^2 e^{-5x}$

a) Beginnen Sie damit, eine Lösung der folgenden Form anzunehmen:

$y = e^{rx}$

b) Setzen Sie Ihre Versuchslösung in die Differentialgleichung ein:

$r^3 e^{rx} + 3r^2 e^{rx} + 3r e^{rx} + e^{rx} = 0$

c) Dividieren Sie durch e^{rx}, um die folgende charakteristische Gleichung zu erhalten:

$r^3 + 3r^2 + 3r + 1 = 0$

d) Diese charakteristische Gleichung können Sie wie folgt faktorisieren. Das können Sie entweder manuell machen oder ein Werkzeug wie etwa www.quickmath.com dafür einsetzen (weitere Informationen über den Zugriff auf dieses Tool finden Sie in der Einleitung zu diesem Kapitel).

$(r+1)(r+1)(r+1) = 0$

e) Offensichtlich sind die Nullstellen der charakteristischen Gleichung identische Nullstellen, weil alle drei −1 sind. Aus diesem Grund werden Ihre drei resultierenden Lösungen als degenerierte Lösungen betrachtet, weil sie alle gleich sind:

$y_1 = e^{-x}$

$y_2 = e^{-x}$

$y_3 = e^{-x}$

f) Multiplizieren Sie die degenerierten Lösungen mit aufsteigenden Potenzen von x, um Folgendes zu erhalten:

$y_1 = c_1 e^{-x}$

$y_2 = c_2 x e^{-x}$

$y_3 = c_3 x^2 e^{-x}$

g) Fassen Sie die Einzellösungen zu Ihrer allgemeinen Lösung zusammen:

$$y = c_1 e^{-x} + c_2 x e^{-x} + c_3 x^2 e^{-x}$$

10. Lösen Sie die folgende Differentialgleichung:

$$y''' + 9y'' + 27y' + 27y = 0$$

Lösung:

$$y = c_1 e^{-3x} + c_2 x e^{-3x} + c_3 x^2 e^{-3x}$$

a) Weil die Aufgabe eine Differentialgleichung dritter Ordnung mit konstanten Koeffizienten darstellt, probieren Sie es mit einer Lösung der folgenden Form:

$$y = e^{rx}$$

b) Setzen Sie Ihre Versuchslösung in die Differentialgleichung ein:

$$r^3 e^{rx} + 9r^2 e^{rx} + 27r e^{rx} + 27 e^{rx} = 0$$

c) Dividieren Sie durch e^{rx}, um die charakteristische Gleichung zu erhalten:

$$r^3 + 9r^2 + 27r + 27 = 0$$

Diese können Sie wie folgt faktorisieren:

$$(r+3)(r+3)(r+3) = 0$$

d) Die Nullstellen der charakteristischen Gleichung sind wiederholte Nullstellen, weil alle drei −3 sind, womit Sie die folgenden degenerierten Lösungen erhalten:

$$y_1 = e^{-3x}$$
$$y_2 = e^{-3x}$$
$$y_3 = e^{-3x}$$

e) Multiplizieren Sie die degenerierten Lösungen mit aufsteigenden Potenzen von x, um Folgendes zu erhalten:

$$y_1 = c_1 e^{-3x}, \quad y_y = c_2 x e^{-3x} \quad \text{und} \quad y_3 = c_3 x^2 e^{-3x}$$

f) Fassen Sie die Einzellösungen zu Ihrer allgemeinen Lösung zusammen:

$$y_1 = c_1 e^{-3x} + c_2 x e^{-3x} + c_3 x^2 e^{-3x}$$

11. Wie lautet die Lösung für diese Gleichung?

$$y''' + 15y'' + 75y' + 125y = 0$$

Lösung:

$$y = c_1 e^{-5x} + c_2 x e^{-5x} + c_3 x^2 e^{-5x}$$

a) Beginnen Sie damit, eine Lösung der folgenden Form anzunehmen:

$$y = e^{rx}$$

b) Setzen Sie Ihre Versuchslösung in die Differentialgleichung ein:

$$r^3 e^{rx} + 15 r^2 e^{rx} + 75 r e^{rx} + 125 e^{rx} = 0$$

c) Dividieren Sie durch e^{rx}, um die charakteristische Gleichung zu erhalten:

$r^3 + 15r^2 + 75r + 125 = 0$

d) Faktorisieren Sie die charakteristische Gleichung wie folgt:

$(r+5)(r+5)(r+5) = 0$

e) Offensichtlich sind die Nullstellen der charakteristischen Gleichung identische Nullstellen, weil alle drei −5 sind. Aus diesem Grund werden Ihre drei resultierenden Lösungen als degenerierte Lösungen betrachtet, weil sie alle gleich sind:

$y_1 = e^{-5x}$

$y_2 = e^{-5x}$

$y_3 = e^{-5x}$

f) Multiplizieren Sie die degenerierten Lösungen mit aufsteigenden Potenzen von x, um Folgendes zu erhalten:

$y_1 = c_1 e^{-5x}$

$y_2 = c_2 x e^{-5x}$

$y_3 = c_3 x^2 e^{-5x}$

g) Fassen Sie die Einzellösungen zu Ihrer allgemeinen Lösung zusammen:

$y = c_1 e^{-5x} + c_2 x e^{-5x} + c_3 x^2 e^{-5x}$

12. Bestimmen Sie die Lösung für die folgende Gleichung:

$y''' + 4y'' + 5y' + 2y = 0$

Lösung:

$y = c_1 e^{-x} + c_2 x e^{-x} + c_3 e^{-2x}$

a) Weil die Aufgabe eine Differentialgleichung dritter Ordnung mit konstanten Koeffizienten darstellt, probieren Sie es mit einer Lösung der folgenden Form:

$y = e^{rx}$

b) Setzen Sie Ihre Versuchslösung in die Differentialgleichung ein:

$r^3 e^{rx} + 4r^2 e^{rx} + 5r e^{rx} + 2 e^{rx} = 0$

c) Dividieren Sie durch e^{rx}, um die charakteristische Gleichung zu erhalten:

$r^3 + 4r^2 + 5r + 2 = 0$

Diese können Sie wie folgt faktorisieren:

$(r+1)(r+1)(r+2)$

d) Die Nullstellen der charakteristischen Gleichung sind −1, −1, −2 – zwei der Nullstellen sind identisch. Bestimmen Sie die Lösungen:

$y_1 = e^{-x}$

$y_2 = e^{-x}$

$y_3 = e^{-2x}$

e) Multiplizieren Sie die degenerierten Lösungen mit aufsteigenden Potenzen von x, um Folgendes zu erhalten:

$y_1 = c_1 e^{-x}$

$y_2 = c_2 x e^{-x}$

$y_3 = c_3 e^{-2x}$

f) Fassen Sie die Einzellösungen zu Ihrer allgemeinen Lösung zusammen:

$y = c_1 e^{-x} + c_2 x e^{-x} + c_3 e^{-2x}$

13. Lösen Sie diese Differentialgleichung:

$y''' + 5y'' + 8y' + 4y = 0$

Lösung:

$y = c_1 e^{-2x} + c_2 x e^{-2x} + c_3 e^{-x}$

a) Probieren Sie es mit einer Lösung der folgenden Form:

$y = e^{rx}$

b) Setzen Sie Ihre Versuchslösung in die Differentialgleichung ein:

$r^3 e^{rx} + 5r^2 e^{rx} + 8r e^{rx} + 4 e^{rx} = 0$

c) Dividieren Sie durch e^{rx}, um die charakteristische Gleichung zu erhalten:

$r^3 + 5r^2 + 8r + 4 = 0$

d) Faktorisieren Sie diese charakteristische Gleichung wie folgt:

$(r + 2)(r + 2)(r + 1)$

e) Eine der Nullstellen der charakteristischen Gleichung wiederholt sich, −2 und −2. Zwei der drei resultierenden Lösungen werden deshalb als degenerierte Lösungen betrachtet, weil sie gleich sind:

$y_1 = e^{-2x}$

$y_2 = e^{-2x}$

$y_3 = e^{-x}$

6 ➤ Homogene lineare Differentialgleichungen höherer Ordnung

f) **Multiplizieren Sie die degenerierten Lösungen mit aufsteigenden Potenzen von x, um Folgendes zu erhalten:**

$y_1 = c_1 e^{-2x}$

$y_2 = c_2 x e^{-2x}$

$y_3 = c_3 e^{-x}$

g) **Fassen Sie die Einzellösungen zu Ihrer allgemeinen Lösung zusammen:**

$y = c_1 e^{-2x} + c_2 x e^{-2x} + c_3 e^{-x}$

14. **Wie lautet die Lösung für diese Gleichung:**

$y''' + 5y'' + 7y' + 3y = 0$

Lösung:

$y = c_1 e^{-x} + c_2 x e^{-x} + c_3 e^{-3x}$

a) **Weil die Aufgabe eine Differentialgleichung dritter Ordnung mit konstanten Koeffizienten darstellt, probieren Sie es mit einer Lösung der folgenden Form:**

$y = e^{rx}$

b) **Setzen Sie Ihre Versuchslösung in die Differentialgleichung ein:**

$r^3 e^{rx} + 5r^2 e^{rx} + 7r e^{rx} + 3 e^{rx} = 0$

c) **Dividieren Sie durch e^{rx}, um die charakteristische Gleichung zu erhalten:**

$r^3 + 5r^2 + 7r + 3 = 0$

Diese können Sie wie folgt faktorisieren:

$(r+1)(r+1)(r+3)$

d) **Die Nullstellen der charakteristischen Gleichung sind –1, –1, –3, zwei der Nullstellen sind also wiederholt. Bestimmen Sie die Lösungen:**

$y_1 = e^{-x}$

$y_2 = e^{-x}$

$y_3 = e^{-3x}$

e) **Multiplizieren Sie die degenerierten Lösungen mit aufsteigenden Potenzen von x, um Folgendes zu erhalten:**

$y_1 = c_1 e^{-x}$

$y_2 = c_2 x e^{-x}$

$y_3 = c_3 e^{-3x}$

f) **Fassen Sie die Einzellösungen zu dieser allgemeinen Lösung zusammen:**

$y = c_1 e^{-x} + c_2 x e^{-x} + c_3 e^{-3x}$

Nicht homogene lineare Differentialgleichungen höherer Ordnung

In diesem Kapitel...

▶ Mit Hilfe von Ae^{rx} Lösungen bestimmen
▶ Mit Polynom-Differentialgleichungen arbeiten
▶ Sich auf Sinus und Kosinus vorbereiten

In diesem Kapitel beschäftigen Sie sich mit allgemeinen nicht homogenen linearen Differentialgleichungen höherer Ordnung (manchmal auch als Gleichungen n-ter Ordnung bezeichnet), die wie folgt aussehen:

$$\frac{d^n y}{dx^n} + p_1(x)\frac{d^{n-1}y}{dx^{n-1}} + p_2(x)\frac{d^{n-2}y}{dx^{n-2}} + \cdots + p_{n-1}(x)\frac{dy}{dx} + p_n(x)y = g(x)$$

Eine solche Gleichung sieht auf den ersten Blick sehr schwierig aus, aber Sie können sie ganz einfach mit Hilfe der Methode der unbestimmten Koeffizienten für nicht homogene Differentialgleichungen höherer Ordnung lösen.

Die *Methode der unbestimmten Koeffizienten* besagt: Wenn $g(x)$ eine bestimmte Form hat, müssen Sie versuchen, eine bestimmte Lösung ähnlicher Form zu finden. Nachdem Sie die spezielle Lösung gefunden haben, müssen Sie die allgemeine Lösung bestimmen, indem Sie die Summe bilden aus der homogenen Lösung (die Sie berechnen, indem Sie $g(x)$ gleich 0 setzen) und der speziellen Lösung.

Die verschiedenen Formen von $g(x)$ geben Ihnen Hinweise darauf, welche Form die spezielle Lösung annehmen kann. $g(x)$ kann beispielsweise die folgenden Formen haben:

✔ e^{rx}, dann probieren Sie es mit einer speziellen Lösung der Form Ae^{rx}, wobei A eine Konstante ist. Weil Ableitungen von e^{rx} wieder e^{rx} ergeben, ist es sehr wahrscheinlich, dass Sie auf diese Weise eine spezielle Lösung finden.

✔ **ein Polynom n-ter Ordnung**, dann probieren Sie es mit einem Polynom n-ter Ordnung.

✔ **eine Kombination aus Sinus und Kosinus**, $\sin \alpha x + \cos \beta x$, dann probieren sie es mit einer Kombination aus Sinus und Kosinus mit unbestimmten Koeffizienten, $A \sin \alpha x + B \cos \beta x$. Anschließend setzen Sie in die Differentialgleichung ein und lösen nach A und B auf.

In diesem Kapitel üben Sie den Umgang mit diesen verschiedenen Formen.

Bei den Übungsaufgaben in diesem Kapitel kann es hilfreich sein, die charakteristischen Gleichungen zu faktorisieren, die bei der Suche nach der homogenen Lösung auftauchen. Ich empfehle Ihnen dazu einen vertrauenswürdigen webbasierten Gleichungslöser, wie beispielsweise www.numberempire.com/equationsolver.php. (Achten Sie immer darauf »x^3« statt x^3 zu schreiben.)

Lösungen der Form Ae^{rx} suchen

Wenn Sie eine Lösung für die homogene Version einer nicht homogenen linearen Differentialgleichung höherer Ordnung suchen, sollten Sie immer zuerst nach einer Lösung in der Form Ae^{rx} suchen:

$$y''' + 3y'' + 3y' + y = 432e^{5x}$$

Sie wissen, dass die allgemeine Lösung dieser Gleichung die Summe der speziellen Lösung und der homogenen Lösung ist. Sie wissen auch, dass die allgemeine Lösung in Variablenform wie folgt dargestellt werden kann:

$y = y_h + y_p$

Perfekt. Jetzt brauchen Sie die homogene Version der obigen Differentialgleichung, nämlich:

$y''' + 3y'' + 3y' + y = 0$

Lösen Sie zuerst die homogene Gleichung. Anschließend setzen Sie eine spezielle Lösung der folgenden Form in die Differentialgleichung ein:

$y_p = Ae^{5x}$

Jetzt brauchen Sie nur noch nach A aufzulösen!

Dies war nur ein kurzer Überblick über den Prozess. Das folgende Beispiel verdeutlicht die einzelnen Lösungsschritte für die obige Gleichung vom Anfang bis zum Ende. Versuchen Sie, diese nachzuvollziehen, und versuchen Sie dann, die zugehörigen Übungsaufgaben zu lösen.

Frage

Bestimmen Sie die Lösung für die folgende Differentialgleichung:

$y''' + 3y'' + 3y' + y = 432e^{5x}$

Antwort

$y = c_1 e^{-x} + c_2 x e^{-x} + c_3 x^2 e^{-x} + 2e^{5x}$

1. Zunächst müssen Sie erkennen, dass Sie die allgemeine Lösung für die Aufgabe erhalten, indem Sie die Summe aus der speziellen Lösung und der Lösung der homogenen Version der Differentialgleichung bestimmen:

    $y = y_h + y_p$

2. Anschließend bestimmen Sie die homogene Version der Differentialgleichung:

    $y''' + 3y'' + 3y' + y = 0$

3. Die homogene Version hat konstante Koeffizienten, Sie können also eine homogene Lösung der folgenden Form annehmen:

    $y = e^{rx}$

4. Setzen Sie Ihre Versuchslösung in die Differentialgleichung ein, um Folgendes zu erhalten:

    $r^3 e^{rx} + 3r^2 e^{rx} + 3r e^{rx} + e^{rx} = 0$

5. Durch Kürzen von e^{rx} erhalten Sie schließlich:

    $r^3 + 3r^2 + 3r + 1 = 0$

6. Jetzt haben Sie eine kubische Gleichung, die Sie wie folgt faktorisieren können. Das geht entweder manuell oder mit Hilfe des Gleichungslösungs-Tools unter www.numberempire.com/equationsolver.php:

    $(r+1)(r+1)(r+1) = 0$

7. Die Nullstellen der charakteristischen Gleichung lauten damit:

    $r_1 = -1$, $r_2 = -1$ und $r_3 = -1$

    Damit erhalten Sie

    $y_1 = c_1 e^{-x}$

    $y_2 = c_2 x e^{-x}$

    $y_3 = c_3 x^2 e^{-x}$

8. Die Lösung für die homogene Differentialgleichung lautet also

    $y_h = c_1 e^{-x} + c_2 x e^{-x} + c_3 x^2 e^{-x}$

9. Jetzt müssen Sie eine spezielle Lösung für die Differentialgleichung finden. Dazu verwenden Sie die Methode der unbestimmten Koeffizienten. Beginnen Sie damit, eine Lösung der folgenden Form anzunehmen:

    $y_p = A e^{5x}$

10. Setzen Sie y_p in die Differentialgleichung ein:

    $125 A e^{5x} + 75 A e^{5x} + 15 A e^{5x} + A e^{5x} = 432 e^{5x}$

11. Jetzt kürzen Sie e^{5x}:

    $125A + 75A + 15A + A = 432$

    Das ist gleich:

    $216A = 432$

    Damit erhalten Sie:

    $A = 2$

    und die spezielle Lösung lautet:

    $y_p = 2 e^{5x}$

12. Addieren Sie die homogene Lösung und die spezielle Lösung, um die allgemeine Lösung der ursprünglichen Differentialgleichung zu erhalten:

    $y_h = c_1 e^{-x} + c_2 x e^{-x} + c_3 x^2 e^{-x} + 2 e^{5x}$

Aufgabe 1
Wie lautet die Lösung dieser Differentialgleichung?

$y''' - 6y'' + 11y' - 6y = 18e^{4x}$

Lösung

Aufgabe 2
Wie lautet die Lösung dieser Differentialgleichung?

$y''' + 7y'' + 14y' + 8y = 378e^{5x}$

Lösung

Aufgabe 3
Lösen Sie die folgende Gleichung:

$y''' + 8y'' + 19y' + 12y = -36e^{-5x}$

Lösung

Aufgabe 4
Bestimmen Sie die Lösung für die folgende Gleichung:

$y''' + 9y'' + 26y' + 24y = 12e^{-x}$

Lösung

Aufgabe 5

Wie lautet die Lösung für die folgende Differentialgleichung:

$y''' - 6y'' + 11y' - 6y = 48e^{5x}$

Lösung

Aufgabe 6

Lösen Sie die folgende Gleichung:

$y''' + 4y'' + 5y' + 2y = 68e^{-3x}$

Lösung

Aufgabe 7

Bestimmen Sie die Lösung für die folgende Gleichung:

$y''' + 9y'' + 3y' + y = x + 5$

Lösung

Eine Lösung in Polynomform suchen

Wenn Sie einer linearen Differentialgleichung höherer Ordnung begegnen, die nicht homogen ist und sich in Polynomform befindet, vergessen Sie die anderen Tricks mit der Methode der unbestimmten Koeffizienten und probieren Sie es mit einem Polynom der Ordnung n.

Wie würden Sie die folgende Gleichung bearbeiten?

$y''' + 3y'' + 3y' + y = x + 5$

Offensichtlich müssen sie für die allgemeine Lösung die Summe der homogenen Lösung und einer speziellen Lösung finden. Die Formel dafür sieht wie folgt aus:

$y = y_h + y_p$

Die homogene Version der ursprünglichen Differentialgleichung lautet:

$y''' + 3y'' + 3y' + y = 0$

So weit, so gut. Aber wie geht es weiter? Zuerst müssen Sie diese homogene Gleichung lösen und dann in eine spezielle Lösung der folgenden Form einsetzen:

$y_p = Ax^4 + Bx^3 + Cx^2 + Dx + E$

Anschließend lösen Sie nach A, B, C, D und E auf. Nichts dabei, oder? Das folgende Beispiel zeigt das schrittweise Vorgehen. Wenn Sie allerdings dem Überblick bereits die wichtigsten Informationen entnehmen konnten, dann können Sie auch zu den beiden folgenden Übungsaufgaben weiterblättern.

Frage

Wie lautet die Lösung dieser Differentialgleichung?

$y''' + 3y'' + 3y' + y = x + 5$

Antwort

$y = c_1 e^{-x} + c_2 x e^{-x} + c_3 x^2 e^{-x} + x + 2$

1. Zunächst müssen Sie die Summe aus der speziellen Lösung und der Lösung der homogenen Version der Differentialgleichung bestimmen:

   $y = y_h + y_p$

2. Jetzt können Sie die homogene Version der betreffenden Gleichung bestimmen:

   $y''' + 3y'' + 3y' + y = 0$

3. Weil die homogene Differentialgleichung konstante Koeffizienten hat, können Sie eine homogene Lösung der folgenden Form annehmen:

   $y = e^{rx}$

4. Setzen Sie Ihre Versuchslösung in die Gleichung ein:

   $r^3 e^{rx} + 3r^2 e^{rx} + 3r e^{rx} + e^{rx} = 0$

5. Jetzt kürzen Sie e^{rx}:

   $r^3 + 3r^2 + 3r + 1 = 0$

6. Jetzt haben Sie eine kubische Gleichung, die Sie wie folgt faktorisieren können. Das geht entweder manuell oder mit Hilfe des Gleichungslösungs-Tools unter www.numberempire.com/equationsolver.php:

   $(r + 1)(r + 1)(r + 1) = 0$

7. Die Nullstellen dieser Gleichung lauten:

   $r_1 = -1$, $r_2 = -1$ und $r_3 = -1$

   Damit ist

   $y_1 = c_1 e^{-x}$

   $y_2 = c_2 x e^{-x}$

   $y_3 = c_3 x^2 e^{-x}$

8. Tata! Die Lösung der homogenen Differentialgleichung lautet:

   $y_h = c_1 e^{-x} + c_2 x e^{-x} + c_3 x^2 e^{-x}$

9. Um eine spezielle Lösung der Differentialgleichung zu finden, gehen Sie von einer Lösung der folgenden Form aus:

   $y_p = Ax^4 + Bx^3 + Cx^2 + Dx + E$

7 ▶ Nicht homogene lineare Differentialgleichungen höherer Ordnung

10. Bestimmen Sie zuerst y_p''':

    $y_p''' = 24Ax + 6B$

11. Jetzt bestimmen Sie $3y_p''$:

    $3y_p'' = 36Ax^2 + 18Bx + 6C$

12. Und schließlich suchen Sie $3y_p'$:

    $3y_p' = 12Ax^3 + 9Bx^2 + 6Cx + 3D$

13. Schließlich bestimmen Sie y_p:

    $y_p = Ax^4 + Bx^3 + Cx^2 + Dx + E$

14. Addieren Sie die Ergebnisse aus den Schritten 10 bis 13:

    $y''' + 3y'' + 3y' + y$
    $= 24Ax + 6B + 36Ax^2 + 18Bx + 6C$
    $+ 12Ax^3 + 9Bx^2 + 6Cx + 3D + Ax^4$
    $+ Bx^3 + Cx^2 + Dx + E = x + 5$

15. Das sind unübersichtlich viele Terme. Wir fassen sie zusammen, um Folgendes zu erhalten:

    $Ax^4 + (12A + B)x^3$
    $+ (36A + 9B + C)x^2$
    $+ (24A + 18B + 6C + D)x$
    $+ (6B + 6C + 3D + E) = x + 5$

16. Für den Koeffizienten von x^4 erhalten Sie:

    $A = 0$

17. Analog dazu erhalten Sie für den Koeffizienten von x^3:

    $12A + B = 0$

    und damit

    $B = 0$

18. Überraschenderweise ergibt der Koeffizient für x^2:

    $36A + 9B + C = 0$

    und damit

    $C = 0$

19. Und für den Koeffizienten von x erhalten Sie:

    $24A + 18B + 6C + D = 1$

    und damit

    $D = 1$

20. Für den Koeffizienten des konstanten Terms schließlich erhalten Sie:

    $6B + 6C + 3D + E = 5$

    und damit

    $E = 2$

21. Und nach all diesem Aufwand haben Sie schließlich Ihre spezielle Lösung, nämlich:

    $y_p = x + 2$

22. Addieren Sie diese Lösung zu der homogenen Lösung, dann haben Sie die folgende allgemeine Lösung:

    $y = c_1 e^{-x} + c_2 x e^{-x} + c_3 x^2 e^{-x} + x + 2$

Aufgabe 8

Wie lautet die Lösung für diese Gleichung?

$y''' + 4y'' + 5y' + 2y = 4x + 16$

Lösung

Lösungen aus Sinus und Kosinus

Wenn Sie in einer nicht homogenen linearen Differentialgleichung höherer Ordnung einen Sinus oder einen Kosinus sehen, ist das ein todsicheres Zeichen dafür, dass Sie eine spezielle Lösung brauchen, in der Sinus und Kosinus vorkommen, die Sie in die Gleichung einsetzen können, und womit Sie schließlich nach A und B auflösen können.

Betrachten Sie beispielsweise die folgende Differentialgleichung:

$y''' + 7y'' + 14y' + 8y = 5\sin(x)$

Sie wissen, dass die allgemeine Lösung die folgende Form hat:

$y = y_h + y_p$

Dabei steht y_h für die homogene Lösung, und y_p für die spezielle Lösung.

Die homogene Version Ihrer ursprünglichen Gleichung lautet:

$y''' + 7y'' + 14y' + 8y = 0$

Jetzt müssen sie diese homogene Gleichung lösen und dann eine spezielle Lösung der folgenden Form in die Differentialgleichung einsetzen:

$y_p = A\sin(x) + B\cos(x)$

Damit können Sie nach A und B auflösen.

Das folgende Beispiel verdeutlicht, wie Sie diese Art Gleichung lösen. Versuchen Sie, es nachzuvollziehen, bevor Sie selbst mit den Übungsaufgaben beginnen.

7 ▶ Nicht homogene lineare Differentialgleichungen höherer Ordnung

Frage

Bestimmen Sie die Lösung für die folgende Differentialgleichung:

$y''' + 7y'' + 14y' + 8y$
$= 2\sin(x) + 26\cos(x)$

Antwort

$y = c_1 e^{-x} + c_2 e^{-2x} + c_3 e^{-4x} + 2\sin(x)$

1. Sie wissen bereits, dass die allgemeine Form wie folgt aussieht:

   $y = y_h + y_p$

   Die homogene Version der obigen Differentialgleichung lautet:

   $y''' + 7y'' + 14y' + 8y = 0$

2. Sie können von einer homogenen Lösung der folgenden Form ausgehen, weil die homogene Version der Gleichung konstante Koeffizienten aufweist:

   $y = e^{rx}$

3. Setzen Sie Ihre Versuchslösung ein:

   $r^3 e^{rx} + 7r^2 e^{rx} + 14r e^{rx} + 8 e^{rx} = 0$

4. Jetzt kürzen Sie e^{rx}

   $r^3 + 7r^2 + 14r + 8 = 0$

5. Damit haben Sie offenbar eine kubische Gleichung. Keine Sorge. Sie ist nicht so schlimm, wie sie vielleicht aussieht. Faktorisieren Sie sie einfach wie folgt (entweder manuell oder mit dem Gleichungslösungs-Tool unter www.numberempire.com/equationsolver.php):

   $(r+1)(r+2)(r+4) = 0$

6. Damit erkennen Sie, dass Sie die folgenden Nullstellen haben:

   $r_1 = -1, \quad r_2 = -2 \quad \text{und} \quad r_3 = -4$

   Somit ist

   $y_1 = e^{-x}$

   $y_2 = e^{-2x}$

   $y_2 = e^{-4x}$

7. Ihre homogene Lösung lautet also

   $y = c_1 e^{-x} + c_2 x e^{-2x} + c_3 e^{-4x}$

8. Jetzt müssen Sie eine spezielle Lösung finden. Beginnen Sie damit, von einer Lösung in der folgenden Form auszugehen:

   $y_p = A\sin(x) + B\cos(x)$

9. Bestimmen Sie Folgendes:

   y_p'''

   Sie erhalten

   $y_p''' = -A\cos(x) + B\sin(x)$

   und anschließend

   $7y_p''$

   also

   $7y_p'' = -7A\sin(x) - 7B\cos(x)$

   und weiter

   $14y_p'$

   also

   $14y_p' = 14A\cos(x) - 14B\sin(x)$

   und schließlich

   $8y_p$

   also

   $8y_p = 8A\sin(x) + 8B\cos(x)$

10. Addieren Sie alles zusammen:

$y''' + 7y'' + 14y' + 8y$
$= -A\cos(x) + B\sin(x)$
$\quad - 7A\sin(x) - 7B\cos(x)$
$\quad + 14A\cos(x) - 14B\sin(x)$
$\quad + 8A\sin(x) + 8B\cos(x)$
$= 2\sin(x) + 26\cos(x)$

11. Um sich einen besseren Überblick zu verschaffen, fassen Sie die Terme zusammen:

$(B - 7A - 14B + 8A)\sin(x)$
$+ (-A - 7B + 14A + 8B)\cos(x)$
$= 2\sin(x) + 26\cos(x)$

12. Durch weiteres Zusammenfassen erhalten Sie:

$(-13B + A)\sin(x)$
$+ (13A + B)\cos(x)$
$= 2\sin(x) + 26\cos(x)$

13. Bei der Auflösung nach A erhalten Sie:

$A = 2$

und bei der Auflösung nach B:

$B = 0$

Die spezielle Lösung ist also:

$y_p = 2\sin(x)$

14. Bleibt nur noch eines zu tun: Addieren Sie die spezielle Lösung zu homogenen Lösung, um Folgendes zu erhalten:

$y = c_1 e^{-x} + c_2 e^{-2x} + c_3 e^{-4x} + 2\sin(x)$

Aufgabe 9

Lösen Sie die folgende Differentialgleichung:

$y''' + 10y'' + 31y' + 30y$
$= 20\sin(x) + 30\cos(x)$

Lösung

Aufgabe 10

Wie lautet die Lösung für die folgende Gleichung?

$y''' + 11y'' + 36y' + 36y$
$= 75\sin(x) + 105\cos(x)$

Lösung

7 ▸ Nicht homogene lineare Differentialgleichungen höherer Ordnung

Lösungen für die Aufgaben zu nicht homogenen linearen Differentialgleichungen höherer Ordnung

Hier folgen die Lösungen zu den Übungsaufgaben aus diesem Kapitel. Die einzelnen Schritte sind genau aufgezeigt, so dass Sie gegebenenfalls nachlesen können, falls Sie an irgendeiner Stelle nicht mehr weiterwissen.

1. **Wie lautet die Lösung dieser Differentialgleichung?**

   $$y''' - 6y'' + 11y' - 6y = 18e^{4x}$$

   Lösung:

   $$y = c_1 e^x + c_2 e^{2x} + c_3 e^{3x} + 3e^{4x}$$

   a) Als erstes bestimmen Sie die homogene Version der Gleichung:

   $$y''' - 6y'' + 11y' - 6y = 0$$

   b) Die homogene Version hat offenbar konstante Koeffizienten, Sie können also von einer homogenen Lösung der folgenden Form ausgehen:

   $$y = e^{rx}$$

   c) Setzen Sie Ihre Versuchslösung in die Differentialgleichung ein:

   $$r^3 e^{rx} - 6r^2 e^{rx} + 11r e^{rx} - 6e^{rx} = 0$$

   d) Kürzen Sie e^{rx}.

   $$r^3 - 6r^2 + 11r - 6 = 0$$

   e) Jetzt haben Sie eine kubische Gleichung, die wie folgt faktorisiert werden kann:

   $$(r-1)(r-2)(r-3) = 0$$

   Hinweis: Wenn Sie Hilfe bei der Faktorisierung kubischer (oder höherer) Gleichungen haben, können Sie jederzeit unter `www.numberempire.com/equationsolver.php` nachsehen.

   f) Die Nullstellen sind also

   $$r_1 = 1, \quad r_2 = 2 \quad \text{und} \quad r_3 = 3$$

   g) Diese Nullstellen sind reell und unterschiedlich, damit erhalten wir die Lösungen

   $$y_1 = e^x$$
   $$y_2 = e^{2x}$$
   $$y_3 = e^{3x}$$

   h) Sie können also die homogene Lösung berechnen:

   $$y_h = c_1 e^x + c_2 e^{2x} + c_3 e^{3x}$$

i) Gut gemacht. Jetzt müssen Sie von einer Lösung der folgenden Form ausgehen, um Ihre spezielle Lösung zu finden:

$y_p = Ae^{4x}$

j) Setzen Sie y_p in die Differentialgleichung ein, um Folgendes zu erhalten:

$64Ae^{4x} - 96Ae^{4x} + 44Ae^{4x} - 6Ae^{4x} = 18e^{4x}$

k) Durch Kürzen von e^{4x} erhalten Sie:

$6A = 18$

das ist

$A = 3$

l) Die spezielle Lösung lautet damit

$y_p = 3e^{4x}$

m) Addieren Sie die spezielle Lösung zu der homogenen Lösung, um die folgende allgemeine Lösung zu erhalten:

$y = c_1 e^x + c_2 e^{2x} + c_3 e^{3x} + 3e^{4x}$

2. Lösen Sie die folgende Gleichung:

$y''' + 7y'' + 14y' + 8y = 378e^{5x}$

Lösung:

$y = c_1 e^{-x} + c_2 e^{-2x} + c_3 e^{-4x} + e^{5x}$

a) Als erstes bestimmen Sie die homogene Version der Gleichung:

$y''' + 7y'' + 14y' + 8y = 0$

b) Die homogene Version hat konstante Koeffizienten, Sie können also von einer homogenen Lösung der folgenden Form ausgehen:

$y = e^{rx}$

c) Setzen Sie Ihre Versuchslösung in die Differentialgleichung ein:

$r^3 e^{rx} + 7r^2 e^{rx} + 14r e^{rx} + 8 e^{rx} = 0$

d) Kürzen Sie e^{rx}.

$r^3 + 7r^2 + 14r + 8 = 0$

e) Jetzt haben Sie eine kubische Gleichung, die wie folgt faktorisiert werden kann:

$(r+1)(r+2)(r+4) = 0$

f) Die Nullstellen sind also

$r_1 = -1$, $r_2 = -2$ und $r_3 = -4$

7 ▶ Nicht homogene lineare Differentialgleichungen höherer Ordnung

g) Diese Nullstellen sind reell und unterschiedlich, damit erhalten wir die Lösungen

$y_1 = e^x$

$y_2 = e^{-2x}$

$y_3 = e^{-4x}$

h) Sie können also die homogene Lösung berechnen:

$y_h = c_1 e^{-x} + c_2 e^{-2x} + c_3 e^{-4x}$

i) Jetzt müssen Sie von einer Lösung der folgenden Form ausgehen, um Ihre spezielle Lösung zu finden:

$y_p = A e^{5x}$

j) Setzen Sie y_p in die Differentialgleichung ein, um Folgendes zu erhalten:

$125 A e^{5x} + 175 A e^{5x} + 70 A e^{5x} + 8 A e^{5x} = 378 e^{5x}$

k) Durch Kürzen von e^{4x} erhalten Sie:

$125A + 175A + 70A + 8A = 378$

oder

$378A = 378$

das bedeutet

$A = 1$

l) Die spezielle Lösung lautet damit

$y_p = e^{5x}$

m) Addieren Sie die spezielle Lösung zu der homogenen Lösung, um die folgende allgemeine Lösung zu erhalten:

$y = c_1 e^{-x} + c_2 e^{-2x} + c_3 e^{-4x} + e^{5x}$

3. Bestimmen Sie die Lösung für die folgende Gleichung:

$y''' + 8y'' + 19y' + 12y = -36 e^{-5x}$

Lösung:

$y = c_1 e^{-x} + c_2 e^{-3x} + c_3 e^{-4x} + 9/2 e^{-5x}$

a) Als erstes bestimmen Sie die homogene Version der Gleichung:

$y''' + 8y'' + 19y' + 12y = 0$

b) Die homogene Version hat konstante Koeffizienten, Sie können also von einer homogenen Lösung der folgenden Form ausgehen:

$y = e^{rx}$

c) Setzen Sie Ihre Versuchslösung in die Differentialgleichung ein:

$r^3 e^{rx} + 8r^2 e^{rx} + 19r e^{rx} + 12 e^{rx} = 0$

d) Kürzen Sie e^{rx}.

$r^3 + 8r^2 + 19r + 12 = 0$

e) Jetzt haben Sie eine kubische Gleichung, die wie folgt faktorisiert werden kann:

$(r+1)(r+3)(r+4) = 0$

f) Die Nullstellen sind also

$r_1 = -1, \quad r_2 = -3 \quad \text{und} \quad r_3 = -4$

g) Diese Nullstellen sind reell und unterschiedlich, damit erhalten wir die Lösungen

$y_1 = e^{-x}$

$y_2 = e^{-3x}$

$y_3 = e^{-4x}$

h) Sie können also die homogene Lösung berechnen:

$y_h = c_1 e^{-x} + c_2 e^{-3x} + c_3 e^{-4x}$

i) Jetzt müssen Sie von einer Lösung der folgenden Form ausgehen, um Ihre spezielle Lösung zu finden:

$y_p = A e^{-5x}$

j) Setzen Sie y_p in die Differentialgleichung ein, um Folgendes zu erhalten:

$-125 A e^{-5x} + 200 A e^{-5x} - 95 A e^{-5x} + 12 A e^{-5x} = -36 e^{-5x}$

k) Durch Kürzen von e^{-5x} erhalten Sie:

$-125A + 200A - 95A + 12A = -36$

das ist

$-8A = -36$

Somit ist

$A = 9/2$

l) Die spezielle Lösung lautet damit

$y_p = 9/2 \, e^{-5x}$

m) Addieren Sie die spezielle Lösung zu der homogenen Lösung, um die folgende allgemeine Lösung zu erhalten:

$y = c_1 e^{-x} + c_2 e^{-3x} + c_3 e^{-4x} + 9/2 \, e^{-5x}$

7 ▸ Nicht homogene lineare Differentialgleichungen höherer Ordnung

4. Wie lautet die Lösung für die folgende Differentialgleichung:

$$y''' + 9y'' + 26y' + 24y = 12e^{-x}$$

Lösung:

$$y = c_1 e^{-2x} + c_2 e^{-3x} + c_3 e^{-4x} + 2e^{-x}$$

a) Als erstes bestimmen Sie die homogene Version der Gleichung:

$$y''' + 9y'' + 26y' + 24y = 0$$

b) Die homogene Version hat konstante Koeffizienten, Sie können also von einer homogenen Lösung der folgenden Form ausgehen:

$$y = e^{rx}$$

c) Setzen Sie Ihre Versuchslösung in die Differentialgleichung ein:

$$r^3 e^{rx} + 9r^2 e^{rx} + 26r e^{rx} + 24 e^{rx} = 0$$

d) Kürzen Sie e^{rx}.

$$r^3 + 9r^2 + 26r + 24 = 0$$

e) Jetzt haben Sie eine kubische Gleichung, die wie folgt faktorisiert werden kann:

$$(r+2)(r+3)(r+4) = 0$$

f) Die Nullstellen sind also

$$r_1 = -2, \quad r_2 = -3 \quad \text{und} \quad r_3 = -4$$

g) Diese Nullstellen sind reell und unterschiedlich, damit erhalten wir die Lösungen

$$y_1 = e^{-2x}$$
$$y_2 = e^{-3x}$$
$$y_3 = e^{-4x}$$

h) Sie können also die homogene Lösung berechnen:

$$y_h = c_1 e^{-2x} + c_2 e^{-3x} + c_3 e^{-4x}$$

i) Jetzt müssen Sie von einer Lösung der folgenden Form ausgehen, um Ihre spezielle Lösung zu finden:

$$y_p = Ae^{-x}$$

j) Setzen Sie y_p in die Differentialgleichung ein, um Folgendes zu erhalten:

$$-Ae^{-x} + 9Ae^{-x} - 26Ae^{-x} + 24Ae^{-x} = 12e^{-x}$$

k) Durch Kürzen von e^{-5x} erhalten Sie:

$$-A + 9A - 26A + 24A = 12$$

oder

$$6A = 12$$

Somit ist

$A = 2$

l) Die spezielle Lösung lautet damit

$y_p = 2e^{-x}$

m) Addieren Sie die spezielle Lösung zu der homogenen Lösung, um die folgende allgemeine Lösung zu erhalten:

$y = c_1 e^{-2x} + c_2 e^{-3x} + c_3 e^{-4x} + 2e^{-x}$

5. Lösen Sie die folgende Gleichung:

$y''' - 6y'' + 11y' - 6y = 48e^{5x}$

Lösung:

$y = c_1 e^x + c_2 e^{2x} + c_3 e^{3x} + 2e^{5x}$

a) Als erstes bestimmen Sie die homogene Version der Gleichung:

$y''' - 6y'' + 11y' - 6y = 0$

b) Die homogene Version hat konstante Koeffizienten, Sie können also von einer homogenen Lösung der folgenden Form ausgehen:

$y = e^{rx}$

c) Setzen Sie Ihre Versuchslösung in die Differentialgleichung ein:

$r^3 e^{rx} - 6r^2 e^{rx} + 11r e^{rx} - 6e^{rx} = 0$

d) Kürzen Sie e^{rx}.

$r^3 - 6r^2 + 11r - 6 = 0$

e) Jetzt haben Sie eine kubische Gleichung, die wie folgt faktorisiert werden kann:

$(r-1)(r-2)(r-3) = 0$

f) Die Nullstellen sind also

$r_1 = 1, \quad r_2 = 2 \quad \text{und} \quad r_3 = 3$

g) Diese Nullstellen sind reell und unterschiedlich, damit erhalten wir die Lösungen

$y_1 = e^x$

$y_2 = e^{2x}$

$y_3 = e^{3x}$

h) Sie können also die homogene Lösung berechnen:

$y_h = c_1 e^x + c_2 e^{2x} + c_3 e^{3x}$

i) Gut gemacht. Jetzt müssen Sie von einer Lösung der folgenden Form ausgehen, um Ihre spezielle Lösung zu finden:

$y_p = Ae^{5x}$

7 ▶ Nicht homogene lineare Differentialgleichungen höherer Ordnung

j) Setzen Sie y_p in die Differentialgleichung ein, um Folgendes zu erhalten:

$125Ae^{5x} - 150Ae^{5x} + 55Ae^{5x} - 6Ae^{5x} = 48e^{5x}$

k) Durch Kürzen von e^{5x} erhalten Sie:

$24A = 48$

das ist

$A = 2$

l) Die spezielle Lösung lautet damit

$y_p = 2e^{5x}$

m) Addieren Sie die spezielle Lösung zu der homogenen Lösung, um die folgende allgemeine Lösung zu erhalten:

$y = c_1 e^x + c_2 e^{2x} + c_3 e^{3x} + 2e^{5x}$

6. Bestimmen Sie die Lösung für die folgende Gleichung:

$y''' + 4y'' + 5y' + 2y = 68e^{-3x}$

Lösung:

$y = c_1 e^{-x} + c_2 x e^{-x} + c_3 e^{-2x} - 17 e^{-3x}$

a) Als erstes bestimmen Sie die homogene Version der Gleichung:

$y''' + 4y'' + 5y' + 2y = 0$

b) Die homogene Version hat konstante Koeffizienten, Sie können also von einer homogenen Lösung der folgenden Form ausgehen:

$y = e^{rx}$

c) Setzen Sie Ihre Versuchslösung in die Differentialgleichung ein:

$r^3 e^{rx} + 4r^2 e^{rx} + 5r e^{rx} + 2e^{rx} = 0$

d) Dividieren Sie durch e^{rx}, um die charakteristische Gleichung zu erhalten:

$r^3 + 4r^2 + 5r + 2 = 0$

e) Die charakteristische Gleichung kann wie folgt faktorisiert werden:

$(r + 1)(r + 1)(r + 2) = 0$

f) Beachten Sie, dass zwei der Nullstellen der charakteristischen Gleichung (−1 und −1) wiederholt vorkommen. Die Lösungen lauten also

$y_1 = e^{-x}$

$y_2 = e^{-x}$

$y_3 = e^{-2x}$

Die beiden ersten sind offensichtlich degenerierte Lösungen, weil sie gleich sind.

g) Multiplizieren Sie die degenerierten Lösungen mit aufsteigenden Potenzen von x, um Folgendes zu erhalten:

$y_1 = c_1 e^{-x}$

$y_2 = c_2 x e^{-x}$

$y_3 = c_3 e^{-2x}$

h) Führen Sie diese Lösungen zusammen, so dass die homogene Lösung wie folgt aussieht

$y = c_1 e^{-x} + c_2 x e^{-x} + c_3 e^{-2x}$

i) Jetzt müssen Sie von einer Lösung der folgenden Form ausgehen, um Ihre spezielle Lösung zu finden:

$y_p = A e^{-3x}$

j) Setzen Sie y_p in die Differentialgleichung ein, um Folgendes zu erhalten:

$-27 A e^{-3x} + 36 A e^{-3x} - 15 A e^{-3x} + 2 A e^{-3x} = 68 e^{-3x}$

k) Durch Kürzen von e^{-3x} erhalten Sie:

$-4A = 68$

oder

$A = -17$

l) Die spezielle Lösung lautet damit

$y_p = -17 e^{-3x}$

m) Addieren Sie die spezielle Lösung zu der homogenen Lösung, um die folgende allgemeine Lösung zu erhalten:

$y = c_1 e^{-x} + c_2 x e^{-x} + c_3 e^{-2x} - 17 e^{-3x}$

7. Bestimmen Sie die Lösung für die folgende Differentialgleichung:

$y''' + 9y'' + 26y' + 24y = 24x + 2$

Lösung:

$y = c_1 e^{-2x} + c_2 e^{-3x} + c_3 e^{-4x} + x - 1$

a) Als erstes bestimmen Sie die homogene Version der Gleichung:

$y''' + 9y'' + 26y' + 24y = 0$

b) Die homogene Version hat konstante Koeffizienten, Sie können also von einer homogenen Lösung der folgenden Form ausgehen:

$y = e^{rx}$

c) Setzen Sie Ihre Versuchslösung in die Differentialgleichung ein:

$r^3 e^{rx} + 9 r^2 e^{rx} + 26 r e^{rx} + 24 e^{rx} = 0$

d) Kürzen Sie e^{rx}:

$r^3 + 9r^2 + 26r + 24 = 0$

e) Jetzt haben Sie eine kubische Gleichung, die wie folgt faktorisiert werden kann (entweder manuell oder mit einem Gleichungslöser-Tool wie etwa www.numberempire.com/euationslover.php):

$(r+2)(r+3)(r+4) = 0$

f) Die Nullstellen sind

$r_1 = -2$, $r_2 = -3$ und $r_3 = -4$

Somit ist

$y_1 = e^{-2x}$

$y_2 = e^{-3x}$

$y_3 = e^{-4x}$

Woraus die homogene Lösung entsteht:

$y_h = c_1 e^{-2x} + c_2 x e^{-3x} + c_3 e^{-4x}$

g) Jetzt müssen Sie unter Verwendung der Methode der unbestimmten Koeffizienten eine spezielle Lösung für die Differentialgleichung ermitteln. Weil $g(x)$ in der ursprünglichen Gleichung die Form eines Polynoms hat, gehen Sie von einer Lösung in der folgenden Form aus:

$y_p = Ax^4 + Bx^3 + Cx^2 + Dx + E$

h) Zuerst bestimmen Sie y_p''':

$y_p''' = 24Ax + 6B$

i) Anschließend bestimmen Sie $9y_p''$:

$9y_p' = 108Ax^2 + 54Bx + 18C$

j) Anschließend bestimmen Sie $26y_p'$:

$26y_p' = 104Ax^3 + 78Bx^2 + 52Cx + 26D$

k) Schließlich bestimmen Sie $24y_p$:

$24y_p' = 24Ax^4 + 24Bx^3 + 24Cx^2 + 24Dx + 24E$

l) Addieren Sie die Ergebnisse aus den Schritten 8 bis 11:

$y''' + 9y'' + 26y' + 24y$
$= 24Ax + 6B + 108Ax^2 + 54Bx + 18C + 104Ax^3 + 78Bx^2 + 52Cx + 26D$
$+ 24Ax^4 + 24Bx^3 + 24Cx^2 + 24Dx + 24E = 24x + 2$

m) Sehr unübersichtlich. Durch die Zusammenfassung der Terme erhalten Sie

$24Ax^4 + (104A + 24B)x^3 + (108A + 78B + 24C)x^2$
$+ (24A + 54B + 52C + 24D)x + (6B + 18C + 26D + 24E) = 24x + 2$

n) Schon sehr viel besser! Durch Vergleich des Koeffizienten von x^4 erhalten Sie

$A = 0$

o) Anschließend vergleichen Sie den Koeffizienten von x^3:

$104A + 24B = 0$

somit ist

$B = 0$

p) Wenn Sie schon dabei sind, können Sie auch den Koeffizienten von x^2 vergleichen, um Folgendes zu erhalten:

$108A + 78B + 24C = 0$

oder

$C = 0$

q) Jetzt vergleichen Sie den Koeffizienten von x (das ist *fast* das letzte Mal in dieser Aufgabe, versprochen!)

$24A + 54B + 52C + 24D = 24$

somit ist

$D = 1$

r) Jetzt vergleichen Sie den Koeffizienten des konstanten Terms, um Folgendes zu erhalten:

$6B + 18C + 26D + 24E = 2$

oder

$E = -1$

s) Wenn Sie alles zusammenführen, erhalten Sie die spezielle Lösung:

$y_p = x - 1$

t) Im nächsten Schritt addieren Sie die homogene und die spezielle Lösung, um die allgemeine Lösung zu erhalten:

$y = c_1 e^{-2x} + c_2 e^{-3x} + c_3 e^{-4x} + x - 1$

8. Wie lautet die Lösung für diese Gleichung?

$y''' + 4y'' + 5y' + 2y = 4x + 16$

Lösung:

$y = c_1 e^{-x} + c_2 x e^{-x} + c_3 e^{-2x} + 2x + 3$

a) Bestimmen Sie die homogene Version der betreffenden Gleichung:

$y''' + 4y'' + 5y' + 2y = 0$

b) Weil die homogene Version eine Differentialgleichung dritter Ordnung mit konstanten Koeffizienten ist, nehmen Sie eine Lösung der folgenden Form an:

$y = e^{rx}$

c) Setzen Sie Ihre angenommene Lösung in die Gleichung ein, um Folgendes zu erhalten:

$r^3 e^{rx} + 4r^2 e^{rx} + 5r e^{rx} + 2 e^{rx} = 0$

d) Dividieren Sie durch e^{rx}, um die charakteristische Gleichung zu erhalten:

$r^3 + 4r^2 + 5r + 2 = 0$

e) Jetzt faktorisieren Sie die Gleichung wie folgt:

$(r+1)(r+1)(r+2)$

f) Zwei der Nullstellen der charakteristischen Gleichung sind wiederholte Nullstellen (−1 und −1). Die Lösungen sind also offensichtlich:

$y_1 = e^{-x}$

$y_2 = e^{-x}$

$y_3 = e^{-2x}$

Die beiden ersten Lösungen sind degeneriert, weil sie gleich sind.

g) Multiplizieren Sie die degenerierten Lösungen mit zunehmenden Potenzen von x, um Folgendes zu erhalten:

$y_1 = c_1 e^{-x}$

$y_2 = c_2 x e^{-x}$

$y_3 = c_3 e^{-2x}$

h) Jetzt führen Sie die einzelnen Lösungen zu der folgenden homogenen Lösung zusammen:

$y = c_1 e^{-x} + c_2 x e^{-x} + c_3 e^{-x}$

i) Die Hälfte haben Sie schon geschafft. Im nächsten Schritt bestimmen Sie eine spezielle Lösung, wofür Sie die folgende Form annehmen:

$y_p = Ax^4 + Bx^3 + Cx^2 + Dx + E$

j) Bestimmen Sie Folgendes:

y_p'''

das ist

$y_p''' = 24Ax + 6B$

und dann

$4y_p''$

das ist

$4y_p'' = 48Ax^2 + 24Bx + 8C$

und dann

$5y_p'$

das ist

$5y_p' = 20Ax^3 + 15Bx^2 + 10Cx + 5D$

und schließlich

$2y_p$

das ist

$2y_p = 2Ax^4 + 2Bx^3 + 2Cx^2 + 2Dx + 2E$

k) **Jetzt addieren Sie alles aus Schritt 10 zusammen:**

$y_p''' + 4y_p'' + 5y_p' + 2y$
$= 24Ax + 6B + 48Ax^2 + 24Bx + 8C + 20Ax^3 + 15Bx^2 + 10Cx + 5D + 2Ax^4$
$+ 2Bx^3 + 2Cx^2 + 2Dx + 2E$

l) **Falls Ihnen das zu unübersichtlich ist, fassen Sie ähnliche Terme zusammen:**

$2Ax^4 + (20A + 2B)x^3 + (48A + 15B + 2C)x^2 + (24A + 24B + 10C + 2D)x$
$+ (6B + 8C + 5D + 2E) = 4x + 16$

m) **Jetzt können Sie damit anfangen, die Koeffizienten zu vergleichen, beginnend mit dem Koeffizienten von x^4, womit Sie Folgendes erhalten:**

$A = 0$

n) **Jetzt vergleichen Sie den Koeffizienten von x^3, um Folgendes zu erhalten:**

$20A + 2B = 0$

damit ist

$B = 0$

o) **Jetzt vergleichen Sie den Koeffizienten von x^2:**

$48A + 15B + 2C = 0$

das bedeutet

$C = 0$

p) **Durch Vergleich des Koeffizienten von x erhalten Sie**

$24A + 24B + 10C + 2D = 4$

somit ist

$D = 2$

7 ▸ Nicht homogene lineare Differentialgleichungen höherer Ordnung

q) Und schließlich vergleichen Sie noch den Koeffizienten des konstanten Terms, um Folgendes zu erhalten:

$6B + 8C + 5D + 2E = 16$

das bedeutet

$E = 3$

r) Damit erhalten Sie die spezielle Lösung

$y_p = 2x + 3$

s) Bleibt, die Summe aus homogener und spezieller Lösung zu bilden (wodurch Sie die allgemeine Lösung erhalten, nach der Sie die ganze Zeit gesucht haben!):

$y = c_1 e^{-x} + c_2 x e^{-x} + c_3 e^{-2x} + 2x + 3$

9. Lösen Sie die folgende Differentialgleichung:

$y''' + 10y'' + 31y' + 30y = 20\sin(x) + 30\cos(x)$

Lösung:

$$y = c_1 e^{-2x} + c_2 e^{-3x} + c_3 e^{-5x} + \sin(x)$$

a) Bestimmen Sie die homogene Version der betreffenden Gleichung:

$y''' + 10y'' + 31y' + 30y = 0$

b) Weil die homogene Version eine Differentialgleichung konstante Koeffizienten hat, nehmen Sie eine Lösung der folgenden Form an:

$y = e^{rx}$

c) Setzen Sie Ihre angenommene Lösung in die Gleichung ein, um Folgendes zu erhalten:

$r^3 e^{rx} + 10 x^2 e^{rx} + 31 r e^{rx} + 30 e^{rx} = 0$

d) Kürzen Sie e^{rx}, um Folgendes zu erhalten:

$r^3 + 10r^2 + 31r + 30 = 0$

e) Jetzt faktorisieren Sie die resultierende kubische Gleichung wie folgt (entweder manuell oder mit Hilfe des Gleichungslösers unter www.numberempire.com/equationsolver.php):

f) $(r+2)(r+3)(r+5) = 0$ Die Nullstellen sind also offensichtlich:

$r_1 = -2$

$r_2 = -3$

$r = -5$

somit ist

$y_1 = e^{-2x}$

$y_2 = e^{-3x}$

$y_3 = e^{-5x}$

g) Jetzt führen Sie die einzelnen Lösungen zu der folgenden homogenen Lösung zusammen:

$$y = c_1 e^{-2x} + c_2 e^{-3x} + c_3 e^{-5x}$$

h) Gut gemacht! Jetzt nehmen Sie für Ihre spezielle Lösung die folgende Form an:

$$y_p = A\sin(x) + B\cos(x)$$

i) Zuerst bestimmen Sie y_p''' :

$$y_p''' = -A\cos(x) + B\sin(x)$$

j) Anschließend bestimmen Sie $10 y_p''$

$$10 y_p'' = -10A\sin(x) - 10B\cos(x)$$

k) Anschließend bestimmen Sie $31 y_p'$

$$31 y_p' = 31A\cos(x) - 31B\sin(x)$$

l) Und schließlich bestimmen Sie $30 y_p$

$$30 y_p = 30A\sin(x) + 30B\cos(x)$$

m) Jetzt addieren Sie alles aus den Schritten 9 bis 12 zusammen:

$$y_p''' + 10 y_p'' + 31 y_p' + 30y$$
$$= -A\cos(x) + B\sin(x) - 10A\sin(x) - 10B\cos(x) + 31A\cos(x) - 31B\sin(x)$$
$$+ 30A\sin(x) + 30B\cos(x) = 20\sin(x) + 30\cos(x)$$

n) Falls Ihnen das zu unübersichtlich ist, fassen Sie ähnliche Terme zusammen:

$$(B - 10A - 31B + 30A)\sin(x)$$
$$+ (-A + 10B + 31A + 30B)\cos(x) = 20\sin(x) + 30\cos(x)$$

o) Jetzt können Sie auflösen! Wenn Sie nach A auflösen, erhalten Sie:

$$A = 1$$

und die Auflösung nach B ergibt

$$B = 0$$

p) Damit erhalten Sie die spezielle Lösung

$$y_p = \sin x$$

q) Bleibt, die Summe aus homogener und spezieller Lösung zu bilden (wodurch Sie die allgemeine Lösung erhalten, nach der Sie die ganze Zeit gesucht haben!):

$$y = c_1 e^{-2x} + c_2 e^{-3x} + c_3 e^{-5x} + \sin(x)$$

7 ▸ Nicht homogene lineare Differentialgleichungen höherer Ordnung

10. Wie lautet die Lösung für die folgende Gleichung?

    $y''' + 11y'' + 36y' + 36y = 75\sin(x) + 105\cos(x)$

    Lösung:

    $y = c_1 e^{-2x} + c_2 e^{-3x} + c_3 e^{-6x} + 3\sin(x)$

    a) Bestimmen Sie die homogene Version der betreffenden Gleichung:

       $y''' + 11y'' + 36y' + 36y = 0$

    b) Weil die homogene Version eine Differentialgleichung konstante Koeffizienten hat, nehmen Sie eine Lösung der folgenden Form an:

       $y = e^{rx}$

    c) Setzen Sie Ihre angenommene Lösung in die Gleichung ein, um Folgendes zu erhalten:

       $r^3 e^{rx} + 11x^2 e^{rx} + 36r e^{rx} + 36 e^{rx} = 0$

    d) Kürzen Sie e^{rx}, um Folgendes zu erhalten:

       $r^3 + 11r^2 + 36r + 36 = 0$

    e) Jetzt faktorisieren Sie diese kubische Gleichung wie folgt:

    f) $(r+2)(r+3)(r+6) = 0$ Die Nullstellen sind also offensichtlich:

       $r_1 = -2$

       $r_2 = -3$

       $r = -6$

       somit ist

       $y_1 = e^{-2x}$

       $y_2 = e^{-3x}$

       $y_3 = e^{-6x}$

    g) Tata! Ihre homogene Gleichung lautet:

       $y = c_1 e^{-2x} + c_2 e^{-3x} + c_3 e^{-6x}$

    h) Jetzt brauchen Sie jedoch noch eine spezielle Lösung. Nehmen Sie dafür die folgende Form an:

       $y_p = A\sin(x) + B\cos(x)$

    i) Zuerst bestimmen Sie $y_p''' $:

       $y_p''' = -A\cos(x) + B\sin(x)$

    j) Anschließend bestimmen Sie $10 y_p''$

       $11 y_p'' = -11A\sin(x) - 11B\cos(x)$

k) Anschließend bestimmen Sie $36y'_p$

   $36y'_p = 36A\cos(x) - 36B\sin(x)$

l) Und schließlich bestimmen Sie $36y_p$

   $36y_p = 36A\sin(x) + 36B\cos(x)$

m) Jetzt addieren Sie alles aus den Schritten 9 bis 12 zusammen:

   $y'''_p + 11y''_p + 36y'_p + 36y$
   $= -A\cos(x) + B\sin(x) - 11A\sin(x) - 11B\cos(x) + 36A\cos(x) - 36B\sin(x)$
   $+ 36A\sin(x) + 36B\cos(x) = 75\sin(x) + 105\cos(x)$

n) Falls Ihnen das zu unübersichtlich ist, fassen Sie ähnliche Terme zusammen:

   $(B - 11A - 36B + 36A)\sin(x)$
   $+ (-A - 11B + 36A + 36B)\cos(x) = 75\sin(x) + 105\cos(x)$

o) Diese Gleichung ist immer noch nicht ideal, deshalb fassen Sie die Terme weiter zusammen:

   $(-35B + 25A)\sin(x) + (35A + 25B)\cos(x) = 75\sin(x) + 105\cos(x)$

p) Damit sind Sie fast fertig! Sie können auflösen! Wenn Sie nach A auflösen, erhalten Sie:

   $A = 3$

   und die Auflösung nach B ergibt

   $B = 0$

q) Damit erhalten Sie die spezielle Lösung

   $y_p = 3\sin x$

r) Bleibt, die Summe aus homogener und spezieller Lösung zu bilden (wodurch Sie die allgemeine Lösung erhalten, nach der Sie die ganze Zeit gesucht haben!):

   $y = c_1 e^{-2x} + c_2 e^{-3x} + c_3 e^{-6x} + 3\sin(x)$

Teil III
Fortgeschrittene Techniken

In diesem Teil...

Hier verbessern Sie Ihr Wissen über Reihenlösungen und Laplace-Transformationen. Außerdem lernen Sie Tricks kennen, wie Sie mit Differentialgleichungssystemen Aufgaben lösen. Und auch wenn es in der Welt der Differentialgleichungen keine allgemeingültige Lösung für jeden nur erdenkbaren Fall gibt, helfen Ihnen diese mächtigen Techniken und das Wissen, wo Sie sie anwenden können, mit wirklich jeder Art Differentialgleichung zurechtzukommen.

Mit Potenzreihen gewöhnliche Differentialgleichungen lösen

In diesem Kapitel...

▶ Mit dem Quotiententest prüfen, ob eine Reihe konvergiert
▶ Üben, den Reihenindex zu verschieben
▶ Potenzreihen auf Differentialgleichungen anwenden, um Reihenlösungen zu finden

---

*E*ine *Potenzreihe* ist eine unendliche Summe von Potenzen von x, mit der Sie Differentialgleichung lösen können, die auf andere Weise nicht gelöst werden können. In diesem Kapitel üben Sie die Arbeit mit Potenzreihen zur Lösung gewöhnlicher Differentialgleichungen. (Beachten Sie, dass sich dieses Kapitel auf *gewöhnliche* Differentialgleichung konzentriert; in Kapitel 9 geht es um Differentialgleichungen mit *singulären Punkten*. Ein *singulärer Punkt* ist ein Wert (oder mehrere Werte) von x, wo ein Koeffizient in der Differentialgleichung gegen Unendlich geht. Eine gewöhnliche Differentialgleichung hat keine singulären Punkte.)

Das ganze beginnt mit dem Quotiententest und dem Verschieben des Reihenindex. Anschließend wenden Sie all Ihr Wissen an, um einige Gleichungen zu lösen.

Eine Reihe mit dem Quotiententest kontrollieren

Potenzreihen, die gegen Unendlich gehen, bringen niemandem etwas, deshalb arbeiten Sie auf den folgenden Seiten nur mit beschränkten Reihen. Eine beschränkte Reihe *konvergiert* gegen einen bestimmten Wert.

Eine Reihe wie

$$y = \sum_{n=0}^{\infty} a_n x^n$$

konvergiert für einen Wert x, wenn der Grenzwert

$$\lim_{n \to \infty} \sum_{n=0}^{m} a_n x^n$$

endlich ist. Ist dieser Grenzwert unendlich, konvergiert die Reihe nicht.

Woher wissen Sie, ob eine Reihe konvergiert? Sie führen den Quotiententest durch, der aufeinanderfolgende Terme einer Reihe vergleicht, um zu prüfen, ob die Reihe konvergiert. Ist der Quotienten aus $(n + 1)$-tem Term und n-tem Term kleiner als 1 für einen festen Wert von x, konvergiert die Reihe für dieses x.

Angenommen, Sie haben die folgende Reihe:

$$y = \sum_{n=0}^{\infty} a_n(x - x_0)^n$$

Der Quotient aus $(n + 1)$-tem und n-tem Term ist

$$\frac{a_{n-1}(x - x_0)^{n+1}}{a_n(x - x_0)^n}$$

Die Reihe konvergiert, wenn dieser Quotient immer kleiner 1 ist, wenn n größer und größer wird.

Hier folgt ein weiteres Beispiel für den Quotiententest. Versuchen Sie, es nachzuvollziehen, und lösen Sie anschließend die Übungsaufgaben, wobei Sie mit dem Quotiententest feststellen, ob eine bestimmte Reihe konvergiert.

Frage

Konvergiert die folgende Reihe?

$$\sum_{n=0}^{\infty} (-1)^n (x - 4)^n$$

Antwort

Ja, wenn $3 < x < 5$.

1. Betrachten Sie den Quotienten aus $(n + 1)$-tem Term und n-tem Term:

$$\lim_{n \to \infty} \frac{|(-1)^{n+1}(x - 4)^{n+1}|}{|(-1)^n(x - 4)^n|}$$

2. Dieser Quotient wird zu

$$\lim_{n \to \infty} \frac{|(-1)^{n+1}(x - 4)^{n+1}|}{|(-1)^n(x - 4)^n|} = |x - 4|$$

3. Der Quotient ist $|x - 4|$, und die Reihe konvergiert, wenn dieser Quotient kleiner 1 ist. Mit anderen Worten, der Bereich, in dem die Reihe konvergiert, ist $|x - 4| < 1$.

4. Liegt also x im Bereich $3 < x < 5$, konvergiert die Reihe.

8 ▶ Mit Potenzreihen gewöhnliche Differentialgleichungen lösen

Aufgabe 1
Konvergiert die folgende Reihe?

$$\sum_{n=0}^{\infty} (-1)^n (x-5)^n$$

Lösung

Aufgabe 2
Stellen Sie fest, ob die folgende Reihe konvergiert:

$$\sum_{n=0}^{\infty} (-1)^n (x-1)^n$$

Lösung

Aufgabe 3
Konvergiert diese Reihe?

$$\sum_{n=0}^{\infty} (x-2)^{-n}$$

Lösung

Aufgabe 4
Stellen Sie fest, ob die folgende Reihe konvergiert:

$$\sum_{n=0}^{\infty} (x-1)^{-n}$$

Lösung

Den Reihenindex verschieben

Bevor Sie anfangen können, Differentialgleichungen mit Hilfe von Reihen zu lösen, müssen Sie sich mit einem kleinen Trick vertraut machen, dem *Verschieben des Reihenindex*. Auf diese Weise können Sie aus zwei Reihen mit unterschiedlichen Indizes Reihen mit demselben Index machen, so dass Sie sie Term für Term vergleichen können.

Betrachten Sie die beiden folgenden Reihen:

$$y = \sum_{n=0}^{\infty} a_n x^n$$

$$y = \sum_{n=2}^{\infty} a_n (x+1)^n$$

Die eine beginnt bei $n = 0$, die andere bei $n = 2$. Damit wird es schwierig, die beiden Reihen Term für Term zu vergleichen. Wir könnten beispielsweise versuchen, beide Reihen bei $n = 0$ beginnen zu lassen. Dazu ersetzen Sie in der zweiten Reihe n durch $n + 2$ und erhalten damit:

$$y = \sum_{n+2=2}^{\infty} a_{n+2}(x+1)^{n+2}$$

Beachten Sie, dass dieser Reihenindex jetzt bei $n + 2 = 2$ beginnt. Sie können von beiden Seiten dieses Ausdrucks 2 subtrahieren und erhalten damit:

$$y = \sum_{n=0}^{\infty} a_{n+2}(x+1)^{n+2}$$

Tata! Die zweite Reihe beginnt jetzt bei $n = 0$, was genau das ist, was Sie wollten.

Nachfolgend finden sie einige Übungsaufgaben (sowie ein weiteres Beispiel), so dass Sie lernen, den Reihenindex wie ein Matheguru zu verschieben.

Frage

Verschieben Sie den Reihenindex, so dass die Reihe bei $n = 0$ beginnt.

$$\sum_{n=3}^{\infty} (-1)^n (x-4)^n$$

Antwort

$$\sum_{n=0}^{\infty} (-1)^{n+3} (x-4)^{n+3}$$

1. Sie wissen, dass die Reihe bei $n = 3$ beginnt, deshalb setzen Sie $n + 3$ für n ein:

$$\sum_{n+3=3}^{\infty} (-1)^{n+3} (x-4)^{n+3}$$

2. Subtrahieren Sie von beiden Seiten des Ausdrucks 3, um $n = 0$ zu erhalten:

$$\sum_{n=0}^{\infty} (-1)^{n+3} (x-4)^{n+3}$$

8 ➤ Mit Potenzreihen gewöhnliche Differentialgleichungen lösen

Aufgabe 5
Verschieben Sie den folgenden Reihenindex, so dass die Reihe bei $n = 0$ beginnt.

$$\sum_{n=2}^{\infty}(-1)^n(x-1)^n(x-2)^n$$

Lösung

Aufgabe 6
Lassen Sie diese Reihe bei $n = 0$ beginnen, indem Sie die gezeigte Technik zum Verschieben des Reihenindex anwenden.

$$\sum_{n=2}^{\infty}(-1)^n(x-2)^{2n}$$

Lösung

Aufgabe 7
Verschieben Sie den folgenden Reihenindex, so dass die Reihe bei $n = 0$ beginnt.

$$\sum_{n=2}^{\infty}(4x+9)(x-2)^{4n}$$

Lösung

Aufgabe 8
Lassen Sie diese Reihe bei $n = 0$ beginnen, indem Sie die gezeigte Technik zum Verschieben des Reihenindex anwenden.

$$\sum_{n=3}^{\infty}(x-1)^n(x-2)^{2n}(x-3)^{-n}$$

Lösung

Mit Hilfe von Potenzreihen Reihenlösungen bestimmen

Potenzreihen sind extrem praktisch für die Lösung gewöhnlicher Differentialgleichungen, weil Sie damit fast jede Lösung ausdrücken können. Wenn Sie eine gewöhnliche Differentialgleichung mit Hilfe einer Reihenlösung lösen sollen, rüste Sie sich mit den folgenden wichtigen Substitutionen:

✔ Setzen Sie diese Reihe für y ein: $y = \sum_{n=0}^{\infty} a_n x^n$

✔ Setzen Sie diese Reihe für y' ein: $y' = \sum_{n=0}^{\infty} (n+1) a_{n+1} x^n$

✔ Setzen Sie diese Reihe für y'' ein: $y'' = \sum_{n=0}^{\infty} (n+2)(n+1) a_{n+2} x^n$

Nachdem Sie diese Substitutionen in Ihrer Gleichung vorgenommen haben, vergleichen Sie die Koeffizienten von x auf jeder Seite der Gleichung, um nach den Koeffizienten a_n in den Reihentermen aufzulösen. (Und vergessen Sie nicht, die Anfangsbedingungen zu nutzen, um auch nach den Koeffizienten aufzulösen.)

Das folgende Beispiel zeigt die einzelnen Schritte im Detail. Ich empfehle Ihnen, es nachzuvollziehen, bevor Sie versuchen, in den Übungsaufgaben gewöhnliche Differentialgleichung mit Reihenlösungen zu bewältigen.

Frage

Lösen Sie die folgende Differentialgleichung mit Hilfe einer Reihe:

$$\frac{d^2 y}{dx^2} + y = 0$$

Antwort

$y = a_0 \cos(x) + a_1 \sin(x)$

1. Sie beginnen mit einer Lösung der folgenden Form für y:

$$y = \sum_{n=0}^{\infty} a_n x^n$$

2. Um y'' zu bestimmen, bestimmen Sie zuvor y'. Die Terme der Reihe sehen wie folgt aus:

$y = a_0 + a_1 x + a_2 x^2 + a_3 x^3 + \cdots$

Wenn Sie die einzelnen Terme dieser Gleichung differenzieren, erhalten Sie für y':

$y' = a_1 + 2a_2 x + 3a_3 x^2 + \cdots$

Der allgemeine n-te Term lautet

$n a_n x^{n-1}$

Damit ist y' gleich

$$y' = \sum_{n=1}^{\infty} n a_n x^{n-1}$$

3. Sie finden y'', indem Sie die y'-Gleichung differenzieren:

$y'' = 2a_2 + 6a_3 x + \cdots$

Der allgemeine Term ist hier

$n(n-1) a_n x^{n-2}$

Sie können also y'' wie folgt ausdrücken:

$$y'' = \sum_{n=2}^{\infty} n(n-1) a_n x^{n-2}$$

Beachten Sie, dass diese Reihe bei $n = 2$ beginnt, nicht bei $n = 0$, wie die Reihe für y.

8 ➤ Mit Potenzreihen gewöhnliche Differentialgleichungen lösen

4. Nachdem Sie y und y'' bestimmt haben, setzen Sie sie in die ursprüngliche Differentialgleichung ein, um das folgende Ergebnis zu erhalten:

$$y'' = \sum_{n=2}^{\infty} n(n-1)a_n x^{n-2} + \sum_{n=0}^{\infty} a_n x^n$$
$$= 0$$

Dies ist Ihre Differentialgleichung in Reihenform.

5. Um diese beiden Reihen zu vergleichen, sorgen Sie dafür, dass sie beide beim selben Indexwert beginnen, $n = 0$. Verschieben Sie die erste Reihe (diejenige auf der linken Seite), indem Sie n durch $n + 2$ ersetzen:

$$\sum_{n=0}^{\infty} (n+2)(n+1)a_{n+2} x^n$$
$$+ \sum_{n=0}^{\infty} a_n x^n = 0$$

6. Anschließend fassen Sie die beiden Reihen zusammen:

$$\sum_{n=0}^{\infty} [(n+2)(n+1)a_{n+2} x^n + a_n x^n]$$
$$= 0$$

7. Jetzt klammern Sie x^n aus:

$$\sum_{n=0}^{n} [(n+2)(n+1)a_{n+2} + a_n] x^n = 0$$

8. Weil diese Reihe gleich 0 ist und für alle x gültig sein muss, muss jeder Term gleich 0 sein. Mit anderen Worten, Sie erhalten:

$(n+2)(n+1)a_{n+2} + a_n = 0$

Diese Gleichung wird als *Rekursion* bezeichnet. Sie verknüpft die Koeffizienten späterer Terme mit den Koeffizienten früherer Terme. Insbesondere können Sie alle Koeffizienten unter Verwendung von a_0 und a_1 ausdrücken (die durch die Anfangsbedingungen festgelegt werden).

9. Als erstes müssen Sie die geraden Koeffizienten bestimmen, d.h. Sie lösen nach a_2 unter Verwendung von a_0 auf.

$(2)(1)a_2 + a_0 = 0$

Damit ist

$$a_2 = \frac{-a_0}{(2)(1)}$$

10. Jetzt bestimmen Sie a_4:

$(4)(3)a_4 + a_2 = 0$

Damit ist

$$a_4 = \frac{-a_2}{(4)(3)}$$

11. Weil Sie die geraden Koeffizienten unter Verwendung von a_0 ausdrücken wollen, setzen Sie die letzte Gleichung aus Schritt 0 für a_2 ein:

$$a_4 = \frac{a_0}{(4)(3)(2)(1)}$$

Nicht so schnell! Weil $(4)(3)(2)(1) = 4!$, erhalten Sie

$$a_4 = \frac{a_0}{4!}$$

12. Für a_6 erhalten Sie

$(6)(5)a_6 + a_4 = 0$

oder

$$a_6 = \frac{-a_4}{(6)(5)}$$

13. Setzen Sie die letzte Gleichung aus Schritt 11 für a_4 ein. Sie erhalten:

$$a_6 = \frac{-a_0}{(6)(5)(4!)}$$

Aber $(6)(5)(4!) = 6!$, Sie haben also eigentlich

$$a_6 = \frac{-a_0}{6!}$$

14. Sie wissen also jetzt Folgendes:

    $a_2 = \dfrac{-a_0}{2!}$

    $a_4 = \dfrac{a_0}{4!}$

    $a_6 = \dfrac{-a_0}{6!}$

    Ob Sie es glauben oder nicht, Sie haben soeben die Vorschrift für die geraden Koeffizienten gefunden! Wenn $n = 2m$ ist (d.h. wenn n gerade ist), dann ist

    $a_n = a_{2m} = \dfrac{(-1)^m a_0}{(2m)!},$

    $m = 0, 1, 2, 3 \ldots$

15. Jetzt müssen Sie die ungeraden Koeffizienten finden. Sie wissen, dass die Rekursion für die Lösung wie folgt lautet:

    $(n+2)(n+1)a_{n+2} + a_n = 0$

    Sie erkennen, dass Sie für $n = 1$ Folgendes erhalten:

    $(3)(2)a_3 + a_1 = 0$

    Somit ist

    $a_3 = \dfrac{-a_1}{(3)(2)}$

16. Ähnlich wie bei den geraden Koeffizienten erhalten Sie auch hier $(3)(2)=3!$ und schließlich

    $a_3 = \dfrac{-a_1}{3!}$

17. Wenn Sie $n = 3$ in die Rekursion einsetzen, erhalten Sie:

    $(5)(4)a_5 + a_3 = 0$

    oder

    $a_5 = \dfrac{-a_3}{(5)(4)}$

18. Setzen Sie die Gleichung aus Schritt 16 für a_3 ein. Sie erhalten Folgendes:

    $a_5 = \dfrac{a_1}{(5)(4)(3!)}$

    oder

    $a_5 = \dfrac{a_1}{5!}$

19. Wenn Sie $n = 5$ in die Rekursion einsetzen, erhalten Sie:

    $(7)(6)a_7 + a_5 = 0$

    oder

    $a_7 = \dfrac{-a_5}{(7)(6)}$

20. Setzen Sie die letzte Gleichung aus Schritt 18 für a_5 ein, dann erhalten Sie

    $a_7 = \dfrac{-a_1}{(7)(6)(5!)}$

    das bedeutet

    $a_7 = \dfrac{-a_2}{7!}$

21. Aus den Schritten 15 bis 20 wissen Sie jetzt:

    $a_3 = \dfrac{-a_1}{3!}$

    $a_5 = \dfrac{a_1}{5!}$

    $a_7 = \dfrac{-a_1}{7!}$

22. Für $n = 2m + 1$ können Sie die ungeraden Koeffizienten allgemein wie folgt ausdrücken

    $a_n = a_{2m+1} = \dfrac{(-1)^m a_1}{(2m+1)!},$

    $m = 0, 1, 2, 3 \ldots$

8 ➤ Mit Potenzreihen gewöhnliche Differentialgleichungen lösen

23. Jetzt können Sie die ganze Lösung darstellen:

$$y = a_0 \sum_{m=0}^{\infty} \frac{(-1)^m x^{2m}}{(2m)!} + a_1 \sum_{m=0}^{\infty} \frac{(-1)^m x^{2m+1}}{(2m+1)!}$$

24. Überraschung! Die beiden Reihen sind als **cos(x)** und **sin(x)** zu erkennen:

$$\sum_{n=0}^{\infty} \frac{(-1)^n x^{2n}}{(2n)!} = \cos(x)$$

und

$$\sum_{n=0}^{\infty} \frac{(-1)^n x^{2n+1}}{(2n+1)!} = \sin(x)$$

25. Nach dem ganzen Aufwand können Sie die Lösung wie folgt schreiben:

$$y = a_0 \cos(x) + a_1 \sin(x)$$

Aufgabe 9

Lösen Sie die folgende Differentialgleichung unter Verwendung einer Reihe:

$$\frac{d^2y}{dx^2} + 4y = 0$$

Lösung

Aufgabe 10

Bestimmen Sie die Lösung für die folgende Differentialgleichung unter Verwendung einer Reihe:

$$\frac{d^2y}{dx^2} - y = 0$$

Lösung

Lösungen für die Lösung von Differentialgleichungen mit Hilfe von Potenzreihen

Hier folgen die Lösungen zu den Übungsaufgaben aus diesem Kapitel. Die einzelnen Schritte sind genau aufgezeigt, so dass Sie gegebenenfalls nachlesen können, falls Sie an irgendeiner Stelle nicht mehr weiterwissen. Viel Spaß!

1. Konvergiert die folgende Reihe?

$$\sum_{n=0}^{\infty}(-1)^n(x-5)^n$$

   Lösung: Ja, wenn $4 < x < 6$.

   a) Betrachten Sie den Quotienten aus $(n+1)$-tem Term und n-tem Term:

   $$\lim_{n\to\infty}\frac{|(-1)^{n+1}(x-5)^{n+1}|}{|(-1)^n(x-5)^n|}$$

   b) Dieser Quotient wird zu

   $$\lim_{n\to\infty}\frac{|(-1)^{n+1}(x-5)^{n+1}|}{|(-1)^n(x-5)^n|} = |x-5|$$

   c) Der Quotient ist also $|x-5|$, und die Reihe konvergiert, wenn dieser Quotient kleiner 1 ist. Mit anderen Worten, der Bereich, in dem die Reihe konvergiert, ist $|x-5| < 1$.

   d) Wenn also x im Bereich $4 < x < 6$ liegt, konvergiert die Reihe.

2. Konvergiert diese Reihe?

$$\sum_{n=0}^{\infty}(-1)^n(x-1)^n$$

   Lösung: Ja, wenn $0 < x < 2$.

   a) Betrachten Sie den Quotienten aus $(n+1)$-tem Term und n-tem Term:

   $$\lim_{n\to\infty}\frac{|(-1)^{n+1}(x-1)^{n+1}|}{|(-1)^n(x-1)^n|}$$

   b) Dieser Quotient wird zu

   $$\lim_{n\to\infty}\frac{|(-1)^{n+1}(x-1)^{n+1}|}{|(-1)^n(x-1)^n|} = |x-1|$$

   c) Der Quotient ist also $|x-1|$, und die Reihe konvergiert, wenn dieser Quotient kleiner 1 ist. Mit anderen Worten, der Bereich, in dem die Reihe konvergiert, ist $|x-1| < 1$.

   d) Wenn also x im Bereich $0 < x < 2$ liegt, konvergiert die Reihe.

8 ➤ Mit Potenzreihen gewöhnliche Differentialgleichungen lösen

3. Konvergiert diese Reihe?

$$\sum_{n=0}^{\infty}(x-2)^{-n}$$

Lösung: Ja, wenn $x > 3$ oder $x < 1$.

a) Betrachten Sie den Quotienten aus $(n+1)$-tem Term und n-tem Term:

$$\lim_{n\to\infty}\frac{|(x-2)^{-(n+1)}|}{|(x-2)^{-n}|}$$

b) Dieser Quotient wird zu

$$\lim_{n\to\infty}\frac{|(x-2)^n|}{|(x-2)^{n+1}|}=|x-2|^{-1}$$

c) Der Quotient ist also $|x-2|^{-1}$, und die Reihe konvergiert, wenn dieser Quotient kleiner 1 ist. Mit anderen Worten, der Bereich, in dem die Reihe konvergiert, ist $|x-2|^{-1} < 1$.

d) Wenn also x im Bereich $x > 3$ oder $x < 1$ liegt, konvergiert die Reihe.

4. Stellen Sie fest, ob die folgende Reihe konvergiert:

$$\sum_{n=0}^{\infty}(x-1)^{-n}$$

Lösung: Ja, wenn $x > 2$ oder $x < 0$.

a) Betrachten Sie den Quotienten aus $(n+1)$-tem Term und n-tem Term:

$$\lim_{n\to\infty}\frac{|(x-1)^n|}{|(x-1)^{n+1}|}$$

b) Dieser Quotient wird zu

$$\lim_{n\to\infty}\frac{|(x-1)^n|}{|(x-1)^{n+1}|}=|x-1|^{-1}$$

c) Wie Sie sehen, ist der Quotient $|x-1|^{-1}$, und die Reihe konvergiert, wenn dieser Quotient kleiner 1 ist. Mit anderen Worten, der Bereich, in dem die Reihe konvergiert, ist $|x-1|^{-1} < 1$.

d) Wenn also x im Bereich $x > 2$ oder $x < 0$ liegt, konvergiert die Reihe.

5. Verschieben Sie den folgenden Reihenindex, so dass die Reihe bei $n = 0$ beginnt.

$$\sum_{n=2}^{\infty}(-1)^n(x-1)^n(x-2)^n$$

Lösung:

$$\sum_{n=0}^{\infty}(-1)^{n+2}(x-1)^{n+2}(x-2)^{n+2}$$

a) Die Reihe beginnt bei $n = 2$, setzen Sie also $n + 2$ für n ein:

$$\sum_{n+2=2}^{\infty}(-1)^{n+2}(x-1)^{n+2}(x-2)^{n+2}$$

b) Subtrahieren Sie 2 von beiden Seiten des Ausdrucks, um $n = 0$ zu erhalten:

$$\sum_{n=0}^{\infty}(-1)^{n+2}(x-1)^{n+2}(x-2)^{n+2}$$

Das war alles. Ihr Arbeit ist erledigt, die Aufgabe gelöst.

6. Lassen Sie diese Reihe bei $n = 0$ beginnen, indem Sie die gezeigte Technik zum Verschieben des Reihenindex anwenden.

$$\sum_{n=2}^{\infty}(-1)^{n}(x-2)^{2n}$$

Lösung:

$$\sum_{n=0}^{\infty}(-1)^{n+2}(x-2)^{2n+4}$$

a) Sie wissen, dass die Reihe bei $n = 2$ beginnt. Dies ist der Hinweis, dass Sie $n + 2$ für n einsetzen müssen:

$$\sum_{n+2=2}^{\infty}(-1)^{n+2}(x-2)^{2(n+2)}$$

b) Um n gleich 0 zu setzen, subtrahieren Sie einfach 2 von beiden Seiten des Ausdrucks:

$$\sum_{n=0}^{\infty}(-1)^{n+2}(x-2)^{2n+4}$$

7. Verschieben Sie den folgenden Reihenindex, so dass die Reihe bei $n = 0$ beginnt.

$$\sum_{n=2}^{\infty}(4x+9)(x-2)^{4n}$$

Lösung:

$$\sum_{n=0}^{\infty}(4x+9)(x-2)^{4n+8}$$

8 ▸ Mit Potenzreihen gewöhnliche Differentialgleichungen lösen

a) Die Reihe beginnt bei $n = 2$, setzen Sie also $n + 2$ für n ein:

$$\sum_{n+2=2}^{\infty} (4x + 9)(x - 2)^{4(n+2)}$$

b) Subtrahieren Sie 2 von beiden Seiten des Ausdrucks, um $n = 0$ zu erhalten:

$$\sum_{n=0}^{\infty} (4x + 9)(x - 2)^{4n+8}$$

8. Lassen Sie diese Reihe bei $n = 0$ beginnen, indem Sie die gezeigte Technik zum Verschieben des Reihenindex anwenden.

$$\sum_{n=3}^{\infty} (x - 1)^n (x - 2)^{2n} (x - 3)^{-n}$$

Lösung:

$$\sum_{n=0}^{\infty} (x - 1)^{n+3} (x - 2)^{2(n+3)} (x - 3)^{-(n+3)}$$

a) Sie wissen, dass die Reihe bei $n = 3$ beginnt. Dies ist der Hinweis, dass Sie $n + 3$ für n einsetzen müssen:

$$\sum_{n+3=3}^{\infty} (x - 1)^{n+3} (x - 2)^{2(n+3)} (x - 3)^{-(n+3)}$$

b) Um n gleich 0 zu setzen, subtrahieren Sie einfach 3 von beiden Seiten des Ausdrucks:

$$\sum_{n=0}^{\infty} (x - 1)^{n+3} (x - 2)^{2(n+3)} (x - 3)^{-(n+3)}$$

9. Lösen Sie die folgende Differentialgleichung unter Verwendung einer Reihenlösung:

$$\frac{d^2 y}{dx^2} + 4y = 0$$

Lösung:

$$y = 4(a_0 \cos(x) + a_1 \sin(x))$$

a) Beginnen Sie mit einer Lösung y der folgenden Form:

$$= \sum_{n=0}^{\infty} a_n x^n$$

b) Um y'' zu bestimmen, bestimmen Sie zunächst y'. Die Terme der Reihe sehen wie folgt aus:

$$y = a_0 + a_1 x + a_2 x^2 + a_3 x^3 + \cdots$$

Wenn Sie die einzelnen Terme dieser Gleichung differenzieren, erhalten Sie für y':

$$y' = a_1 + 2a_2 x + 3a_3 x^2 + \cdots$$

Der allgemeine n-te Term lautet hier:

$$na_n x^{n-1}$$

Damit ist y' gleich

$$y' = \sum_{n=1}^{\infty} na_n x^{n-1}$$

c) **Sie bestimmen y'', indem Sie die Gleichung für y' differenzieren:**

$$y'' = 2a_2 + 6a_3 x + \cdots$$

Der allgemeine Term lautet:

$$n(n-1)a_n x^{n-2}$$

Sie können also y'' ausdrücken als

$$y'' = \sum_{n=2}^{\infty} n(n-1)a_n x^{n-2}$$

Beachten Sie, dass diese Reihe bei $n = 2$ beginnt, nicht bei $n = 0$, wie die Reihe für y.

d) **Nachdem Sie y und y'' bestimmt haben, setzen Sie sie in die ursprüngliche Differentialgleichung ein, um das folgende Ergebnis zu erhalten:**

$$\sum_{n=2}^{\infty} n(n-1)a_n x^{n-2} + 4 \sum_{n=0}^{\infty} a_n x^n = 0$$

Das ist Ihre Differentialgleichung in Reihenform.

e) **Um diese beiden Reihen zu vergleichen zu können, müssen sie mit demselben Indexwert beginnen, $n = 0$. Verschieben Sie den Index der ersten Reihe (links), indem Sie n durch $n + 2$ ersetzen:**

$$\sum_{n=0}^{\infty} (n+2)(n+1)a_{n+2} x^n + 4 \sum_{n=0}^{\infty} a_n x^n = 0$$

f) **Jetzt fassen Sie die beiden Reihen zusammen:**

$$\sum_{n=0}^{\infty} [(n+2)(n+1)a_{n+2} x^n + 4a_n x^n] = 0$$

g) **Anschließend klammern Sie x^n aus:**

$$\sum_{n=0}^{\infty} [(n+2)(n+1)a_{n+2} + 4a_n] x^n = 0$$

8 ➤ Mit Potenzreihen gewöhnliche Differentialgleichungen lösen

h) Weil diese Reihe gleich 0 ist und für alle x gelten muss, muss jeder Term 0 sein. Mit anderen Worten:

$(n + 2)(n + 1)a_{n+2} + 4a_n = 0$

Diese Gleichung wird als *Rekursion* bezeichnet. Sie verknüpft die Koeffizienten späterer Terme mit den Koeffizienten früherer Terme. Insbesondere können Sie alle Koeffizienten unter Verwendung von a_0 und a_1 ausdrücken (die durch die Anfangsbedingungen festgelegt werden).

i) Der erste Schritt beim Vergleich der Koeffizienten ist, alle geraden Koeffizienten unter Verwendung von a_0 zu bestimmen. Zuerst lösen Sie unter Verwendung von a_0 nach a_2 auf.

$(2)(1)a_2 + 4a_0 = 0$

somit ist

$$a_2 = \frac{-4a_0}{(2)(1)}$$

j) Jetzt bestimmen Sie a_4:

$(4)(3)a_4 + 4a_2 = 0$

somit ist

$$a_4 = \frac{-4a_2}{(4)(3)}$$

k) Weil Sie die geraden Koeffizienten unter Verwendung von a_0 ausdrücken wollen, setzen Sie die letzte Gleichung aus Schritt 0 für a_2 ein:

$$a_4 = \frac{4a_0}{(4)(3)(2)(1)}$$

Nicht so schnell! Weil $(4)(3)(2)(1) = 4!$ ist, erhalten Sie

$$a_4 = \frac{4a_0}{4!}$$

l) Für a_6 haben Sie

$(6)(5)a_6 + 4a_4 = 0$

oder

$$a_6 = \frac{-4a_4}{(6)(5)}$$

m) Wenn Sie die letzte Gleichung aus Schritt k) für a_4 einsetzen, erhalten Sie

$$a_6 = \frac{-4a_0}{(6)(5)(4!)}$$

Aber $(6)(5)(4!) = 6!$, Sie haben also letztlich:

$$a_6 = \frac{-4a_0}{6!}$$

n) Jetzt wissen Sie, dass:

$$a_2 = \frac{-4a_0}{2!}$$

$$a_4 = \frac{4a_0}{4!}$$

$$a_6 = \frac{-4a_0}{6!}$$

Ob Sie es glauben oder nicht, Sie haben soeben die Vorschrift für die geraden Koeffizienten gefunden! Wenn $n = 2m$ ist (d.h. wenn n gerade ist), dann ist

$$a_n = a_{2m} = \frac{4(-1)^m a_0}{(2m)!}, \qquad m = 0,1,2,3 \ldots$$

o) Jetzt müssen Sie die ungeraden Koeffizienten finden. Sie wissen, dass die Rekursion für die Lösung wie folgt lautet:

$$(n+2)(n+1)a_{n+2} + 4a_n = 0$$

Sie erkennen, dass Sie für $n = 1$ Folgendes erhalten:

$$(3)(2)a_3 + 4a_1 = 0$$

somit ist

$$a_3 = \frac{-4a_1}{(3)(2)}$$

p) Ähnlich wie bei den geraden Koeffizienten erhalten Sie auch hier $(3)(2) = 3!$ und schließlich

$$a_3 = \frac{-4a_1}{3!}$$

q) Wenn Sie $n = 3$ in die Rekursion einsetzen, erhalten Sie:

$$(5)(4)a_5 + 4a_3 = 0$$

oder

$$a_5 = \frac{-4a_3}{(5)(4)}$$

r) Setzen Sie die Gleichung aus Schritt p) für a_3 ein. Sie erhalten Folgendes:

$$a_5 = \frac{4a_1}{(5)(4)(3!)}$$

oder

$$a_5 = \frac{4a_1}{5!}$$

s) **Wenn Sie $n = 5$ in die Rekursion einsetzen, erhalten Sie:**

$$(7)(6)a_7 + 4a_5 = 0$$

oder

$$a_7 = \frac{-4a_5}{(7)(6)}$$

t) **Setzen Sie die letzte Gleichung aus Schritt r) für a_5 ein, dann erhalten Sie**

$$a_7 = \frac{-4a_1}{(7)(6)(5!)}$$

das bedeutet

$$a_7 = \frac{-4a_1}{7!}$$

u) **Aus den Schritten o) bis t) wissen Sie jetzt:**

$$a_3 = \frac{-4a_1}{3!}$$

$$a_5 = \frac{4a_1}{5!}$$

$$a_7 = \frac{-4a_1}{7!}$$

v) **Für $n = 2m + 1$ können Sie die ungeraden Koeffizienten allgemein wie folgt ausdrücken**

$$a_n = a_{2m+1} = \frac{4(-1)^m a_1}{(2m+1)!}, \quad m = 0,1,2,3,\ldots$$

w) **Jetzt können Sie die ganze Lösung darstellen:**

$$y = a_0 \sum_{m=0}^{\infty} \frac{4(-1)^m x^{2m}}{(2m)!} + a_1 \sum_{m=0}^{\infty} \frac{4(-1)^m x^{2m+1}}{(2m+1)!}$$

x) **Ziehen Sie den Faktor 4 heraus:**

$$y = 4a_0 \sum_{m=0}^{\infty} \frac{(-1)^m (x)^{2m}}{(2m)!} + 4a_1 \sum_{m=0}^{\infty} \frac{(-1)^m (x)^{2m+1}}{(2m+1)!}$$

y) **Damit sind die beiden Reihen als $\cos(2x)$ und $\sin(2x)$ erkennbar:**

$$\sum_{n=0}^{\infty} \frac{(-1)^n (x)^{2n}}{(2n)!} = \cos(x)$$

und

$$\sum_{n=0}^{\infty} \frac{(-1)^n (x)^{2n+1}}{(2n+1)!} = \sin(x)$$

z) Schließlich können Sie die Lösung wie folgt schreiben:

$$y = 4(a_0 \cos(x) + a_1 \sin(x))$$

10. Bestimmen Sie die Lösung für die folgende Differentialgleichung unter Verwendung einer Reihenlösung:

$$\frac{d^2y}{dx^2} - y = 0$$

Lösung:

$$y = c_0 e^x + c_1 e^{-x}$$

a) Beginnen Sie mit einer Lösung y der folgenden Form:

$$y = \sum_{n=0}^{\infty} a_n x^n$$

b) Um y'' zu bestimmen, bestimmen Sie zunächst y'. Die Terme der Reihe sehen wie folgt aus:

$$y = a_0 + a_1 x + a_2 x^2 + a_3 x^3 + \cdots$$

Wenn Sie die einzelnen Terme dieser Gleichung differenzieren, erhalten Sie für y':

$$y' = a_1 + 2a_2 x + 3a_3 x^2 + \cdots$$

Der allgemeine n-te Term lautet hier:

$$na_n x^{n-1}$$

Damit ist y' gleich

$$y' = \sum_{n=1}^{\infty} na_n x^{n-1}$$

c) Sie bestimmen y'', indem Sie die Gleichung für y' differenzieren:

$$y'' = 2a_2 + 6a_3 x + \cdots$$

Der allgemeine Term lautet hier:

$$n(n-1)a_n x^{n-2}$$

Sie können also y'' ausdrücken als

$$y'' = \sum_{n=2}^{\infty} n(n-1)a_n x^{n-2}$$

8 ➤ Mit Potenzreihen gewöhnliche Differentialgleichungen lösen

Beachten Sie, dass diese Reihe bei $n = 2$ beginnt, nicht bei $n = 0$, wie die Reihe für y.

d) Nachdem Sie y und y'' bestimmt haben, setzen Sie sie in die ursprüngliche Differentialgleichung ein, um die Differentialgleichung in Reihenform zu erhalten:

$$\sum_{n=2}^{\infty} n(n-1)a_n x^{n-2} - \sum_{n=0}^{\infty} a_n x^n = 0$$

e) Um diese beiden Reihen zu vergleichen zu können, müssen sie mit demselben Indexwert beginnen, $n = 0$. Verschieben Sie den Index der ersten Reihe (links), indem Sie n durch $n + 2$ ersetzen:

$$\sum_{n=0}^{\infty} (n+2)(n+1)a_{n+2} x^n - \sum_{n=0}^{\infty} a_n x^n = 0$$

f) Jetzt fassen Sie die beiden Reihen zusammen:

$$\sum_{n=0}^{\infty} [(n+2)(n+1)a_{n+2} x^n - a_n x^n] = 0$$

g) Anschließend klammern Sie x^n aus:

$$\sum_{n=0}^{\infty} [(n+2)(n+1)a_{n+2} - a_n] x^n = 0$$

h) Weil diese Reihe gleich 0 ist und für alle x gelten muss, muss jeder Term 0 sein. Mit anderen Worten:

$(n+2)(n+1)a_{n+2} - a_n = 0$

Diese Gleichung wird als *Rekursion* bezeichnet. Sie verknüpft die Koeffizienten späterer Terme mit den Koeffizienten früherer Terme. Insbesondere können Sie alle Koeffizienten unter Verwendung von a_0 und a_1 ausdrücken (die durch die Anfangsbedingungen festgelegt werden).

i) Der erste Schritt beim Vergleich der Koeffizienten ist, alle geraden Koeffizienten unter Verwendung von a_0 zu bestimmen. Zuerst lösen Sie unter Verwendung nach a_2 auf.

$(2)(1)a_2 - a_0 = 0$

oder

$$a_2 = \frac{a_0}{(2)(1)}$$

j) Wunderbar. Jetzt bestimmen Sie a_4:

$(4)(3)a_4 - a_2 = 0$

somit ist

$$a_4 = \frac{a_2}{(4)(3)}$$

k) Wenn Sie die letzte Gleichung aus Schritt i) für a_2 einsetzen, erhalten Sie

$$a_4 = \frac{a_0}{(4)(3)(2)(1)}$$

Aber $(4)(3)(2)(1) = 4!$, Sie haben also

$$a_4 = \frac{a_0}{4!}$$

l) Jetzt zu a_6:

$(6)(5)a_6 - a_4 = 0$

oder

$$a_6 = \frac{a_4}{(6)(5)}$$

m) Wenn Sie die letzte Gleichung aus Schritt k) für a_4 einsetzen, erhalten Sie

$$a_6 = \frac{a_0}{(6)(5)(4!)}$$

Und weil $(6)(5)(4!) = 6!$, haben Sie letztlich

$$a_6 = \frac{a_0}{6!}$$

n) Aus den Schritten i) bis m) wissen Sie, dass

$$a_2 = \frac{a_0}{6!}$$

$$a_4 = \frac{a_0}{4!}$$

$$a_6 = \frac{a_0}{6!}$$

Insgesamt können damit die geraden Koeffizienten ganz allgemein ausgedrückt werden:

$$a_n = \frac{a_0}{n!}, \quad n = 0,2,4,6\ldots$$

o) Jetzt müssen Sie die ungeraden Koeffizienten finden. Sie wissen, dass die Rekursion für die Lösung wie folgt lautet:

$(n+2)(n+1)a_{n+2} - a_n = 0$

Sie erkennen, dass Sie für $n = 1$ Folgendes erhalten:

$(3)(2)a_3 - a_1 = 0$

somit ist

$$a_3 = \frac{a_1}{(3)(2)}$$

p) Es ist wohl kaum eine Überraschung, dass (3)(2)=3! ist. Sie erhalten also

$$a_3 = \frac{a_1}{3!}$$

q) Wenn Sie $n = 3$ in die Rekursion einsetzen, erhalten Sie:

$$(5)(4)a_5 - a_3 = 0$$

oder

$$a_3 = \frac{a_3}{(5)(4)}$$

r) Setzen Sie die Gleichung aus Schritt p) für a_3 ein. Sie erhalten Folgendes:

$$a_5 = \frac{a_1}{(5)(4)(3!)}$$

somit ist

$$a_5 = \frac{a_1}{5!}$$

s) Wenn Sie $n = 5$ in die Rekursion einsetzen, erhalten Sie:

$$(7)(6)a_7 - a_5 = 0$$

oder

$$a_7 = \frac{a_5}{(7)(6)}$$

t) Setzen Sie die letzte Gleichung aus Schritt r) für a_5 ein, dann erhalten Sie

$$a_7 = \frac{a_1}{(7)(6)(5!)}$$

das bedeutet

$$a_7 = \frac{a_1}{7!}$$

u) Jetzt wissen Sie, dass

$$a_3 = \frac{a_1}{3!}$$

$$a_5 = \frac{a_1}{5!}$$

$$a_7 = \frac{a_1}{7!}$$

v) Für $n = 2m + 1$ können Sie die ungeraden Koeffizienten der Lösung allgemein wie folgt ausdrücken

$$a_n \frac{a_1}{(n)!}, \quad m = 1, 3, 5, 7 \ldots$$

w) Jetzt können Sie die ganze Lösung darstellen:

$$y = a_0 \sum_{m=0}^{\infty} \frac{x^{2m}}{(2m!)} + a_1 \sum_{m=0}^{\infty} \frac{x^{2m+1}}{(2m+1!)}$$

Dies ist Ihre technische Antwort, aber Sie können die Lösung noch in eine einfachere Form bringen.

x) Tatsächlich sind diese Reihen gleich

$$\cosh(x) = \sum_{m=0}^{\infty} \frac{x^{2m}}{(2m)!}$$

und

$$\sinh(x) = \sum_{m=0}^{\infty} \frac{x^{2m+1}}{(2m+1)!}$$

Sie können also die Lösung wie folgt darstellen:

$y = a_0 \cosh(x) + a_1 \sinh(x)$

y) Schreiben Sie $\sinh(x)$ und $\cosh(x)$ in Exponentialdarstellung:

$$\sinh(x) = \frac{e^x - e^{-x}}{2}$$

und

$$\cosh(x) = \frac{e^x + e^{-x}}{2}$$

Weil $\sinh(x)$ und $\cosh(x)$ als Summe von Exponenten geschrieben werden können, können Sie die Lösung wie folgt umformen:

$y = c_0 e^x + c_1 e^{-x}$

Dabei werden c_0 und c_1 durch die Anfangsbedingungen bestimmt. Gut gemacht!

Differentialgleichungen mit Reihenlösungen in der Nähe singulärer Punkte lösen

In diesem Kapitel...

▶ Singuläre Punkte identifizieren
▶ Feststellen, ob singuläre Punkte regulär oder irregulär sind
▶ Die Euler-Gleichung kennen lernen
▶ Allgemeine Differentialgleichungen lösen, die wie Euler-Gleichungen aussehen

---

Differentialgleichungen können unregelmäßig werden, wenn Terme darin gegen Unendlich gehen (d.h. *unbegrenzt* werden). Die Punkte, an denen Funktionen gegen Unendlich gehen, werden als *singuläre Punkte* bezeichnet, und bei der Arbeit mit Differentialgleichungen werden Ihnen sowohl reguläre als auch irreguläre singuläre Punkte begegnen.

Die gute Nachricht ist, dass Sie die singulären Punkte mit Hilfe der Methoden aus diesem Kapitel bearbeiten können. Aber was ist mit den irregulären singulären Punkten? Vergessen Sie sie. Sie sind Zeitverschwendung, weil Differentialgleichungen in der Nähe solcher irregulärer singulärer Punkte nicht gelöst werden können.

In diesem Kapitel lernen Sie, singuläre Punkte zu erkennen, sie als regulär oder irregulär einzuordnen und sie zu lösen. Und um die Lösung von Differentialgleichungen in der Nähe regulärer singulärer Punkte sehr viel einfacher zu machen, zeigt Ihnen dieses Kapitel auch, wie Sie mit einer speziellen Klasse von Differentialgleichungen arbeiten, den so genannten Euler-Gleichungen. Häufig kann man eine Reihenerweiterung um eine bekannte Lösung der Euler-Gleichung für eine allgemeine Differentialgleichung mit regulären singulären Punkten erstellen.

Singuläre Punkte erkennen

Singuläre Punkte treten auf, wenn ein Koeffizient in einer Differentialgleichung unbegrenzt wird.

Betrachten Sie beispielsweise die folgende Differentialgleichung:

$$\frac{d^2y}{dx^2} + p(x)\frac{dy}{dx} + q(x)y = 0$$

mit

$$p(x) = \frac{Q(x)}{P(x)}$$

und

$$q(x) = \frac{R(x)}{P(x)}$$

Die singulären Punkte treten auf, wo $Q(x)/P(x)$ und $R(x)/P(x)$ unbegrenzt werden.

In den folgenden Aufgaben üben Sie, singuläre Punkte in Differentialgleichungen zu finden. Aber zuvor ein kurzes Beispiel.

Frage

Welche singulären Punkte hat die folgende Differentialgleichung?

$$(4 - x^2)\frac{d^2y}{dx^2} + x^3\frac{dy}{dx} + (1+x)y = 0$$

Antwort

$x_1 = 2$ und $x_2 = -2$

1. Bringen Sie die Gleichung zuerst in die folgende Form:

$$\frac{d^2y}{dx^2} + p(x)\frac{dy}{dx} + q(x)y = 0$$

mit

$$p(x) = Q(x)/P(x)$$

und

$$q(x) = R(x)/P(x)$$

Damit erhalten Sie

$$\frac{d^2y}{dx^2} + \frac{x^3}{(4-x^2)}\frac{dy}{dx} + \frac{(1+x)y}{(4-x^2)} = 0$$

2. Aus diesem Grund ist

$$p(x) = \frac{x^3}{(4-x^2)}$$

und

$$q(x) = \frac{(1+x)}{(4-x^2)}$$

3. Sie erkennen, dass $\boldsymbol{p(x)}$ und $\boldsymbol{q(x)}$ beide unbegrenzt werden, wenn $\boldsymbol{4 - x^2 = 0}$, somit sind die singulären Punkte

$x_1 = 2$ und $x_2 = -2$

9 ➤ Differentialgleichungen mit Reihenlösungen

Aufgabe 1

Welche singulären Punkte hat die folgende Differentialgleichung?

$$x^2 \frac{d^2y}{dx^2} + (8 - x^3)\frac{dy}{dx} + (1 - 9x)y = 0$$

Lösung

Aufgabe 2

Bestimmen Sie die singulären Punkte der folgenden Gleichung:

$$(x - 9)\frac{d^2y}{dx^2} - x^3 \frac{dy}{dx} + \frac{1}{x^2}y = 0$$

Lösung

Aufgabe 3

Welche singulären Punkte hat die folgende Differentialgleichung?

$$x^2 \frac{d^2y}{dx^2} - x^3 \frac{dy}{dx} + x^2 y = 0$$

Lösung

Aufgabe 4

Bestimmen Sie die singulären Punkte der folgenden Gleichung:

$$(x^2 + 3x + 2)\frac{d^2y}{dx^2} + x^3 \frac{dy}{dx} + y = 0$$

Lösung

Singuläre Punkte als regulär oder irregulär einordnen

Singuläre Punkte können zwei verschiedene Formen annehmen: regulär und irregulär. *Reguläre singuläre Punkte* sind wohlerzogen und unter Verwendung der Quotienten $Q(x)/P(x)$ und $R(x)/(Px)$ definiert, wobei $P(x)$, $Q(x)$ und $R(x)$ die Polynomkoeffizienten in der zu lösenden Differentialgleichung darstellen.

Irreguläre singuläre Punkte spielen in einer völlig anderen Liga – um die es in diesem Kapitel nicht gehen soll. Wenn der singuläre Punkt in den hier gezeigten Übungsaufgaben nicht regulär zu sein scheint, dann wissen Sie, dass er irregulär ist.

Sehen Sie sich die folgende kleine Differentialgleichung an:

$$P(x)\frac{d^2y}{dx^2} + Q(x)\frac{dy}{dx} + R(x)y = 0$$

Wenn x_0 ein regulärer singulärer Punkt sein soll, müssen Sie die beiden folgenden Beziehungen betrachten:

$$\lim_{x \to x_0} (x - x_0)\frac{Q(x)}{P(x)}$$

und

$$\lim_{x \to x_0} (x - x_0)^2 \frac{R(x)}{P(x)}$$

Wenn Sie Folgendes definieren

$$p(x) = Q(x)/P(x)$$

und

$$q(x) = R(x)/P(x)$$

dann gilt für die beiden Grenzwerte

$\lim_{x \to x_0}(x - x_0)p(x)$ bleibt endlich

und

$\lim_{x \to x_0}(x - x_0)^2 q(x)$ bleibt endlich

Wenn beide Aussagen zutreffen, ist der Punkt x_0 ein regulärer singulärer Punkt.

In den folgenden Aufgaben üben Sie, singuläre Punkte als regulär oder irregulär einzuordnen. Keine Sorge – es macht richtiggehend Spaß!

Frage

Sind die singulären Punkte der folgenden Differentialgleichung regulär oder irregulär?

$$2\frac{d^2y}{dx^2} + \frac{4}{x^2}y = 0$$

Antwort

Die singulären Punkte sind regulär.

1. Bringen Sie zunächst die Differentialgleichung in die folgende Form:

$$\frac{d^2y}{dx^2} + p(x)\frac{dy}{dx} + q(x)y = 0$$

mit

$$p(x) = Q(x)/P(x)$$

und

$$q(x) = R(x)/P(x)$$

2. Jetzt haben Sie

$$\frac{d^2y}{dx^2} + \frac{2}{x^2}y = 0$$

das bedeutet

$$p(x) = 0$$

und

$$q(x) = \frac{2}{x^2}$$

Die singulären Punkte sind also $x_1 = 0$ und $x_2 = 0$.

3. Berechnen Sie Folgendes:

$$\lim_{x \to x_0} (x - x_0)p(x)$$

Die singulären Punkte, x_0, sind beide 0, der Limesausdruck wird also zu

$$\lim_{x \to x_0} 0$$

und der Wert des Ausdrucks ist 0, was endlich ist.

4. Anschließend berechnen Sie Folgendes:

$$\lim_{x \to x_0} (x - x_0)^2 q(x)$$

Auch hier sind beide singulären Punkte x_0 gleich 0, der Limesausdruck wird also zu

$$\lim_{x \to x_0} \frac{2}{x^2} x^2 = 2$$

Der Wert dieses Ausdrucks ist 2, also endlich.

5. Weil die Grenzwerte endlich sind, sind die singulären Punkte regulär. Das war doch gar nicht schwer!

Aufgabe 5

Sind die singulären Punkte dieser Differentialgleichung regulär oder irregulär?

$$x\frac{d^2y}{dx^2} + \frac{y}{x} = 0$$

Lösung

Aufgabe 6

Stellen Sie fest, ob die singulären Punkte dieser Gleichung regulär oder irregulär sind.

$$\frac{d^2y}{dx^2} + \frac{y}{(x^2-4)} = 0$$

Lösung

Mit der Euler-Gleichung arbeiten

Die Lösung der Euler-Gleichung ermöglicht uns, die Lösung vieler verschiedener Differentialgleichungen mit regulären singulären Punkten zu bestimmen. Wenn Sie eine Differentialgleichung in eine ähnliche Form wie die Euler-Gleichung bringen können, können Sie eine Reihenerweiterung um die Lösungen herum verwenden, die Sie für die Euler-Gleichung entwickeln. Das ist ein extrem praktischer Trick in meinem Buch.

Wenn Sie ein bisschen mit der Euler-Gleichung spielen wollen, nehmen Sie zunächst eine Lösung der folgenden Form an: $y = x^r$.

Anschließend setzen Sie diese Lösung in die Euler-Gleichung ein:

$[r(r-1) + \alpha r + \beta]x^r = 0$

$r(r-1) + \alpha r + \beta = 0$

$r^2 - r + \alpha r + \beta = 0$

Schließlich erhalten Sie

$r^2 + (\alpha - 1)r + \beta = 0$

9 ➤ Differentialgleichungen mit Reihenlösungen

Die Nullstellen r_1 und r_2 dieser Gleichung sind

$$r_1, r_2 = \frac{-(\alpha - 1) \pm \sqrt{(\alpha - 1)^2 - 4\beta}}{2}$$

Sie wissen nicht, was α und β sind, deshalb müssen Sie drei Fälle für diese Nullstellen berücksichtigen:

- ✔ r_1 und r_2 sind reell und unterschiedlich
- ✔ r_1 und r_2 sind reell und gleich
- ✔ r_1 und r_2 sind komplexe Konjugatierte

Die folgenden Beispiele verdeutlichen diese drei Fälle. Nachdem Sie sie durchgearbeitet haben, können Sie sich in den Übungsaufgaben noch weiter mit der Euler-Gleichung beschäftigen.

Frage
Lösen Sie die folgende Differentialgleichung:

$$6x^2 \frac{d^2y}{dx^2} + 9x \frac{dy}{dx} - 3y = 0$$

Antwort
$y = c_1 x^{1/2} + c_2 x^{-1}$

1. Diese Differentialgleichung hat die Form der Euler-Gleichung:

$$x^2 \frac{d^2y}{dx^2} + \alpha x \frac{dy}{dx} + \beta y = 0$$

Das bedeutet, Sie können davon ausgehen, dass ihre Lösung wie folgt aussieht:

$y = x^r$

2. Wenn Sie Ihre angenommen Lösung in die Differentialgleichung einsetzen, erhalten Sie:

$[6r(r - 1) + 9r - 3]x^r = 0$

oder

$[6r(r - 1) + 9r - 3] = 0$

Das ist letztlich

$6r^2 + 9r - 3 = 0$

3. Faktorisieren Sie diese Gleichung, um Folgendes zu erhalten:

$3(2r - 1)(r + 1) = 0$

4. Die Nullstellen sind also offensichtlich

$r_1 = 1/2$ und $r_2 = -1$

5. Die allgemeine Lösung für die ursprüngliche Gleichung lautet:

$y = c_1 x^{1/2} + c_2 x^{-1}$

Frage

Bestimmen Sie die Lösung für die folgende Differentialgleichung:

$$x^2 \frac{d^2y}{dx^2} + 5x \frac{dy}{dx} + 4y = 0$$

Antwort

$y = c_1 x^{-2} + c_2 \ln(x) x^{-2}$

1. Beachten Sie, dass die Gleichung in der Aufgabenstellung die Form der Euler-Gleichung besitzt:

$$x^2 \frac{d^2y}{dx^2} + \alpha x \frac{dy}{dx} + \beta y = 0$$

2. Gehen Sie also davon aus, dass die Lösung die folgende Form besitzt:

$y = x^r$

3. Anschließend setzen Sie Ihre angenommene Lösung in die Gleichung ein:

$[r(r-1) + 5r + 4]x^r = 0$

oder

$[r(r-1) + 5r + 4] = 0$

Dies ist

$r^2 + 4r - 4 = 0$

4. Durch die Faktorisierung dieser Gleichung erhalten Sie

$(r+2)(r+2) = 0$

5. Die Nullstellen sind also

$r_1 = -2$ und $r_2 = -2$

6. Die allgemeine Lösung für die Differentialgleichung lautet also

$y = c_1 x^{-2} + c_2 \ln(x) x^{-2}$

Frage

Lösen Sie die folgende Differentialgleichung:

$$x^2 \frac{d^2y}{dx^2} + x \frac{dy}{dx} + y = 0$$

Antwort

$y = c_1 \cos(\ln|x|) + c_2 \sin(\ln|x|), \quad x \neq 0$

1. Sicher haben Sie sofort erkannt, dass diese Differentialgleichung die Form einer Euler-Gleichung aufweist:

$$x^2 \frac{d^2y}{dx^2} + \alpha x \frac{dy}{dx} + \beta y = 0$$

2. Jetzt gehen Sie davon aus, dass die Lösung die folgende Form hat:

$y = x^r$

3. Setzen Sie Ihre angenommene Lösung in die Gleichung ein. Dadurch erhalten Sie:

$[r(r-1) + r + 1]x^r = 0$

oder

$[r(r-1) + r + 1] = 0$

Das ist letztlich

$r^2 + 1 = 0$

4. Die Nullstellen sind also

$r_1 = i$ und $r_2 = -i$

5. Dieser ganze Aufwand führt schließlich zu der folgenden allgemeinen Lösung der Differentialgleichung:

$y = c_1 \cos(\ln|x|) + c_2 \sin(\ln|x|),$

$x \neq 0$

Aufgabe 7

Bestimmen Sie die Lösung für diese Differentialgleichung:

$$x^2 \frac{d^2y}{dx^2} + 4x \frac{dy}{dx} + 2y = 0$$

Lösung

Aufgabe 8

Lösen Sie die folgende Differentialgleichung:

$$x^2 \frac{d^2y}{dx^2} + 5x \frac{dy}{dx} + 3y = 0$$

Lösung

Aufgabe 9

Bestimmen Sie die Lösung für diese Differentialgleichung:

$$x^2 \frac{d^2y}{dx^2} + 6x \frac{dy}{dx} + 6y = 0$$

Lösung

Aufgabe 10

Lösen Sie die folgende Differentialgleichung:

$$x^2 \frac{d^2y}{dx^2} + 3x \frac{dy}{dx} + y = 0$$

Lösung

Allgemeine Differentialgleichungen mit regulären singulären Punkten lösen

In diesem Abschnitt wird schließlich alles zusammengefasst, was Sie im gesamten Kapitel gelernt haben (wenn Sie also die vorigen Abschnitte nicht gelesen haben, sollten Sie gegebenenfalls zurückblättern). Alles klar? Betrachten Sie dazu die folgende allgemeine Differentialgleichung und gehen Sie davon aus, dass sie einen regulären singulären Punkt an der Stelle $x = 0$ hat:

$$\frac{d^2y}{dx^2} - p(x)\frac{dy}{dx} + q(x)y = 0$$

Multiplizieren Sie mit x^2, um sicherzustellen, dass die Terme $xp(x)$ und $x^2q(x)$ (von denen mindestens einer einen singulären Punkt an der Stelle $x = 0$ hat) in eine Reihe expandiert werden können:

$$xp(x) = \sum_{n=0}^{\infty} p_n x^n$$

und

$$x^2 q(x) = \sum_{n=0}^{\infty} q_n x^n$$

Die Euler-Gleichung für die gezeigte Differentialgleichung ist

$$x^2 \frac{d^2y}{dx^2} - p_0 x \frac{dy}{dx} + q_0 y = 0$$

Das bedeutet, Sie können davon ausgehen, dass die Euler-Gleichung eine Lösung der folgenden Form hat:

$$y = x^r$$

Um die Tatsache zu berücksichtigen, dass die bearbeitete Differentialgleichung keine exakte Euler-Gleichung ist, fügen Sie der Lösung eine Reihen-Erweiterung hinzu (mit der Annahme, dass der Term $n = 0$ der größte Term ist, und alle anderen Terme schnell abnehmen):

$$y = \sum_{n=0}^{\infty} q_0 x^{n+1}$$

Das Ergebnis hat die Form Ihrer angenommenen Lösung, vorausgesetzt, die zu lösende Differentialgleichung unterscheidet sich nicht zu stark von der Euler-Gleichung.

Setzen Sie y, y' und y'' in die Differentialgleichung ein, um Folgendes zu erhalten:

$$a_0 f(r) x^r + \sum_{n=1}^{\infty} \left[f(n+r)a_n + \sum_{m=0}^{n-1} a_m[(m+r)p_{n-m} + q_{n-m}] \right] x^{n+r} = 0$$

mit

$f(r) = r(r+1) + p_0 r + q_0$

und

$p_0 = \lim_{x \to 0} x p(x)$

und

$q_0 = \lim_{x \to 0} x^2 q(x)$

Wenn Sie alle diese Informationen zusammensetzen, erhalten Sie die folgende rekursive Beziehung (weitere Informationen über die Rekursion finden Sie in Kapitel 8), womit Sie die Koeffizienten a_n finden können:

$a_n = \dfrac{-\sum_{m=0}^{n-1} a_m[(m+r)p_{n-m} + q_{n-m}]}{f(n+r)}, \quad n \geq 1$

Hinweis: Wenn Sie nicht sicher sind, ob Sie alles verstehen, was Sie für die obige Gleichung benötigen, lesen Sie den formalen Satz in *Differentialgleichungen für Dummies* (Wiley) nach.

Die hier bearbeitete Differentialgleichung hat zwei Lösungen, y_1 und y_2, die den beiden Nullstellen r_1 und r_2 ihrer charakteristischen Gleichung entsprechen. Die erste Lösung, y_1, lautet

$y_1 = |x^{r_1}| \left[1 + \sum_{n=1}^{\infty} a_n(r_1) x^n \right], \quad x \neq 0$

Dabei sind $a_n(r_1)$ die Koeffizienten unter Verwendung der ersten Nullstelle, r_1.

Wenn $r_1 \neq r_2$, und r_1 und r_2 sich nicht um eine ganze Zahl unterscheiden, ist die zweite Lösung gegeben durch

$y_2 = |x^{r_2}| \left[1 + \sum_{n=1}^{\infty} a_n(r_2) x^n \right], \quad x \neq 0$

Dabei sind $a_n(r_2)$ die Koeffizienten unter Verwendung der zweiten Nullstelle, r_2.

In den folgenden Aufgaben üben Sie die Lösung von Differentialgleichungen, die der Euler-Gleichung sehr ähnlich sehen.

Frage

Bestimmen Sie die Euler-Gleichung, die dieser Differentialgleichung ähnlich ist. Anschließend bestimmen Sie die beiden Nullstellen der Euler-Gleichung, r_1 und r_2:

$$2x^2 \frac{d^2y}{dx^2} - x\frac{dy}{dx} + (1+x)y = 0$$

Antwort

$$2x^2 \frac{d^2y}{dx^2} - x\frac{dy}{dx} + (1+x)y = 0$$

Nullstellen = 1, ½

1. Bringen Sie die Differentialgleichung in die folgende Form:

$$x^2 \frac{d^2y}{dx^2} - x[xp(x)]\frac{dy}{dx} + [x^2 q(x)]y = 0$$

Damit erhalten Sie

$$p(x) = \frac{1}{x}$$

und

$$q(x) = \frac{(1+x)}{x^2}$$

2. Die Euler-Gleichung, die Ihrer Differentialgleichung am ähnlichsten ist, lautet

$$x^2 \frac{d^2y}{dx^2} - p_0 x \frac{dy}{dx} + q_0 y = 0$$

mit

$$p_0 = \lim_{x \to 0} x p(x)$$

und

$$q_0 = \lim_{x \to 0} x^2 q(x)$$

somit ist

$$p_0 = 1 \quad \text{und} \quad q_0 = 1$$

3. Die Euler-Gleichung ist also

$$2x^2 \frac{d^2y}{dx^2} - x\frac{dy}{dx} + y = 0$$

4. Um die Nullstellen der Euler-Gleichung zu bestimmen, setzen Sie diese Form von y in die Euler-Gleichung ein:

$$y = x^r$$

5. Setzen Sie y ein und dividieren Sie durch x^r, um schließlich Folgendes zu erhalten:

$$2r^2 - 3r + 1 = 0$$

6. Faktorisieren Sie die resultierende charakteristische Gleichung wie folgt:

$$(r-1)(2r-1) = 0$$

7. Die Nullstellen sind also

$$r_1 = 1 \quad \text{und} \quad r_2 = 1/2$$

Aufgabe 11

Bestimmen Sie die Euler-Gleichung, die dieser Differentialgleichung ähnlich ist. Anschließend bestimmen Sie die beiden Nullstellen der Euler-Gleichung, r_1 und r_2:

$$4x^2\frac{d^2y}{dx^2} - 2x\frac{dy}{dx} + 2(1+x^2)y = 0$$

Lösung

Aufgabe 12

Bestimmen Sie die Euler-Gleichung, die dieser Differentialgleichung ähnlich ist. Anschließend bestimmen Sie die beiden Nullstellen der Euler-Gleichung, r_1 und r_2:

$$2x^2\frac{d^2y}{dx^2} - 3x\frac{dy}{dx} + (2+2x+x^2)y = 0$$

Lösung

Lösungen für die Aufgaben zu Differentialgleichungen mit Serienlösungen in der Nähe singulärer Punkte

Hier folgen die Lösungen zu den Übungsaufgaben aus diesem Kapitel. Die einzelnen Schritte sind genau aufgezeigt, so dass Sie gegebenenfalls nachlesen können, falls Sie an irgendeiner Stelle nicht mehr weiterwissen.

1. **Welche singulären Punkte hat die folgende Differentialgleichung?**

$$x^2\frac{d^2y}{dx^2} + (8-x^3)\frac{dy}{dx} + (1-9x)y = 0$$

Lösung:

$x_1 = 0$ und $x_2 = 0$

  a) **Bringen Sie die Gleichung in die folgende Form:**

$$\frac{d^2y}{dx^2} + p(x)\frac{dy}{dx} + q(x)y = 0$$

mit

$p(x) = Q(x)/P(x)$

und

$$q(x) = R(x)/P(x)$$

Damit erhalten Sie

$$\frac{d^2y}{dx^2} + \frac{(8-x^3)}{x^2}\frac{dy}{dx} + \frac{(1-9x)}{x^2}y = 0$$

b) **Deshalb ist**

$$p(x) = \frac{(8-x^3)}{x^2}$$

und

$$q(x) = \frac{(1-9x)}{x^2}$$

c) Offenbar werden $p(x)$ und $q(x)$ unbegrenzt, wenn $x^2 = 0$, deshalb sind die singulären Punkte $x_1 = 0$ und $x_2 = 0$.

2. Bestimmen Sie die singulären Punkte der folgenden Gleichung:

$$(x-9)\frac{d^2y}{dx^2} - x^3\frac{dy}{dx} + \frac{1}{x^2}y = 0$$

Lösung:

$x_1 = 9$ und $x_2 = 0$

a) Wandeln Sie die Differentialgleichung in die folgende Form um:

$$\frac{d^2y}{dx^2} + p(x)\frac{dy}{dx} + q(x)y = 0$$

mit

$$p(x) = Q(x)/P(x)$$

und

$$q(x) = R(x)/P(x)$$

b) **Damit haben Sie**

$$\frac{d^2y}{dx^2} - \frac{x^3}{(x-9)}\frac{dy}{dx} + \frac{y}{(x-9)x^2} = 0$$

das bedeutet

$$p(x) = -\frac{x^3}{(x-9)}$$

und

$$q(x) = \frac{1}{(x-9)x^2}$$

9 ➤ Differentialgleichungen mit Reihenlösungen

c) Anhand dieser Antworten erkennen Sie, dass $p(x)$ und $q(x)$ unbegrenzt werden, wenn $x - 9 = 0$ (und dass $q(x)$ ebenfalls unbegrenzt wird, wenn $x = 0$), deshalb sind die singulären Punkte $x_1 = 9$ und $x_2 = 0$.

3. Welche singulären Punkte hat die folgende Differentialgleichung?

$$x^2 \frac{d^2y}{dx^2} - x^3 \frac{dy}{dx} + x^2 y = 0$$

Lösung:

$x_1 = \infty$ und $x_2 = -\infty$

a) Bringen Sie die Gleichung in die folgende Form:

$$\frac{d^2y}{dx^2} + p(x)\frac{dy}{dx} + q(x)y = 0$$

mit

$p(x) = Q(x)/P(x)$

und

$q(x) = R(x)/P(x)$

Damit erhalten Sie

$$\frac{d^2y}{dx^2} + x\frac{dy}{dx} + y = 0$$

b) Aus diesem Grund ist

$p(x) = -x$

und

$q(x) = 1$

c) Offenbar werden $p(x)$ und $q(x)$ überall unbegrenzt, wenn $x \to \pm\infty$, deshalb sind die singulären Punkte $x_1 = \infty$ und $x_2 = -\infty$.

4. Bestimmen Sie die singulären Punkte der folgenden Gleichung:

$$(x^2 + 3x + 2)\frac{d^2y}{dx^2} + \frac{dy}{dx} + y = 0$$

Lösung:

$x_1 = -1$ und $x_2 = -2$

a) Wandeln Sie die Differentialgleichung in die folgende Form um:

$$\frac{d^2y}{dx^2} + p(x)\frac{dy}{dx} + q(x)y = 0$$

mit

$p(x) = Q(x)/P(x)$

und

$q(x) = R(x)/P(x)$

b) Jetzt haben Sie

$$\frac{d^2y}{dx^2} + \frac{1}{(x^2+3x+2)}\frac{dy}{dx} + \frac{y}{(x^2+3x+2)} = 0$$

das bedeutet

$$p(x) = \frac{1}{(x^2+3x+2)}$$

und

$$q(x) = \frac{1}{(x^2+3x+2)}$$

c) Anhand dieser Lösungen erkennen Sie, dass die Nullstellen der Nenner gleich -1 und -2 sind. Ihre singulären Punkte sind also $x_1 = -1$ und $x_2 = -2$.

5. Sind die singulären Punkte dieser Differentialgleichung regulär oder irregulär?

$$x\frac{d^2y}{dx^2} + \frac{y}{x} = 0$$

Lösung: Die singulären Punkte sind regulär.

a) Bringen Sie für die Lösung zunächst die Gleichung in die folgende Form:

$$\frac{d^2y}{dx^2} + p(x)\frac{dy}{dx} + q(x)y = 0$$

mit

$p(x) = Q(x)/P(x)$

und

$q(x) = R(x)/P(x)$

Damit erhalten Sie

$$\frac{d^2y}{dx^2} + \frac{y}{x^2} = 0$$

b) Aus diesem Grund ist

$p(x) = 0$

und

$$q(x) = \frac{1}{x^2}$$

Die singulären Punkte sind also $x_1 = 0$ und $x_2 = 0$.

c) **Im nächsten Schritt werten Sie Folgendes aus:**

$$\lim_{x \to x_0} (x - x_0)p(x)$$

Die singulären Punkte, x_0, sind beide 0, dieser Ausdruck wird also zu

$$\lim_{x \to 0} 0$$

und der Wert des Ausdrucks ist 0, was ist endlich.

d) **Sie sind jedoch noch nicht fertig. Jetzt betrachten Sie**

$$\lim_{x \to x_0} (x - x_0)^2 q(x)$$

Die singulären Punkte, x_0, sind beide 0, dieser Ausdruck wird also zu

$$\lim_{x \to 0} 1$$

und der Wert des Ausdrucks ist 1, was endlich ist.

e) **Weil die Grenzwerte endlich sind, sind die singulären Punkte regulär.**

6. Stellen Sie fest, ob die singulären Punkte dieser Gleichung regulär oder irregulär sind.

$$\frac{d^2 y}{dx^2} + \frac{y}{(x^2 - 4)} = 0$$

Lösung: Die singulären Punkte sind regulär.

a) **Das Erste zuerst. Wandeln Sie die Gleichung in die folgende Form um:**

$$\frac{d^2 y}{dx^2} + p(x)\frac{dy}{dx} + q(x)y = 0$$

mit

$$p(x) = Q(x)/P(x)$$

und

$$q(x) = R(x)/P(x)$$

b) **Jetzt haben Sie**

$$\frac{d^2 y}{dx^2} + \frac{y}{(x^2 - 4)} = 0$$

das bedeutet

$$p(x) = 0$$

und

$$q(x) = \frac{1}{(x^2 - 4)}$$

Die singulären Punkte sind also $x_1 = 2$ und $x_2 = -2$.

c) Berechnen Sie Folgendes:

$$\lim_{x \to x_0} (x - x_0)p(x)$$

Der erste singuläre Punkt ist 2, dieser Ausdruck wird also zu

$$\lim_{x \to 2}(x - 2)(0)$$

und der Wert des Ausdrucks ist 0, was endlich ist.

Der zweite singuläre Punkt ist −2, der Ausdruck wird also zu

$$\lim_{x \to -2} (x + 2)$$

und der Wert des Ausdrucks ist 0, was endlich ist.

d) Jetzt berechnen Sie Folgendes:

$$\lim_{x \to x_0} (x - x_0)^2 q(x)$$

Der erste singuläre Punkt ist 2, der Grenzwert wird also zu

$$\lim_{x \to 2} \frac{(x - 2)^2}{(x^2 - 4)}$$

das ist gleich

$$\lim_{x \to 2} \frac{(x - 2)^2}{(x - 2)(x + 2)}$$

und das wiederum ist

$$\lim_{x \to 2} \frac{(x - 2)}{(x + 2)}$$

Der Wert dieses Ausdrucks ist 0, was endlich ist.

Der zweite singuläre Punkt ist −2, der Grenzwert wird also zu

$$\lim_{x \to -2} \frac{(x + 2)^2}{(x^2 - 4)}$$

das ist gleich

$$\lim_{x \to -2} \frac{(x + 2)^2}{(x - 2)(x + 2)}$$

und das wiederum ist

$$\lim_{x \to -2} \frac{(x + 2)}{(x - 2)}$$

Der Wert dieses Ausdrucks ist 0, was endlich ist.

e) Die Grenzwerte sind endlich. Und was bedeutet das? Die Grenzwerte sind regulär!

7. **Bestimmen Sie die Lösung für diese Differentialgleichung:**

$$x^2 \frac{d^2y}{dx^2} + 4x \frac{dy}{dx} + 2y = 0$$

Lösung:

$$y = c_1 x^{-1} + c_2 x^{-2}$$

a) Diese Differentialgleichung hat die Form der folgenden Euler-Gleichung:

$$x^2 \frac{d^2y}{dx^2} + \alpha x \frac{dy}{dx} + \beta y = 0$$

das bedeutet, Sie können sicher davon ausgehen, dass ihre Lösung wie folgt aussieht:

$$y = x^r$$

b) Wenn Sie Ihre angenommene Lösung in die Differentialgleichung einsetzen, erhalten Sie

$$[r(r-1) + 4r + 2]x^r = 0$$

oder

$$[r(r-1) + 4r + 2] = 0$$

das ist gleich

$$r^2 + 3r + 2 = 0$$

c) Faktorisieren Sie diese Gleichung, um Folgendes zu erhalten:

$$(r+1)(r+2) = 0$$

d) Die Nullstellen ergeben sich somit als

$$r_1 = -1 \quad \text{und} \quad r_2 = -2$$

e) Die allgemeine Lösung für die Gleichung lautet also

$$y = c_1 x^{-1} + c_2 x^{-2}$$

8. **Lösen Sie die folgende Differentialgleichung:**

$$x^2 \frac{d^2y}{dx^2} + 5x \frac{dy}{dx} + 3y = 0$$

Lösung:

$$y = c_1 x^{-1} + c_2 x^{-3}$$

a) Beachten Sie, dass die betrachtete Gleichung die Form einer Euler-Gleichung hat:

$$x^2 \frac{d^2y}{dx^2} + \alpha x \frac{dy}{dx} + \beta y = 0$$

b) Gehen Sie davon aus, dass die Lösung die folgende Form hat:

$$y = x^r$$

c) Setzen Sie Ihre angenommene Lösung in die Gleichung ein, um Folgendes zu erhalten:

$[r(r-1) + 5r + 3]x^r = 0$

oder

$[r(r-1) + 5r + 3] = 0$

das ist

$r^2 + 4r + 3 = 0$

d) Durch Faktorisieren dieser Gleichung erhalten Sie

$(r+1)(r+3) = 0$

e) Die Nullstellen sind also

$r_1 = -1$ und $r_2 = -3$

f) Die allgemeine Lösung für die Differentialgleichung lautet also

$y = c_1 x^{-1} + c_2 x^{-3}$

9. Bestimmen Sie die Lösung für diese Differentialgleichung:

$$x^2 \frac{d^2 y}{dx^2} + 6x \frac{dy}{dx} + 6y = 0$$

Lösung:

$$y = c_1 x^{-2} + c_2 x^{-3}$$

a) Diese Differentialgleichung hat die Form der Euler-Gleichung

$$x^2 \frac{d^2 y}{dx^2} + \alpha x \frac{dy}{dx} + \beta y = 0$$

Sie können also sicher davon ausgehen, dass die Lösung wie folgt aussieht:

$y = x^r$

b) Setzen Sie Ihre angenommene Lösung in die Differentialgleichung ein, um Folgendes zu erhalten:

$[r(r-1) + 6r + 6]x^r = 0$

oder

$[r(r-1) + 6r + 6] = 0$

das ist

$r^2 + 5r + 6 = 0$

c) Durch Faktorisieren dieser Gleichung erhalten Sie

$(r+2)(r+3) = 0$

d) Die Nullstellen ergeben sich als

$r_1 = -2$ und $r_2 = -3$

e) Die allgemeine Lösung für die Differentialgleichung lautet also

$y = c_1 x^{-2} + c_2 x^{-3}$

10. Lösen Sie die folgende Differentialgleichung:

$$x^2 \frac{d^2 y}{dx^2} + 3x \frac{dy}{dx} + y = 0$$

Lösung:

$y = c_1 x^{-1} + c_2 \ln(x) x^{-1}$

a) Beachten Sie, dass die betrachtete Gleichung die Form der Euler-Gleichung hat:

$$x^2 \frac{d^2 y}{dx^2} + \alpha x \frac{dy}{dx} + \beta y = 0$$

b) Gehen Sie davon aus, dass Ihre Lösung die folgende Form hat:

$y = x^r$

c) Jetzt setzen Sie Ihre angenommene Lösung in die Gleichung ein, um Folgendes zu erhalten:

$[r(r-1) + 3r + 1]x^r = 0$

oder

$[r(r-1) + 3r + 1] = 0$

das ist

$r^2 + 2r + 1 = 0$

d) Durch Faktorisieren dieser Gleichung erhalten Sie:

$(r+1)(r+1) = 0$

e) Die Nullstellen sind also

$r_1 = -1$ und $r_2 = -1$

f) Die allgemeine Lösung für die Differentialgleichung lautet also

$y = c_1 x^{-1} + c_2 \ln(x) x^{-1}$

11. Bestimmen Sie die Euler-Gleichung, die dieser Differentialgleichung ähnlich ist. Anschließend bestimmen Sie die beiden Nullstellen der Euler-Gleichung, r_1 und r_2:

$$4x^2 \frac{d^2 y}{dx^2} - 2x \frac{dy}{dx} + 2(1 + x^2)y = 0$$

Lösung:

$$x^2 \frac{d^2y}{dx^2} - \frac{x}{2}\frac{dy}{dx} + \frac{y}{2} = 0$$

Nullstellen = 1, ½

a) Bringen Sie zuerst die Differentialgleichung in die folgende Form:

$$x^2 \frac{d^2y}{dx^2} - x[xp(x)]\frac{dy}{dx} + [x^2 q(x)]y = 0$$

Damit erhalten Sie

$$p(x) = \frac{1}{2x}$$

und

$$q(x) = \frac{(1+x^2)}{2x^2}$$

b) Die folgende Euler-Gleichung ist Ihrer Differentialgleichung am ähnlichsten:

$$x^2 \frac{d^2y}{dx^2} - p_0 x \frac{dy}{dx} + q_0 y = 0$$

mit

$$p_0 = \lim_{x \to 0} x p(x)$$

und

$$q_0 = \lim_{x \to 0} x^2 q(x)$$

somit ist

$$p_0 = 1/2 \quad \text{und} \quad q_0 = 1/2$$

c) Die Euler-Gleichung ist also

$$x^2 \frac{d^2y}{dx^2} - \frac{x}{2}\frac{dy}{dx} + \frac{y}{2} = 0$$

d) Durch Multiplikation mit 2 erhalten Sie

$$2x^2 \frac{d^2y}{dx^2} - x\frac{dy}{dx} + y = 0$$

e) Um die Nullstellen der Euler-Gleichung zu erhalten, setzen Sie diese Form von y in die Euler-Gleichung ein:

$$y = x^r$$

f) Setzen Sie y ein und dividieren Sie x^r, um Folgendes zu erhalten:

$$2r(r-1) + r + 1 = 0$$

Dies können Sie expandieren zu

$$2r^2 - 3r + 1 = 0$$

g) **Faktorisieren Sie die resultierende charakteristische Gleichung wie folgt:**

$$(r-1)(2r-1) = 0$$

h) **Die Nullstellen sind also**

$$r_1 = 1 \quad \text{und} \quad r_2 = 1/2$$

12. Bestimmen Sie die Euler-Gleichung, die dieser Differentialgleichung ähnlich ist. Anschließend bestimmen Sie die beiden Nullstellen der Euler-Gleichung, r_1 und r_2:

$$2x^2 \frac{d^2y}{dx^2} - 3x \frac{dy}{dx} + (2 + 2x + x^2)y = 0$$

Lösung:

$$2x^2 \frac{d^2y}{dx^2} - 3x \frac{dy}{dx} + 2y = 0$$

Nullstellen = 2, ½

a) Bringen Sie zuerst die Differentialgleichung in die folgende Form:

$$x^2 \frac{d^2y}{dx^2} - x[xp(x)] \frac{dy}{dx} + [x^2 q(x)]y = 0$$

Damit wissen Sie, dass

$$p(x) = \frac{-3}{x}$$

und

$$q(x) = \frac{(2 + 2x + x^2)}{x^2}$$

b) Diese Euler-Gleichung ist Ihrer Differentialgleichung am ähnlichsten:

$$x^2 \frac{d^2y}{dx^2} - p_0 x \frac{dy}{dx} + q_0 y = 0$$

mit

$$p_0 = \lim_{x \to 0} x p(x)$$

und

$$q_0 = \lim_{x \to 0} x^2 q(x)$$

somit ist

$$p_0 = -3 \quad \text{und} \quad q_0 = 2$$

c) Die Euler-Gleichung ist also

$$2x^2 \frac{d^2y}{dx^2} - 3x \frac{dy}{dx} + 2y = 0$$

d) Setzen Sie diese Form von y in die Euler-Gleichung ein, um die Nullstellen der Gleichung zu finden:

$$y = x^r$$

e) Wenn Sie y einsetzen und durch x^r dividieren, erhalten Sie

$$2r(r-1) - 3r + 2 = 0$$

Dies können Sie expandieren zu

$$2r^2 - 5r + 2 = 0$$

f) Durch Faktorisieren der charakteristischen Gleichung erhalten Sie

$$(r-2)(2r-1) = 0$$

g) Die Nullstellen ergeben sich damit als

$$r_1 = 2 \quad \text{und} \quad r_2 = 1/2$$

Differentialgleichungen mit Laplace-Transformationen lösen

In diesem Kapitel...

▶ Laplace-Transformationen manuell berechnen oder in einer Tabelle nachschlagen
▶ Laplace-Transformationen anwenden, wenn Ableitungen im Spiel sind
▶ Differentialgleichungen mit Hilfe von Laplace-Transformationen lösen

---

Laplace-Transformationen, eine Art Integraltransformation, sind ein weiteres praktisches Werkzeug für die Lösung von Differentialgleichungen. Sie haben den großen Vorteil, dass man mit ihnen Differentialgleichungen in algebraische Aufgaben umwandeln kann. Anschließend können Sie mit Hilfe der Algebra Terme gruppieren und prüfen, ob anschließend die erkennbare Laplace-Transformation von irgendetwas vorliegt. Ist dies der Fall, können Sie die umgekehrte Laplace-Transformation anwenden und erhalten unmittelbar auch Ihre Lösung.

Wissen Sie, wie eine Laplace-Transformation aussieht? Betrachten Sie beispielsweise die folgende Standard-Differentialgleichung:

$$y'' + 5y' + 6y = 0$$

Jetzt bestimmen Sie die Laplace-Transformation dafür, die wie folgt aussieht (beachten Sie, dass der $\mathcal{L}\{y\}$-Term immer eine Laplace-Transformation kennzeichnet):

$$\mathcal{L}\{y\} = \frac{1}{(s+2)} + \frac{1}{(s+3)}$$

Anschließend brauchen Sie Tabellen mit Laplace-Transformationen. Wenn Sie die Laplace-Transformation von irgendetwas identifizieren können, sind Sie schon im Geschäft!

In diesem Kapitel üben Sie, Laplace-Transformationen zu erkennen und anschließenden Gleichungen damit zu lösen.

Laplace-Transformationen erkennen

Um die Magie der Laplace-Transformationen freizusetzen, müssen Sie sie für die jeweilige Differentialgleichung erkennen. Aus diesem Grund üben Sie in diesem Abschnitt die Berechnung von Laplace-Transformationen verschiedener mathematischer Ausdrücke, wie etwa von Exponential- und trigonometrischen Funktionen.

Eine allgemeine Integraltransformation sieht wie folgt aus (beachten Sie, dass es sich hierbei noch nicht um eine Laplace-Transformation handelt):

$$F(x) = \int_{\alpha}^{\beta} K(s,t)f(t)dt$$

In diesem Fall ist $f(t)$ die Funktion, für die Sie eine Integralfunktion durchführen, und $F(x)$ ist die Transformation. $K(s, t)$ ist der so genannte Kern der Transformation, nämlich die Funktion, die Sie in das Integral einbringen. (Bei der Berechnung einer Laplace-Transformation wählen sie einen eigenen Kern, weil Sie damit die Möglichkeit haben, Ihre Differentialgleichung zu vereinfachen.) Die Integrationsgrenzen, α und β, können beliebig gewählt werden, aber die gebräuchlichsten Grenzen für Laplace-Transformationen sind 0 und $+\infty$.

Um eine Laplace-Transformation manuell zu berechnen, gehen Sie wie folgt vor:

1. **Wählen Sie einen Kern, der eine Differentialgleichung in etwas Einfacheres umwandelt.**

2. **Versuchen Sie, die Transformation zu invertieren, um die Lösung Ihrer ursprünglichen Differentialgleichung zu erhalten.**

Wenn Sie sich auf Differentialgleichungen mit konstanten Koeffizienten beschränken, wie es in diesem Kapitel der Fall sein wird, ist e^{-st} ein ganz sinnvoller Kern. Durch die Differenzierung nach t erhalten Sie Potenzen von s, die Sie den konstanten Koeffizienten gleichsetzen können.

Für die obige Gleichung könnte ein solcher praktischer Kern wie folgt aussehen (beachten Sie, dass neben dem Kern e^{-st} die Integrationsgrenzen von 0 bis ∞ gehen):

$$F(s) = \int_{0}^{\infty} e^{-st} f(t) dt$$

Das Symbol für Laplace-Transformationen ist $\mathcal{L}\{f(t)\}$, das ist die Laplace-Transformation von $f(t)$. Somit könnte die Laplace-Transformation für die obige Gleichung wie folgt aussehen:

$$\mathcal{L}\{f(t)\} = F(s) = \int_{0}^{\infty} e^{-st} f(t) dt$$

Die gute Nachricht ist, dass Sie nicht immer partiell integrieren müssen, um Laplace-Transformationen zu finden. Manchmal können Sie stattdessen auch eine Tabelle mit Laplace-Transformationen verwenden. Dazu schlagen Sie einfach die Laplace-Transformation einer Differentialgleichung in einer Tabelle mit Laplace-Transformationen nach (siehe beispielsweise Tabelle 10.1), um festzustellen, ob Sie irgendwelche Terme erkennen können. Die Bestimmung der inversen Laplace-Transformation von Termen ist einfach: Sie suchen einfach den richtigen Eintrag in der Tabelle!

Tabelle 10.1: Laplace-Transformationen üblicher Funktionen

Funktion	Laplace-Transformation	Einschränkungen
1	$\dfrac{1}{x}$	$s > 0$
e^{at}	$\dfrac{1}{s-a}$	$s > a$
t^n	$\dfrac{n!}{s^{n+1}}$	$s > 0$, n eine ganze Zahl > 0
$\cos at$	$\dfrac{s}{s^2 + a^2}$	$s > 0$
$\sin at$	$\dfrac{a}{s^2 + a^2}$	$s > 0$
$\cosh at$	$\dfrac{s}{s^2 - a^2}$	$s > |a|$
$\sinh at$	$\dfrac{a}{s^2 - a^2}$	$s > |a|$
$e^{at} \cos bt$	$\dfrac{s-a}{(s-a)^2 + b^2}$	$s > a$
$e^{at} \sin bt$	$\dfrac{b}{(s-a)^2 + b^2}$	$s > a$
$t^n e^{at}$	$\dfrac{n!}{(s-a)^{n+1}}$	$s > a$, n eine ganze Zahl > 0
$f(xt)$	$\dfrac{1}{c} L\left\{f\left(\dfrac{s}{c}\right)\right\}$	$c > 0$
$f^{(n)}(t)$	$s^n L\{f(t)\} - s^{n-1} f(0) - \cdots - s f^{(n-2)}(0)$ $- f^{(n-2)}(0) - f^{(n-1)}(0)$	

Sehr wahrscheinlich gibt es keine Tabelle, die alle mathematischen Ausdrücke enthält, für die Sie eine Laplace-Transformation finden sollen, deshalb sollten Sie auch immer wieder üben, die Laplace-Transformation manuell durchzuführen.

Genug der Theorie! Sind Sie bereit für ein paar Laplace-Transformationen? Sehen Sie sich die folgenden Aufgaben an und versuchen Sie, sie manuell zu berechnen (statt in Tabelle 10.1 nachzuschlagen).

Frage
Wie lautet die Laplace-Transformation von $\sin(at)$?

Antwort
$$\mathcal{L}\{\sin at\} = \frac{a}{s^2 + a^2} \quad s > 0$$

1. Beginnen Sie mit der allgemeinen Form der Laplace-Transformationen und setzen Sie e^{-st} als Kern ein:

$$\mathcal{L}\{\sin at\} = \int_0^\infty \sin at \, e^{-st} dt$$

2. Führen Sie eine partielle Integration durch, um Folgendes zu erhalten

$$\mathcal{L}\{\sin at\}$$
$$= -\frac{e^{-st} \cos at}{a}\bigg|_0^\infty - \frac{s}{a}\int_0^\infty \cos at \, e^{-st} dt$$

Das ergibt schließlich

$$\mathcal{L}\{\sin at\} = -\frac{1}{a} - \frac{s}{a}\int_0^\infty \cos at \, e^{at} dt$$

3. Beachten Sie, dass der zweite Term dem ursprünglichen Integral ganz ähnlich ist, außer dass hier der Kosinus erscheint. Wenn Sie erneut partiell integrieren, haben Sie wieder ein Integral, das den Sinus verwendet:

$$\mathcal{L}\{\sin at\} = -\frac{1}{a} - \frac{s^2}{a^2}\int_0^\infty \sin at \, e^{-st} dt$$

4. Der zweite Term ist eigentlich $\frac{s^2}{a^2}$ multipliziert mit $\mathcal{L}\{\sin at\}$, d.h. die Gleichung wird zu

$$\mathcal{L}\{\sin at\} = -\frac{1}{a} - \frac{s^2}{a^2}\mathcal{L}\{\sin at\}$$

5. Diese Gleichung können Sie wie folgt umformen:

$$\mathcal{L}\{\sin at\} + \frac{s^2}{a^2}\mathcal{L}\{\sin at\} = -\frac{1}{a}$$

oder

$$\frac{s^2 + a^2}{a^2}\mathcal{L}\{\sin at\} = -\frac{1}{a}$$

was schließlich Folgendes ergibt

$$\mathcal{L}\{\sin at\} = -\frac{a}{s^2 + a^2} \quad s > 0$$

10 ➤ Differentialgleichungen mit Laplace-Transformationen lösen

Aufgabe 1
Wie lautet die Laplace-Transformation für 1 (d.h. $f(t) = 1$)?

$\mathcal{L}\{1\} = ?$

Lösung

Aufgabe 2
Berechnen Sie die Laplace-Transformation von e^{at} (d.h. $f(t) = e^{at}$):

$\mathcal{L}\{e^{at}\} = ?$

Lösung

Berechnung der Laplace-Transformationen von Ableitungen

Gelegentlich trifft man auf Differentialgleichung wie die Folgende, für die es nicht ganz einfach ist, die Laplace-Transformation zu bestimmen:

$y'' + 5y' + 6y = 0$

Um die Laplace-Transformation einer Ableitung zu bestimmen, befolgen Sie diese Regel für Laplace-Transformationen von Ableitungen:

$$\mathcal{L}\{y^{(n)}\} = s^n \mathcal{L}\{y\} - \sum_{k=1}^{n} s^{k-1} y^{(n-k)}(0)$$

Unter Anwendung dieser Regel erhalten Sie

$\mathcal{L}\{y''\} = s^2 \mathcal{L}\{y\} - sy(0) - y'(0)$

und

$\mathcal{L}\{y'\} = s\mathcal{L}\{y\} - y(0)$

Im folgenden Beispiel zeige ich Ihnen schrittweise, wie Sie die Laplace-Transformationen von Ableitungen finden. Anschließend erhalten Sie mehrfach die Gelegenheit, das Ganze selbst auszuprobieren.

Frage
Wie lautet die Laplace-Transformation von y'''?

Antwort
$\mathcal{L}\{y'''\}$
$= s^3\mathcal{L}\{y\} - y''(0) - sy'(0) - s^2y(0)$

1. Wenden Sie die Regel für Laplace-Transformationen für Ableitungen an:

$$\mathcal{L}\{y^{(n)}\} = s^n\mathcal{L}\{y\} - \sum_{k=1}^{n} s^{k-1} y^{(n-k)}(0)$$

2. Zuerst der $k = 1$-Term:

$\mathcal{L}\{y'''\}$
$$= s^3\mathcal{L}\{y\} - y''(0) - \sum_{k=2}^{3} s^{k-1} y^{(n-k)}(0)$$

3. Anschließend der $k = 2$-Term:

$\mathcal{L}\{y'''\} = s^3\mathcal{L}\{y\} - y''(0) - sy'(0)$
$$-\sum_{k=3}^{3} s^{k-1} y^{(n-k)}(0)$$

4. Und schließlich der $k = 3$-Term:

$\mathcal{L}\{y'''\}$
$= s^3\mathcal{L}\{y\} - y''(0) - sy'(0) - s^2y(0)$

Aufgabe 3
Bestimmen Sie die Laplace-Transformation von $y^{(4)}$:

Lösung

Aufgabe 4
Wie lautet die Laplace-Transformation von $y^{(5)}$?

Lösung

Mit Laplace-Transformationen Differentialgleichungen lösen

In den vorigen Abschnitten haben Sie alle Werkzeuge erhalten, die Sie für die Lösung von Differentialgleichungen mit Laplace-Transformationen brauchen. (Wenn dies nicht der Fall ist, blättern Sie am besten zurück und lesen die vorigen Abschnitte dieses Kapitels genauer.) Anhand der folgenden Übungsaufgaben können Sie Ihre Fertigkeiten testen, verschiedene Differentialgleichungen mit Hilfe von Laplace-Transformationen zu lösen. Falls Sie sich der Herausforderung gewachsen fühlen, können Sie gleich zu Frage 5 weiterblättern, andernfalls sehen Sie sich das Folgende schrittweise erklärte Beispiel genauer an.

Frage
Lösen Sie diese Differentialgleichung mit Hilfe von Laplace-Transformationen:

$y'' + 4y' + 3y = 0$

mit den Anfangsbedingungen

$y(0) = 2$

und

$y'(0) = -4$

Antwort
$y = e^{-x} + e^{-3x}$

1. Bestimmen Sie die Laplace-Transformation von

   $y'' + 4y' + 3y = 0$

   um Folgendes zu erhalten:

   $\mathcal{L}\{y''\} + 4\mathcal{L}\{y'\} + 3\mathcal{L}\{y\}$

2. Beachten Sie, dass die folgende Gleichung die Laplace-Transformation von y'' ist:

   $\mathcal{L}\{y''\} = s^2\mathcal{L}\{y\} - sy(0) - y'(0)$

   und dass diese Gleichung die Laplace-Transformation von y' ist:

   $\mathcal{L}\{y'\} = s\mathcal{L}\{y\} - y(0)$

3. Sie erhalten schließlich dieses Ergebnis für die Differentialgleichung:

   $s^2\mathcal{L}\{y\} - sy(0) - y'(0)$
   $+ 4[s\,\mathcal{L}\{y\} - y(0)] + 3\mathcal{L}\{y\} = 0$

4. Durch Zusammenfassung der Terme erhalten Sie

   $(s^2 + 4s + 3)\mathcal{L}\{y\} - (4 + s)y(0)$
   $- y'(0) = 0$

5. Jetzt können Sie die Anfangsbedingungen anwenden

   $y(0) = 2$ und $y'(0) = -4$

   um Folgendes zu erhalten:

   $(s^2 + 4s + 3)\mathcal{L}\{y\} - (8 + 2s) + 4 = 0$

   oder

   $(s^2 + 4s + 3)\mathcal{L}\{y\} - 2s - 4 = 0$

6. Jetzt haben Sie

   $\mathcal{L}\{y\} = \dfrac{2s + 4}{(s^2 + 4s + 3)}$

7. Faktorisieren Sie den Nenner, so dass Sie die folgende Gleichung für die Laplace-Transformation der Lösung erhalten:

   $\mathcal{L}\{y\} = \dfrac{2s + 4}{(s + 1)(s + 3)}$

8. Im nächsten Schritt suchen Sie eine Funktion, deren Laplace-Transformation die obige Gleichung ist. Dazu wenden Sie die Methode der Partialbrüche an, um Folgendes zu erhalten:

$$\mathcal{L}\{y\} = \frac{2s+4}{(s+1)(s+3)}$$
$$= \frac{a}{(s+1)} + \frac{b}{(s+3)}$$

9. Ermitteln Sie a und b, indem Sie Ihr Ergebnis wie folgt schreiben:

$$\mathcal{L}\{y\} = \frac{2s+4}{(s+1)(s+3)}$$
$$= \frac{a(s+3) + b(s+1)}{(s+1)(s+3)}$$

10. Dann setzen Sie die Zähler gleich:

$$2s + 4 = a(s+3) + b(s+1)$$

11. Weil Sie s beliebig auswählen könne, versuchen Sie es mit –1, um Folgendes zu erhalten:

$$2 = 2a$$

Das bedeutet, dass

$$1 = a$$

12. Jetzt können Sie s auf –3 setzen, um Folgendes zu erhalten:

$$-2 = -2b$$

oder

$$1 = b$$

13. Die Gleichung

$$\mathcal{L}\{y\} = \frac{a}{(s+1)} + \frac{b}{(s+3)}$$

wird also zu

$$\mathcal{L}\{y\} = \frac{1}{(s+1)} + \frac{1}{(s+3)}$$

Tata! Damit wissen Sie, wie die Laplace-Transformation der Lösung aussieht. Jetzt müssen Sie die inverse Laplace-Transformation dieser Gleichung finden.

14. Mit Hilfe von Tabelle 10.1 erkennen Sie die Laplace-Transformation von e^{at}:

$$\mathcal{L}\{e^{at}\} = \frac{1}{s-a} \quad s > a$$

15. Vergleichen Sie $\mathcal{L}\{e^{at}\}$ mit dem ersten Term der Laplace-Transformation der Lösung, mit a = –1, um den ersten Term der Lösung zu finden:

$$y_1 = e^{-x}$$

16. Anschließend überprüfen Sie den zweiten Term in der Laplace-Transformation der Lösung:

$$\frac{1}{(s+3)}$$

17. Der zweite Ter der Lösung ist offenbar

$$y_2 = e^{-3x}$$

Weil die Lösung für die Differentialgleichung gleich $y = y_1 + y_2$ ist, erhalten Sie als Ergebnis

$$y = e^{-x} + e^{-3x}$$

10 ▶ Differentialgleichungen mit Laplace-Transformationen lösen

Aufgabe 5
Lösen Sie die folgende Differentialgleichung mit Hilfe von Laplace-Transformationen:

$y'' + 3y' + 2y = 0$

mit den Anfangsbedingungen

$y(0) = 2$

und

$y'(0) = -3$

Lösung

Aufgabe 6
Bestimmen Sie mit Hilfe von Laplace-Transformationen die Lösung für diese Differentialgleichung:

$y'' + 5y' + 4y = 0$

mit

$y(0) = 2$

und

$y'(0) = -5$

Lösung

Aufgabe 7
Lösen Sie diese Differentialgleichung mit Hilfe von Laplace-Transformationen

$y'' + 5y' + 6y = 0$

mit den Anfangsbedingungen

$y(0) = 2$

und

$y'(0) = -5$

Lösung

Aufgabe 8
Bestimmen Sie die Lösung für diese Differentialgleichung mit Hilfe von Laplace-Transformationen:

$y'' + 4y' + 3y = 0$

mit

$y(0) = 3$

und

$y'(0) = -5$

Lösung

Aufgabe 9

Lösen Sie diese Differentialgleichung mit Hilfe von Laplace-Transformationen:

$y'' + 6y' + 5y = 0$

mit den Anfangsbedingungen

$y(0) = 5$

und

$y'(0) = -9$

Lösung

Aufgabe 10

Bestimmen Sie mit Hilfe von Laplace-Transformationen die Lösung für diese Differentialgleichung:

$y'' + 6y' + 8y = 0$

mit

$y(0) = 4$

und

$y'(0) = -14$

Lösung

Lösungen für die Aufgaben zu Laplace-Transformationen

Hier folgen die Lösungen zu den Übungsaufgaben aus diesem Kapitel. Die einzelnen Schritte sind genau aufgezeigt, so dass Sie gegebenenfalls nachlesen können, falls Sie an irgendeiner Stelle nicht mehr weiterwissen.

1. **Wie lautet die Laplace-Transformation für 1 (d.h. $f(t) = 1$)?**

    $\mathcal{L}\{1\} = ?$

    Lösung:

    $\mathcal{L}\{1\} = \dfrac{1}{s} \quad s > 0$

    a) **Gemäß der Definition einer Laplace-Transformation gilt:**

    $$\mathcal{L}\{1\} = \int_0^\infty e^{-st}(1)dt$$

    oder

    $$\mathcal{L}\{1\} = \int_0^\infty e^{-st}dt$$

10 ➤ Differentialgleichungen mit Laplace-Transformationen lösen

b) **Durch Integration erhalten Sie**

$$\mathcal{L}\{1\} = \int_0^\infty e^{-st}dt = -\frac{e^{-st}}{s}\bigg|_{t=0}^{t=\infty}$$

c) **So weit, so gut. Jetzt setzen Sie t = 0 und t = ∞ ein:**

$$\mathcal{L}\{1\} = 0 - \frac{-1}{s}$$

d) **Also ist $\mathcal{L}\{1\}$ gleich**

$$\mathcal{L}\{1\} = \frac{1}{s} \quad s > 0$$

und $\mathcal{L}\{1\}$ bleibt endlich für alle Terme $s > 0$.

2. **Berechnen Sie die Laplace-Transformation von e^{at} (d.h. $f(t) = e^{at}$):**

$\mathcal{L}\{e^{at}\} = ?$

Lösung:

$$\mathcal{L}\{e^{at}\} = \frac{1}{s-a} \quad s > a$$

a) **Die Laplace-Transformation von e^{at} sieht wie folgt aus:**

$$\mathcal{L}\{e^{at}\} = \int_0^\infty e^{-st} e^{at} dt$$

b) **Diese Transformation wird zu**

$$\mathcal{L}\{e^{at}\} = \int_0^\infty e^{-(s-a)t} dt$$

und das wiederum wird zu

$$\mathcal{L}\{e^{at}\} = \int_0^\infty e^{-(s-a)t} dt = -\frac{1}{s-a} e^{-(s-a)t}\bigg|_{t=0}^{t=\infty} \quad s > a$$

c) **Wenn Sie die Grenzen für t einsetzen, erhalten Sie**

$$\mathcal{L}\{e^{at}\} = \int_0^\infty e^{-(s-a)t} dt = 0 + \frac{1}{s-a} \quad s > a$$

oder

$$\mathcal{L}\{e^{at}\} = \frac{1}{s-a} \quad s > a$$

Das Ergebnis ist von dem für s gewählten Wert abhängig.

3. Bestimmen Sie die Laplace-Transformation von $y^{(4)}$:

   Lösung:

   $\mathcal{L}\{y^{(4)}\} = s^4 \mathcal{L}\{y\} - y'''(0) - sy''(0) - s^2 y'(0) - s^3 y(0)$

   a) Wenden Sie die Regel für Laplace-Transformationen für Ableitungen an:

   $$\mathcal{L}\{y^{(n)}\} = s^n \mathcal{L}\{y\} - \sum_{k=1}^{n} s^{k-1} y^{(n-k)}(0)$$

   b) Zuerst der k = 1-Term:

   $$\mathcal{L}\{y^{(4)}\} = s^4 \mathcal{L}\{y\} - y'''(0) - \sum_{k=2}^{4} s^{k-1} y^{(n-k)}(0)$$

   c) Dann der k = 2-Term:

   $$\mathcal{L}\{y^{(4)}\} = s^4 L\{y\} - y'''(0) - sy''(0) - \sum_{k=3}^{4} s^{k-1} y^{(n-k)}(0)$$

   d) Dann der k = 3-Term:

   $$\mathcal{L}\{y^{(4)}\} = s^4 L\{y\} - y'''(0) - sy''(0) - s^2 y'(0) - \sum_{k=4}^{4} s^{k-1} y^{(n-k)}(0)$$

   e) Schließlich der k = 4-Term und die große Zusammenfassung:

   $\mathcal{L}\{y^{(4)}\} = s^4 L\{y\} - y'''(0) - sy''(0) - s^2 y'(0) - s^3 y(0)$

4. Wie lautet die Laplace-Transformation von $y^{(5)}$?

   Lösung:

   $\mathcal{L}\{y^{(5)}\} = s^5 L\{y\} - y^4 \mathcal{L}\{y\} - sy'''(0) - s^2 y''(0) - s^3 y'(0) - s^4 y(0)$

   a) Wenden Sie die Regel für Laplace-Transformationen für Ableitungen an:

   $$\mathcal{L}\{y^{(n)}\} = s^n \mathcal{L}\{y\} - \sum_{k=1}^{n} s^{k-1} y^{(n-k)}(0)$$

   b) Beginnen Sie die Anwendung der Regel mit dem der k = 1-Term:

   $$\mathcal{L}\{y^{(5)}\} = s^5 \mathcal{L}\{y\} - y^{(4)}(0) - \sum_{k=2}^{5} s^{k-1} y^{(n-k)}(0)$$

   c) Dann kommt der k = 2-Term:

   $$\mathcal{L}\{y^{(5)}\} = s^5 \mathcal{L}\{y\} - y^{(4)}(0) - sy'''(0) - \sum_{k=3}^{5} s^{k-1} y^{(n-k)}(0)$$

10 ➤ Differentialgleichungen mit Laplace-Transformationen lösen

d) Sie wussten es: jetzt der k = 3-Term:

$$\mathcal{L}\{y^{(5)}\} = s^5\mathcal{L}\{y\} - y^{(4)}(0) - sy'''(0) - s^2y''(0) - \sum_{k=4}^{5} s^{k-1}y^{(n-k)}(0)$$

e) Dann der k = 4-Term:

$$\mathcal{L}\{y^{(5)}\} = s^5\mathcal{L}\{y\} - y^{(4)}(0) - sy'''(0) - s^2y''(0) - s^3y'(0) - \sum_{k=4}^{5} s^{k-1}y^{(n-k)}(0)$$

f) Schließlich der k = 6-Term und die große Zusammenfassung:

$$\mathcal{L}\{y^{(5)}\} = s^5\mathcal{L}\{y\} - y^4\mathcal{L}\{y\} - sy''(0) - s^2y''(0) - s^3y'(0) - s^4y(0)$$

5. Lösen Sie die folgende Differentialgleichung mit Hilfe von Laplace-Transformationen:

$y'' - 3y' + 2y = 0$

mit den Anfangsbedingungen

$y(0) = 2$

und

$y'(0) = -3$

Lösung:

$y = e^{-x} + e^{-2x}$

a) Bestimmen Sie die Laplace-Transformation von:

$y'' + 3y' + 2y = 0$

Sie erhalten Folgendes:

$\mathcal{L}\{y''\} + 3\mathcal{L}\{y'\} + 2\mathcal{L}\{y\}$

b) Beachten Sie, dass die folgende Gleichung die Laplace-Transformation von y'' ist:

$\mathcal{L}\{y''\} = s^2\mathcal{L}\{y\} - sy(0) - y'(0)$

und dass diese Gleichung die Laplace-Transformation von y' ist:

$\mathcal{L}\{y'\} = s\mathcal{L}\{y\} - y(0)$

c) Sie erhalten schließlich dieses Ergebnis für die Differentialgleichung:

$s^2\mathcal{L}\{y\} - sy(0) - y'(0) + 3[s\,\mathcal{L}\{y\} - y(0)] + 2\mathcal{L}\{y\} = 0$

d) Durch Zusammenfassung der Terme erhalten Sie:

$(s^2 + 3s + 2)\mathcal{L}\{y\} - (3 + s)y(0) - y'(0) = 0$

e) Jetzt können Sie die Anfangsbedingungen anwenden:

$y(0) = 2$ und $y'(0) = -3$

um Folgendes zu erhalten:

$(s^2 + 3s + 2)\mathcal{L}\{y\} - (6 + 2s) + 3 = 0$

oder

$(s^2 + 3s + 2)\mathcal{L}\{y\} - 2s - 3 = 0$

f) **Jetzt haben Sie**

$\mathcal{L}\{y\} = \dfrac{2s + 3}{(s^2 + 3s + 2)}$

g) **Faktorisieren Sie den Nenner, so dass Sie die folgende Gleichung für die Laplace-Transformation der Lösung erhalten:**

$\mathcal{L}\{y\} = \dfrac{2s + 3}{(s + 1)(s + 2)}$

h) **Im nächsten Schritt suchen Sie eine Funktion, deren Laplace-Transformation die obige Gleichung ist. Dazu wenden Sie die Methode der Partialbrüche an, um Folgendes zu erhalten:**

$\mathcal{L}\{y\} = \dfrac{2s + 3}{(s + 1)(s + 2)} = \dfrac{a}{(s + 1)} + \dfrac{b}{(s + 2)}$

i) **Ermitteln Sie a und b, indem Sie Ihr Ergebnis wie folgt schreiben:**

$\mathcal{L}\{y\} = \dfrac{2s + 3}{(s + 1)(s + 3)} = \dfrac{a(s + 2) + b(s + 1)}{(s + 1)(s + 2)}$

j) **Jetzt setzen Sie die Zähler gleich:**

$2s + 3 = a(s + 2) + b(s + 1)$

k) **Weil Sie s frei auswählen können, versuchen Sie es mit -1, um Folgendes zu erhalten:**

$2 = 2a$

das bedeutet

$1 = a$

l) **Jetzt können Sie s auf -2 setzen, um Folgendes zu erhalten:**

$-1 = -b$

oder

$1 = b$

m) **Diese Gleichung**

$\mathcal{L}\{y\} = \dfrac{a}{(s + 1)} + \dfrac{b}{(s + 2)}$

wird also zu

$$\mathcal{L}\{y\} = \frac{1}{(s+1)} + \frac{1}{(s+2)}$$

Tata! Sie wissen jetzt, wie die Laplace-Transformation der Lösung aussieht. Das bedeutet, Sie müssen die inverse Laplace-Transformation dieser Lösung finden.

n) Anhand von Tabelle 10.1 erkennen Sie die Laplace-Transformation von e^{at}:

$$\mathcal{L}\{e^{at}\} = \frac{1}{s-a} \quad s > a$$

o) Vergleichen Sie $\mathcal{L}\{e^{at}\}$ mit dem ersten Term in der Laplace-Transformation der Lösung, mit $a = -1$, um den ersten Term der Lösung zu finden:

$$y_1 = e^{-x}$$

p) Anschließend probieren Sie den zweiten Term in der Laplace-Transformation der Lösung aus:

$$\frac{1}{(s+2)}$$

q) Der zweite Term der Lösung ergibt sich als

$$y_2 = e^{-2x}$$

r) Weil die Lösung für die Differentialgleichung gleich $y = y_1 + y_2$ ist, erhalten Sie als Ergebnis:

$$y = e^{-x} + e^{-2x}$$

6. Bestimmen Sie mit Hilfe von Laplace-Transformationen die Lösung für diese Differentialgleichung:

$$y'' + 5y' + 4y = 0$$

mit

$$y(0) = 2$$

und

$$y'(0) = -5$$

Lösung:

$$y = e^{-x} + e^{-4x}$$

a) Bestimmen Sie die Laplace-Transformation der Differentialgleichung:

$$\mathcal{L}\{y''\} + 5\mathcal{L}\{y'\} + 4\mathcal{L}\{y\}$$

b) Beachten Sie, dass die folgende Gleichung die Laplace-Transformation von y'' ist:

$$\mathcal{L}\{y''\} = s^2\mathcal{L}\{y\} - sy(0) - y'(0)$$

und dass diese Gleichung die Laplace-Transformation von y' ist:

$\mathcal{L}\{y'\} = s\mathcal{L}\{y\} - y(0)$

c) **Sie erhalten deshalb dieses Ergebnis für die Differentialgleichung:**

$s^2\mathcal{L}\{y\} - sy(0) - y'(0) + 5[s\,\mathcal{L}\{y\} - y(0)] + 4\mathcal{L}\{y\} = 0$

d) **Durch Zusammenfassung der Terme erhalten Sie:**

$(s^2 + 5s + 4)\mathcal{L}\{y\} - (5 + s)y(0) - y'(0) = 0$

e) **Jetzt können Sie endlich die Anfangsbedingungen anwenden:**

$y(0) = 2$ und $y'(0) = -5$

Damit erhalten Sie

$(s^2 + 5s + 4)\mathcal{L}\{y\} - (10 + 2s) + 5 = 0$

oder

$(s^2 + 5s + 4)\mathcal{L}\{y\} - 2s - 5 = 0$

f) **Jetzt haben Sie Folgendes:**

$\mathcal{L}\{y\} = \dfrac{2s + 5}{(s^2 + 5s + 4)}$

g) **Faktorisieren Sie den Nenner, so dass Sie die folgende Gleichung für die Laplace-Transformation der Lösung erhalten:**

$\mathcal{L}\{y\} = \dfrac{2s + 5}{(s + 1)(s + 4)}$

h) **Als nächstes suchen Sie eine Funktion, deren Laplace-Transformation die in Schritt g) gezeigte Gleichung ist. Dazu wenden Sie die Methode der Partialbrüche an, um Folgendes zu erhalten:**

$\mathcal{L}\{y\} = \dfrac{2s + 5}{(s + 1)(s + 4)} = \dfrac{a}{(s + 1)} + \dfrac{b}{(s + 4)}$

i) **Ermitteln Sie a und b, indem Sie Ihr Ergebnis wie folgt schreiben:**

$\mathcal{L}\{y\} = \dfrac{2s + 5}{(s + 1)(s + 4)} = \dfrac{a(s + 4) + b(s + 1)}{(s + 1)(s + 4)}$

j) **Jetzt setzen Sie die Zähler gleich:**

$2s + 5 = a(s + 4) + b(s + 1)$

k) **Weil Sie s frei auswählen können, versuchen Sie es mit −1, um Folgendes zu erhalten:**

$3 = 3a$

das bedeutet

$1 = a$

10 ➤ Differentialgleichungen mit Laplace-Transformationen lösen

l) **Jetzt können Sie s auf -4 setzen, um Folgendes zu erhalten:**

$-3 = -3b$

oder

$1 = b$

m) **Diese Gleichung**

$$\mathcal{L}\{y\} = \frac{a}{(s+1)} + \frac{b}{(s+4)}$$

wird also zu

$$\mathcal{L}\{y\} = \frac{1}{(s+1)} + \frac{1}{(s+4)}$$

So sieht die Laplace-Transformation der Lösung aus.

n) **Um die inverse Laplace-Transformation der obigen Gleichung zu finden, schlagen Sie in Tabelle 10.1 nach. Dort erkennen Sie die Laplace-Transformation von e^{at}:**

$$\mathcal{L}\{e^{at}\} = \frac{1}{s-a} \quad s > a$$

o) **Vergleichen Sie $\mathcal{L}\{e^{at}\}$ mit dem ersten Term in der Laplace-Transformation der Lösung, mit $a = -1$, um den ersten Term der Lösung zu finden:**

$y_1 = e^{-x}$

p) **Ein kurzer Blick auf den zweiten Term in der Laplace-Transformation der Lösung:**

$$\frac{1}{(s+4)}$$

ergibt, dass der zweite Term der Lösung wie folgt aussieht

$y_2 = e^{-4x}$

q) **Die Lösung für die Differentialgleichung ist also gleich $y = y_1 + y_2$, das ist gleich:**

$y = e^{-x} + e^{-2x}$

7. **Lösen Sie diese Differentialgleichung mit Hilfe von Laplace-Transformationen**

$y'' + 5y' + 6y = 0$

mit den Anfangsbedingungen

$y(0) = 2$

und

$y'(0) = -5$

Lösung:

$y = e^{-2x} + e^{-3x}$

a) Bestimmen Sie die Laplace-Transformation der Differentialgleichung:

$y'' + 5y' + 6y = 0$

um Folgendes zu erhalten:

$\mathcal{L}\{y''\} + 5\mathcal{L}\{y'\} + 6\mathcal{L}\{y\}$

b) Beachten Sie, dass die folgende Gleichung die Laplace-Transformation von y'' ist:

$\mathcal{L}\{y''\} = s^2\mathcal{L}\{y\} - sy(0) - y'(0)$

und dass diese Gleichung die Laplace-Transformation von y' ist:

$\mathcal{L}\{y'\} = s\mathcal{L}\{y\} - y(0)$

c) Sie erhalten deshalb dieses Ergebnis für die Differentialgleichung:

$s^2\mathcal{L}\{y\} - sy(0) - y'(0) + 5[s\,\mathcal{L}\{y\} - y(0)] + 6\mathcal{L}\{y\} = 0$

d) Durch Zusammenfassung der Terme erhalten Sie:

$(s^2 + 5s + 6)\mathcal{L}\{y\} - (5 + s)y(0) - y'(0) = 0$

e) Jetzt können Sie die Anfangsbedingungen anwenden:

$y(0) = 2$ und $y'(0) = -5$

um Folgendes zu erhalten

$(s^2 + 5s + 6)\mathcal{L}\{y\} - (10 + 2s) + 5 = 0$

oder

$(s^2 + 5s + 6)\mathcal{L}\{y\} - 2s - 5 = 0$

f) Jetzt haben Sie:

$\mathcal{L}\{y\} = \dfrac{2s + 5}{(s^2 + 5s + 6)}$

g) Faktorisieren Sie den Nenner, so dass Sie die folgende Gleichung für die Laplace-Transformation der Lösung erhalten:

$\mathcal{L}\{y\} = \dfrac{2s + 5}{(s + 2)(s + 3)}$

h) Als nächstes suchen Sie eine Funktion, deren Laplace-Transformation die oben gezeigte Gleichung ist. Dazu wenden Sie die Methode der Partialbrüche an, um Folgendes zu erhalten:

$\mathcal{L}\{y\} = \dfrac{2s + 5}{(s + 2)(s + 3)} = \dfrac{a}{(s + 2)} + \dfrac{b}{(s + 3)}$

10 ➤ Differentialgleichungen mit Laplace-Transformationen lösen

i) Ermitteln Sie a und b, indem Sie Ihr Ergebnis wie folgt schreiben:

$$\mathcal{L}\{y\} = \frac{2s+5}{(s+2)(s+3)} = \frac{a(s+2) + b(s+3)}{(s+2)(s+3)}$$

j) Jetzt setzen Sie die Zähler gleich:

$$2s + 5 = a(s+2) + b(s+3)$$

k) Weil Sie s frei auswählen können, versuchen Sie es mit –3, um Folgendes zu erhalten:

$$-1 = -a$$

das bedeutet

$$1 = a$$

l) Jetzt können Sie s auf –2 setzen, um Folgendes zu erhalten:

$$1 = b$$

m) Diese Gleichung:

$$\mathcal{L}\{y\} = \frac{a}{(s+2)} + \frac{b}{(s+3)}$$

wird also zu

$$\mathcal{L}\{y\} = \frac{1}{(s+2)} + \frac{1}{(s+3)}$$

Tata! Sie wissen jetzt, wie die Laplace-Transformation der Lösung aussieht. Das bedeutet, Sie müssen die inverse Laplace-Transformation dieser Lösung finden.

n) Anhand von Tabelle 10.1 erkennen Sie die Laplace-Transformation von e^{at}:

$$\mathcal{L}\{e^{at}\} = \frac{1}{s-a} \quad s > a$$

o) Vergleichen Sie $\mathcal{L}\{e^{at}\}$ mit dem ersten Term in der Laplace-Transformation der Lösung, mit $a = -2$, um den ersten Term der Lösung zu finden:

$$y_1 = e^{-2x}$$

p) Anschließend probieren Sie den zweiten Term in der Laplace-Transformation der Lösung aus:

$$\frac{1}{(s+3)}$$

q) Der zweite Term der Lösung ergibt sich als

$$y_2 = e^{-3x}$$

r) Weil die Lösung für die Differentialgleichung gleich $y = y_1 + y_2$ ist, erhalten Sie als Ergebnis:

$$y = e^{-2x} + e^{-3x}$$

8. Bestimmen Sie die Lösung für diese Differentialgleichung mit Hilfe von Laplace-Transformationen:

$y'' + 4y' + 3y = 0$

mit

$y(0) = 3$

und

$y'(0) = -5$

Lösung:

$y = 2e^{-x} + e^{-3x}$

a) Bestimmen Sie die Laplace-Transformation der Differentialgleichung:

$\mathcal{L}\{y''\} + 4\mathcal{L}\{y'\} + 3\mathcal{L}\{y\}$

b) Beachten Sie, dass die folgende Gleichung die Laplace-Transformation von y'' ist:

$\mathcal{L}\{y''\} = s^2\mathcal{L}\{y\} - sy(0) - y'(0)$

und dass diese Gleichung die Laplace-Transformation von y' ist:

$\mathcal{L}\{y'\} = s\mathcal{L}\{y\} - y(0)$

c) Sie erhalten deshalb dieses Ergebnis für die Differentialgleichung:

$s^2\mathcal{L}\{y\} - sy(0) - y'(0) + 4[s\,\mathcal{L}\{y\} - y(0)] + 3\mathcal{L}\{y\} = 0$

d) Durch Zusammenfassung der Terme erhalten Sie:

$(s^2 + 4s + 3)\mathcal{L}\{y\} - (4 + s)y(0) - y'(0) = 0$

e) Jetzt können Sie endlich die Anfangsbedingungen anwenden:

$y(0) = 3$ und $y'(0) = -5$

damit erhalten Sie

$(s^2 + 4s + 3)\mathcal{L}\{y\} - (12 + 3s) + 5 = 0$

oder

$(s^2 + 4s + 3)\mathcal{L}\{y\} - 3s - 7 = 0$

f) Jetzt haben Sie Folgendes:

$\mathcal{L}\{y\} = \dfrac{3s + 7}{(s^2 + 4s + 3)}$

g) Faktorisieren Sie den Nenner, so dass Sie die folgende Gleichung für die Laplace-Transformation der Lösung erhalten:

$\mathcal{L}\{y\} = \dfrac{3s + 7}{(s + 1)(s + 3)}$

10 ➤ Differentialgleichungen mit Laplace-Transformationen lösen

h) Als nächstes suchen Sie eine Funktion, deren Laplace-Transformation die in Schritt g) gezeigte Gleichung ist. Dazu wenden Sie die Methode der Partialbrüche an, um Folgendes zu erhalten:

$$\mathcal{L}\{y\} = \frac{3s+7}{(s+1)(s+3)} = \frac{a}{(s+1)} + \frac{b}{(s+3)}$$

i) Ermitteln Sie a und b, indem Sie Ihr Ergebnis wie folgt schreiben:

$$\mathcal{L}\{y\} = \frac{3s+7}{(s+1)(s+3)} = \frac{a(s+3) + b(s+1)}{(s+1)(s+3)}$$

j) Jetzt setzen Sie die Zähler gleich:

$$3s + 7 = a(s+3) + b(s+1)$$

k) Weil Sie s frei auswählen können, versuchen Sie es mit -1, um Folgendes zu erhalten:

$$4 = 2a$$

das bedeutet

$$2 = a$$

l) Jetzt können Sie s auf -3 setzen, um Folgendes zu erhalten:

$$-2 = -2b$$

oder

$$1 = b$$

m) Diese Gleichung:

$$L\{y\} = \frac{a}{(s+1)} + \frac{b}{(s+3)}$$

wird also zu

$$\mathcal{L}\{y\} = \frac{2}{(s+1)} + \frac{1}{(s+3)}$$

So sieht die Laplace-Transformation der Lösung aus.

n) Um die inverse Laplace-Transformation der obigen Gleichung zu finden, schlagen Sie in Tabelle 10.1 nach. Dort erkennen Sie die Laplace-Transformation von e^{at}:

$$\mathcal{L}\{e^{at}\} = \frac{1}{s-a} \quad s > a$$

o) Vergleichen Sie $\mathcal{L}\{e^{at}\}$ mit dem ersten Term in der Laplace-Transformation der Lösung, mit $a = -2$, um den ersten Term der Lösung zu finden:

$$y_1 = 2e^{-x}$$

p) Ein kurzer Blick auf den zweiten Term in der Laplace-Transformation der Lösung:

$$\frac{1}{(s+3)}$$

zeigt den zweiten Term der Lösung:

$y_2 = e^{-3x}$

q) Die Lösung für die Differentialgleichung ist also $y = y_1 + y_2$, das ist gleich:

$y = 2e^{-x} + e^{-3x}$

9. Lösen Sie diese Differentialgleichung mit Hilfe von Laplace-Transformationen:

$y'' + 6y' + 5y = 0$

mit den Anfangsbedingungen

$y(0) = 5$

und

$y'(0) = -9$

Lösung:

$y = 4e^{-x} + e^{-3x}$

a) Bestimmen Sie die Laplace-Transformation der Differentialgleichung:

$y'' + 6y' + 5y = 0$

um Folgendes zu erhalten:

$\mathcal{L}\{y''\} + 6\mathcal{L}\{y'\} + 5\mathcal{L}\{y\}$

b) Beachten Sie, dass die folgende Gleichung die Laplace-Transformation von y'' ist:

$\mathcal{L}\{y''\} = s^2\mathcal{L}\{y\} - sy(0) - y'(0)$

und dass diese Gleichung die Laplace-Transformation von y' ist:

$\mathcal{L}\{y'\} = s\mathcal{L}\{y\} - y(0)$

c) Sie erhalten deshalb dieses Ergebnis für die Differentialgleichung:

$s^2\mathcal{L}\{y\} - sy(0) - y'(0) + 6[s\,\mathcal{L}\{y\} - y(0)] + 5\mathcal{L}\{y\} = 0$

d) Durch Zusammenfassung der Terme erhalten Sie:

$(s^2 + 6s + 5)\mathcal{L}\{y\} - (6+s)y(0) - y'(0) = 0$

e) Jetzt können Sie die Anfangsbedingungen anwenden:

$y(0) = 5$ und $y'(0) = -9$

um Folgendes zu erhalten:

$(s^2 + 6s + 5)\mathcal{L}\{y\} - (30 + 5s) + 9 = 0$

10 ▶ Differentialgleichungen mit Laplace-Transformationen lösen

oder

$(s^2 + 6s + 5)\mathcal{L}\{y\} - 5s - 21 = 0$

f) Jetzt haben Sie

$\mathcal{L}\{y\} = \dfrac{5s + 21}{(s^2 + 6s + 5)}$

g) Faktorisieren Sie den Nenner, so dass Sie die folgende Gleichung für die Laplace-Transformation der Lösung erhalten:

$\mathcal{L}\{y\} = \dfrac{5s + 21}{(s + 1)(s + 5)}$

h) Als nächstes suchen Sie eine Funktion, deren Laplace-Transformation die oben gezeigte Gleichung ist. Dazu wenden Sie die Methode der Partialbrüche an, um Folgendes zu erhalten:

$\mathcal{L}\{y\} = \dfrac{5s + 21}{(s + 1)(s + 5)} = \dfrac{a}{(s + 1)} + \dfrac{b}{(s + 5)}$

i) Ermitteln Sie a und b, indem Sie Ihr Ergebnis wie folgt schreiben:

$\mathcal{L}\{y\} = \dfrac{5s + 21}{(s + 1)(s + 5)} = \dfrac{a(s + 5) + b(s + 1)}{(s + 1)(s + 5)}$

j) Jetzt setzen Sie die Zähler gleich:

$5s + 21 = a(s + 5) + b(s + 1)$

k) Weil Sie s frei auswählen können, versuchen Sie es mit –1, um Folgendes zu erhalten:

$16 = 4a$

das bedeutet

$4 = a$

l) Jetzt können Sie s auf –5 setzen, um Folgendes zu erhalten:

$-4 = -4b$

oder

$1 = b$

m) Diese Gleichung:

$\mathcal{L}\{y\} = \dfrac{a}{(s + 1)} + \dfrac{b}{(s + 3)}$

wird also zu

$\mathcal{L}\{y\} = \dfrac{4}{(s + 1)} + \dfrac{1}{(s + 3)}$

Tata! Sie wissen jetzt, wie die Laplace-Transformation der Lösung aussieht. Das bedeutet, Sie müssen die inverse Laplace-Transformation dieser Lösung finden.

n) Anhand von Tabelle 10.1 erkennen Sie die Laplace-Transformation von e^{at}:

$$\mathcal{L}\{e^{at}\} = \frac{1}{s-a} \quad s > a$$

o) Vergleichen Sie $\mathcal{L}\{e^{at}\}$ mit dem ersten Term in der Laplace-Transformation der Lösung, mit $a = -1$, um den ersten Term der Lösung zu finden:

$$y_1 = 4e^{-x}$$

p) Anschließend probieren Sie den zweiten Term in der Laplace-Transformation der Lösung aus:

$$\frac{1}{(s+3)}$$

q) Der zweite Term der Lösung ergibt sich als

$$y_2 = e^{-3x}$$

r) Weil die Lösung für die Differentialgleichung gleich $y = y_1 + y_2$ ist, erhalten Sie als Ergebnis:

$$y = 4e^{-x} + e^{-3x}$$

10. Bestimmen Sie mit Hilfe von Laplace-Transformationen die Lösung für diese Differentialgleichung:

$$y'' + 6y' + 8y = 0$$

mit

$$y(0) = 4$$

und

$$y'(0) = -14$$

Lösung:

$$y = e^{-2x} + 3e^{-4x}$$

a) Bestimmen Sie die Laplace-Transformation der Differentialgleichung:

$$\mathcal{L}\{y''\} + 6\mathcal{L}\{y'\} + 8\mathcal{L}\{y\}$$

b) Beachten Sie, dass die folgende Gleichung die Laplace-Transformation von y'' ist:

$$\mathcal{L}\{y''\} = s^2\mathcal{L}\{y\} - sy(0) - y'(0)$$

und dass diese Gleichung die Laplace-Transformation von y' ist:

$$\mathcal{L}\{y'\} = s\mathcal{L}\{y\} - y(0)$$

c) Sie erhalten deshalb dieses Ergebnis für die Differentialgleichung:

$$s^2\mathcal{L}\{y\} - sy(0) - y'(0) + 6[s\,\mathcal{L}\{y\} - y(0)] + 8\mathcal{L}\{y\} = 0$$

10 ▶ Differentialgleichungen mit Laplace-Transformationen lösen

d) Durch Zusammenfassung der Terme erhalten Sie:

$(s^2 + 6s + 8)\mathcal{L}\{y\} - (6 + s)y(0) - y'(0) = 0$

e) Jetzt können Sie endlich die Anfangsbedingungen anwenden:

$y(0) = 4$ und $y'(0) = -14$

um Folgendes zu erhalten:

$(s^2 + 6s + 8)\mathcal{L}\{y\} - (24 + 4s) + 14 = 0$

oder

$(s^2 + 6s + 8)\mathcal{L}\{y\} - 4s - 10 = 0$

f) Jetzt haben Sie

$$\mathcal{L}\{y\} = \frac{4s + 10}{(s^2 + 6s + 8)}$$

g) Faktorisieren Sie den Nenner, so dass Sie die folgende Gleichung für die Laplace-Transformation der Lösung erhalten:

$$\mathcal{L}\{y\} = \frac{4s + 10}{(s + 2)(s + 4)}$$

h) Als nächstes suchen Sie eine Funktion, deren Laplace-Transformation die in Schritt g) gezeigte Gleichung ist. Dazu wenden Sie die Methode der Partialbrüche an, um Folgendes zu erhalten:

$$\mathcal{L}\{y\} = \frac{4s + 10}{(s + 2)(s + 4)} = \frac{a}{(s + 2)} + \frac{b}{(s + 4)}$$

i) Ermitteln Sie a und b, indem Sie Ihr Ergebnis wie folgt schreiben:

$$\mathcal{L}\{y\} = \frac{4s + 10}{(s + 2)(s + 4)} = \frac{a(s + 4) + b(s + 2)}{(s + 2)(s + 4)}$$

j) Jetzt setzen Sie die Zähler gleich:

$4s + 10 = a(s + 4) + b(s + 2)$

k) Weil Sie s frei auswählen können, versuchen Sie es mit -2, um Folgendes zu erhalten:

$2 = 2a$

das bedeutet

$1 = a$

l) Jetzt können Sie s auf -4 setzen, um Folgendes zu erhalten:

$-6 = -2b$

oder

$3 = b$

m) Diese Gleichung:

$$\mathcal{L}\{y\} = \frac{a}{(s+2)} + \frac{b}{(s+4)}$$

wird also zu

$$\mathcal{L}\{y\} = \frac{1}{(s+2)} + \frac{3}{(s+4)}$$

So sieht also die Laplace-Transformation der Lösung aus. Das bedeutet, Sie müssen dieser Lösung finden.

n) Um die inverse Laplace-Transformation der obigen Gleichung zu bestimmen, schlagen Sie in Tabelle 10.1 nach. Sie erkennen die Laplace-Transformation von e^{at}:

$$\mathcal{L}\{e^{at}\} = \frac{1}{s-a} \quad s > a$$

o) Vergleichen Sie $\mathcal{L}\{e^{at}\}$ mit dem ersten Term in der Laplace-Transformation der Lösung, mit $a = -2$, um den ersten Term der Lösung zu finden:

$$y_1 = e^{-2x}$$

p) Anschließend probieren Sie den zweiten Term in der Laplace-Transformation der Lösung aus:

$$\frac{3}{(s+4)}$$

q) Der zweite Term der Lösung ergibt sich als

$$y_2 = 3e^{-4x}$$

r) Weil die Lösung für die Differentialgleichung gleich $y = y_1 + y_2$ ist, erhalten Sie als Ergebnis:

$$y = e^{-2x} + 3e^{-2x}$$

Systeme linearer Differentialgleichungen erster Ordnung lösen

In diesem Kapitel...
- Die Grundlagen der Matrixoperationen wiederholen
- Die Determinante berechnen
- Eigenwerte und Eigenvektoren bestimmen
- Die Lösung verschiedener Systeme ermitteln

In diesem Kapitel geht es um die Lösung von Systemen linearer Differentialgleichungen erster Ordnung und die Einübung von verschiedenen Techniken zur Systemlösung. Zunächst arbeiten Sie an Ihren Techniken zur Matrix-Bearbeitung, indem Sie Matrizen addieren, multiplizieren und ihre Determinanten berechnen. Anschließend bestimmen Sie Eigenwerte und Eigenvektoren. Und schließlich – Trommelwirbel! – werden Sie einige Systeme mit Differentialgleichungen lösen.

Zurück an den Anfang: Matrizen addieren (und subtrahieren)

Bevor Sie Systeme linearer Differentialgleichungen erster Ordnung mit Hilfe von Matrizen lösen können, müssen Sie einige grundlegende Matrixoperationen kennen, beginnend mit den absoluten Basics: Addition und Subtraktion.

Beim Addieren von zwei Matrizen werden die Elemente an den einander entsprechenden Positionen innerhalb der beiden Matrizen addiert. Bei der Subtraktion gehen Sie ähnlich vor: Sie subtrahieren Elemente, die sich an einander entsprechenden Positionen befinden.

Wenn Sie Matrizen addieren, wie etwa A und B, können Sie die Reihenfolge vertauschen und erhalten dennoch dieselbe Lösung. Mit anderen Worten: **A** + **B** = **B** + **A**. Die Subtraktion verhält sich jedoch anders. **A** – **B** kann natürlich nicht **B** – **A** sein. Wenn Sie die Matrizen innerhalb der Operation vertauschen, gilt **A** – **B** = –(**B** – **A**).

Die folgende Beispielaufgabe soll Ihr Gedächtnis zur Addition von Matrizen auffrischen. Versuchen Sie, Sie nachzuvollziehen. Im Anschluss daran finden Sie Übungsaufgaben zur Addition von Matrizen. (Jetzt fragen Sie sich, wo die Subtraktionsaufgaben sind? Die Addition und die Subtraktion von Matrizen sind so ähnlich, dass ich Ihnen die Subtraktion hier erspart habe, so dass Sie Ihre Energie auf die Lösung der später in diesem Kapitel gezeigten Differentialgleichungen konzentrieren können.)

Frage

Was ist $A + B$ für

$$A = \begin{pmatrix} 1 & 1 \\ 1 & 1 \end{pmatrix} \quad \text{und} \quad B = \begin{pmatrix} 2 & 2 \\ 2 & 2 \end{pmatrix}$$

Antwort

$$A + B = \begin{pmatrix} 3 & 3 \\ 3 & 3 \end{pmatrix}$$

1. $A + B$ ist

$$\begin{pmatrix} 1 & 1 \\ 1 & 1 \end{pmatrix} + \begin{pmatrix} 2 & 2 \\ 2 & 2 \end{pmatrix}$$

2. Durch die elementweise Addition erhalten Sie

$$\begin{pmatrix} 1 & 1 \\ 1 & 1 \end{pmatrix} + \begin{pmatrix} 2 & 2 \\ 2 & 2 \end{pmatrix} = \begin{pmatrix} 3 & 3 \\ 3 & 3 \end{pmatrix}$$

Aufgabe 1

Bestimmen Sie die Summe von $A + B$ für

$$A = \begin{pmatrix} 4 & 3 \\ 2 & 1 \end{pmatrix} \quad \text{und} \quad B = \begin{pmatrix} 1 & 2 \\ 3 & 4 \end{pmatrix}$$

Lösung

Aufgabe 2

Bestimmen Sie die Summe von $A + B$ für

$$A = \begin{pmatrix} 9 & 9 \\ 9 & 9 \end{pmatrix} \quad \text{und} \quad B = \begin{pmatrix} 1 & 2 \\ 3 & 4 \end{pmatrix}$$

Lösung

Lassen Sie sich nicht verwirren: Matrizen multiplizieren

Um Matrizen bei der Lösung von Gleichungssystemen effektiv einsetzen zu können, brauchen Sie eine gewisse Erfahrung mit der Matrixmultiplikation. Die Multiplikation von Matrizen ist etwas schwieriger als die einfache Addition. Warum? Weil **AB** nur definiert ist, wenn die Anzahl der Spalten in **A** gleich der Anzahl der Zeilen in **B** ist. Das bedeutet, wenn **A** eine $l \times m$-Matrix ist (das ist die Zeilen × Spalten-Notation, also hat **A** l Zeilen und m Spalten), und B ist eine $m \times n$-Matrix, dann kann das Produkt **AB** berechnet werden – und das Produkt ist eine $l \times n$-Matrix.

Wenn **AB** = **C** ist, dann wird das Element an der Stelle (i, j) (d.h. Zeile, Spalte) von C bestimmt, indem jedes Element der i-ten Zeile von **A** mit dem entsprechenden Element in der j-ten Spalte von **B** multipliziert und die resultierenden Produkte addiert werden. Nachfolgend sehen Sie die Standarddarstellung für die Multiplikation von Matrizen:

$$C_{ij} = \sum_{k=1}^{m} A_{ik} B_{kj}$$

Und hier ein Hinweis, der sehr wichtig sein kann: **AB** ≠ **BA**.

Bei der Multiplikation von Matrizen treffen Sie immer wieder auf die so genannte *Identitätsmatrix*. Sie wird als **I** bezeichnet und enthält in der Diagonale von oben links nach unten rechts nur Einsen. Alle anderen Positionen sind mit Nullen besetzt. Sehen Sie sich dazu die folgende 2×2-Matrix an:

$$\mathbf{I} = \begin{pmatrix} 1 & 0 \\ 0 & 1 \end{pmatrix}$$

Eine 3×3-Identitätsmatrix sieht wie folgt aus:

$$\mathbf{I} = \begin{pmatrix} 1 & 0 & 0 \\ 0 & 1 & 0 \\ 0 & 0 & 1 \end{pmatrix}$$

Wenn Sie eine beliebige Matrix **A** mit der Identitätsmatrix multiplizieren, erhalten Sie wieder **A**. Betrachten Sie beispielsweise die folgende Multiplikation:

$$\mathbf{AI} = \begin{pmatrix} 1 & 2 & 3 \\ 4 & 5 & 6 \\ 7 & 8 & 9 \end{pmatrix} \begin{pmatrix} 1 & 0 & 0 \\ 0 & 1 & 0 \\ 0 & 0 & 1 \end{pmatrix}$$

Das Produkt von **AI** ist wieder **A**:

$$\mathbf{AI} = \begin{pmatrix} 1 & 2 & 3 \\ 4 & 5 & 6 \\ 7 & 8 & 9 \end{pmatrix} \begin{pmatrix} 1 & 0 & 0 \\ 0 & 1 & 0 \\ 0 & 0 & 1 \end{pmatrix} = \begin{pmatrix} 1 & 2 & 3 \\ 4 & 5 & 6 \\ 7 & 8 & 9 \end{pmatrix}$$

Sind Sie bereit für ein paar Übungsaufgaben zu Matrizen? Hier kommt die Gelegenheit!

Frage

Wie lautet das Produkt aus **A** und **B** für

$$\mathbf{A} = \begin{pmatrix} 1 & 2 \\ 3 & 4 \end{pmatrix} \quad \text{und} \quad \mathbf{B} = \begin{pmatrix} 5 & 6 \\ 7 & 8 \end{pmatrix}$$

Antwort

$$\begin{pmatrix} 19 & 22 \\ 43 & 50 \end{pmatrix}$$

1. So sieht die Aufgabe in vollständiger Notation aus:

$$AB = \begin{pmatrix} 1 & 2 \\ 3 & 4 \end{pmatrix} \begin{pmatrix} 5 & 6 \\ 7 & 8 \end{pmatrix}$$

2. Wenden Sie die Regel für die Matrixmultiplikation an:

$$C_{ij} = \sum_{k=1}^{m} A_{ik} B_{kj}$$

3. Bei Anwendung dieser Regel erhalten Sie:

$$\begin{pmatrix} 1 & 2 \\ 3 & 4 \end{pmatrix} \begin{pmatrix} 5 & 6 \\ 7 & 8 \end{pmatrix} = \begin{pmatrix} 5+14 & 6+16 \\ 15+28 & 18+32 \end{pmatrix}$$

4. Komprimieren Sie das Ergebnis, indem Sie die Produkte addieren:

$$\begin{pmatrix} 5+14 & 6+16 \\ 15+28 & 18+32 \end{pmatrix} = \begin{pmatrix} 19 & 22 \\ 43 & 50 \end{pmatrix}$$

Aufgabe 3

Was ist das Produkt aus **A** und **B** für

$$\mathbf{A} = \begin{pmatrix} 1 & 1 \\ 1 & 1 \end{pmatrix} \quad \text{und} \quad \mathbf{B} = \begin{pmatrix} 2 & 2 \\ 2 & 2 \end{pmatrix}$$

Lösung

Aufgabe 4

Bestimmen Sie das Produkt von **A** und **B** für

$$\mathbf{A} = \begin{pmatrix} 1 & 2 \\ 3 & 4 \end{pmatrix} \quad \text{und} \quad \mathbf{B} = \begin{pmatrix} 5 \\ 7 \end{pmatrix}$$

Lösung

Die Determinante bestimmen

Bei der Arbeit mit Matrizen ist die *Determinante* Ihre beste Freundin, weil sie eine Matrix auf eine einzige signifikante Zahl reduziert. Ob dies die Zahl 0 ist oder nicht, spielt eine wichtige Rolle, weil Sie daran erkennen, ob ein Gleichungssystem eine Lösung hat.

Anhand der folgenden Aufgaben können Sie üben, die Determinanten für verschiedene Matrizen zu finden. Viel Glück!

Frage

Wie lautet die Determinante für die folgende Matrix:

$$A = \begin{pmatrix} 1 & 2 \\ 3 & 4 \end{pmatrix}$$

Antwort

−2

1. Die Determinante für eine 2×2-Matrix ist wie folgt definiert:

   $\det(A) = ad - cb$

   Die Matrix dafür sieht wie folgt aus:

   $$A = \begin{pmatrix} a & b \\ d & d \end{pmatrix}$$

2. Die Determinante ist also

   $\det(A) = (1)(4) - (3)(2)$

   Daraus ergibt sich

   $\det(A) = (4) - (6) = -2$

Aufgabe 5

Wie lautet die Determinante der folgenden Matrix?

$$A = \begin{pmatrix} 2 & 2 \\ 2 & 2 \end{pmatrix}$$

Lösung

Aufgabe 6

Bestimmen Sie die Determinante dieser Matrix:

$$A = \begin{pmatrix} 3 & 5 \\ 7 & 9 \end{pmatrix}$$

Lösung

Aufgabe 7

Wie lautet die Determinante dieser Matrix:

$$A = \begin{pmatrix} 2 & 4 \\ 6 & 8 \end{pmatrix}$$

Lösung

Aufgabe 8

Bestimmen Sie die Determinante dieser Matrix:

$$A = \begin{pmatrix} 9 & 8 \\ 7 & 6 \end{pmatrix}$$

Lösung

Mehr als nur Zungenbrecher: Eigenwerte und Eigenvektoren

Eigenwerte und Eigenvektoren sind die letzten Werkzeuge, die Sie für die Lösung von Systemen linearer Differentialgleichungen erster Ordnung benötigen. Diese beiden Instrumente bieten die Möglichkeit, Matrizen in sehr einfache Formen umzuwandeln.

Angenommen, Sie wollen eine Matrix (z.B. **A**) so transformieren, dass Sie bei einer Multiplikation von **A** mit einem Vektor (z.B. **x**) wieder **A** multipliziert mit einer Konstante λ erhalten.

Alle Werte von λ, die diese Gleichung erfüllen, werden als *Eigenwerte* der ursprünglichen Gleichung bezeichnet. Die Vektoren, die Lösungen für diese Gleichung sind, werden als *Eigenvektoren* bezeichnet.

Nehmen Sie sich ein paar Minuten Zeit, um die folgende Beispielaufgabe nachzuvollziehen. Anschließend probieren Sie Ihr Können selbst an Eigenwerten und Eigenvektoren aus.

11 ➤ Systeme linearer Differentialgleichungen erster Ordnung lösen

Frage

Wie lauten die Eigenwerte und Eigenvektoren für die folgende Matrix?

$$A = \begin{pmatrix} -1 & -1 \\ 2 & -4 \end{pmatrix}$$

Antwort

Die Eigenwerte von A sind $\lambda_1 = -2$ und $\lambda_2 = -3$. Die Eigenvektoren sind:

$$\begin{pmatrix} 1 \\ 1 \end{pmatrix}$$

und

$$\begin{pmatrix} 1 \\ 2 \end{pmatrix}$$

1. Als erstes bestimmen Sie $\mathbf{A} - \lambda \mathbf{I}$:

   $$A - \lambda I = \begin{pmatrix} -1-\lambda & -1 \\ 2 & -4-\lambda \end{pmatrix}$$

2. Jetzt bestimmen Sie die Determinante:

   $$\det(A - \lambda I) = (-1-\lambda)(-4-\lambda) + 2$$

   oder

   $$\det(A - \lambda I) = \lambda^2 + 5\lambda + 6$$

3. Faktorisieren Sie diese Gleichung wie folgt:

   $$(\lambda + 2)(\lambda + 3)$$

   Die Eigenwerte von A sind also $\lambda_1 = -2$ und $\lambda_2 = -3$.

4. Um den Eigenvektor zu finden, der λ_1 entspricht, setzen Sie λ_1 in $\mathbf{A} - \lambda \mathbf{I}$ ein:

   $$\mathbf{A} - \lambda \mathbf{I} = \begin{pmatrix} 1 & -1 \\ 2 & -2 \end{pmatrix}$$

5. Weil

   $$(A - \lambda I)x = 0$$

   haben Sie

   $$\begin{pmatrix} 1 & -1 \\ 2 & -2 \end{pmatrix} \begin{pmatrix} x_1 \\ x_2 \end{pmatrix} = \begin{pmatrix} 0 \\ 0 \end{pmatrix}$$

6. Jede Zeile dieser Matrixgleichung muss zutreffen, d.h. Sie können davon ausgehen, dass $x_1 = x_2$. Bis auf eine beliebige Konstante ist also der Eigenvektor, der λ_1 entspricht, gleich:

   $$c \begin{pmatrix} 1 \\ 1 \end{pmatrix}$$

7. Vernachlässigen Sie die beliebige Konstante und schreiben Sie den Eigenvektor einfach als

   $$\begin{pmatrix} 1 \\ 1 \end{pmatrix}$$

8. Und was ist mit dem Eigenvektor zu λ_2? Wenn Sie λ_2 einsetzen, erhalten Sie:

   $$A = \lambda I = \begin{pmatrix} 2 & -1 \\ 2 & -1 \end{pmatrix}$$

   Daher gilt

   $$\begin{pmatrix} 2 & -1 \\ 2 & -1 \end{pmatrix} \begin{pmatrix} x_1 \\ x_2 \end{pmatrix} = \begin{pmatrix} 0 \\ 0 \end{pmatrix}$$

9. Sie erhalten also $2x_1 - x_2 = 0$ und $x_1 = x_2/2$. Bis auf eine beliebige Konstante ist also der Eigenvektor zu λ_2 gleich

   $$c \begin{pmatrix} 1 \\ 2 \end{pmatrix}$$

10. Gute Nachrichten! Sie können die beliebige Konstante einfach weglassen und den Eigenvektor wie folgt schreiben:

    $$\begin{pmatrix} 1 \\ 2 \end{pmatrix}$$

Aufgabe 9

Welche Eigenwerte und Eigenvektoren hat die folgende Matrix?

$$A = \begin{pmatrix} 2 & 1 \\ 1 & 2 \end{pmatrix}$$

Lösung

Aufgabe 10

Bestimmen Sie die Eigenwerte und Eigenvektoren dieser Matrix:

$$A = \begin{pmatrix} 3 & -1 \\ 4 & -2 \end{pmatrix}$$

Lösung

Differentialgleichungssysteme lösen

Wenn Sie Matrizen und Determinanten sowie Eigenwerte und Eigenvektoren beherrschen (lösen Sie die Aufgaben aus den vorigen Abschnitten, wenn Sie noch Übung brauchen), sind Sie bereit für die Lösung von Systemen linearer Differentialgleichungen erster Ordnung.

Betrachten Sie das folgende System homogener Differentialgleichungen:

$y'_1 = y_1 + y_2$

$y'_2 = 4y_1 + y_2$

Diese Differentialgleichungen sind *verknüpft*, d.h. beide enthalten y_1 und y_2, und müssen deshalb gemeinsam gelöst werden. Sie können sie auch in der folgenden Form darstellen:

$$\begin{pmatrix} y'_1 \\ y'_2 \end{pmatrix} = \begin{pmatrix} 1 & 1 \\ 4 & 1 \end{pmatrix} \begin{pmatrix} y_1 \\ y_2 \end{pmatrix}$$

Und dies wiederum können Sie wie folgt schreiben:

$y' = Ay$

In diesem Fall sind **y′**, **A** und **y** Matrizen:

$$\mathbf{y}' = \begin{pmatrix} y_1' \\ y_2' \end{pmatrix}$$

$$\mathbf{A} = \begin{pmatrix} 1 & 1 \\ 4 & 1 \end{pmatrix}$$

$$\mathbf{y} = \begin{pmatrix} y_1 \\ y_2 \end{pmatrix}$$

Wenn **A** eine Matrix mit konstanten Koeffizienten ist, können Sie von einer Lösung der folgenden Form ausgehen:

$$\mathbf{y} = \xi e^{rt}$$

ξ ist nicht irgendein zufälliges Symbol, mit dem ich nur prüfe, ob Sie noch wach sind. Es steht für den Eigenvektor. Wenn Sie Ihre angenommene Form in das System der Differentialgleichungen einsetzen, erhalten Sie:

$$r\xi e^{rt} = \mathbf{A}\xi e^{rt}$$

Jetzt können Sie von beiden Seiten $\mathbf{r}\xi e^{rt}$ subtrahieren, um Folgendes zu erhalten:

$$(\mathbf{A} - r\mathbf{I})\xi e^{rt} = 0$$

oder

$$(\mathbf{A} - r\mathbf{I})\xi = 0$$

Tata! Damit haben Sie die Gleichung gefunden, die die Eigenwerte und Eigenvektoren einer Matrix **A** spezifiziert. Die Lösung dieses Differentialgleichungssystems

$$\mathbf{y}' = \mathbf{A}\mathbf{y}$$

lautet also

$$\mathbf{y} = \xi e^{rt}$$

vorausgesetzt, r ist ein Eigenwert von **A** und ξ ist der zugehörige Eigenvektor.

Betrachten Sie die folgende Beispielaufgabe, um die Lösung des obigen Differentialgleichungssystems schrittweise nachzuvollziehen. Wenn Sie dagegen schon bereit sind, Ihre ersten Systeme dieses Kapitels zu lösen, überspringen Sie das Beispiel und fangen sofort mit den Übungsaufgaben an!

Frage

Bestimmen Sie die Lösung des folgenden Differentialgleichungssystems:

$y_1' = y_1 + y_2$
$y_2' = 4y_1 + y_2$

Antwort

$y_1 = c_1 e^{3t} - c_2 e^{-t}$ und
$y_2 = 2c_1 e^{3t} + 2c_2 e^{-t}$

1. Schreiben Sie die Aufgabe wie folgt:

$$\begin{pmatrix} y_1' \\ y_2' \end{pmatrix} = \begin{pmatrix} 1 & 1 \\ 4 & 1 \end{pmatrix} \begin{pmatrix} y_1 \\ y_2 \end{pmatrix}$$

2. Weil dieses System konstante Koeffizienten hat, probieren Sie es mit einer Lösung der folgenden Form:

$$y = \xi e^{rt}$$

3. Setzen Sie Ihre angenommene Lösung in das System ein, um Folgendes zu erhalten:

$$\begin{pmatrix} r\xi_1 e^{rt} \\ r\xi_2 e^{rt} \end{pmatrix} = \begin{pmatrix} 1 & 1 \\ 4 & 1 \end{pmatrix} \begin{pmatrix} \xi_1 e^{rt} \\ \xi_2 e^{rt} \end{pmatrix}$$

Dies können Sie umformen zu

$$\begin{pmatrix} 0 \\ 0 \end{pmatrix} = \begin{pmatrix} 1-r & 1 \\ 4 & 1-r \end{pmatrix} \begin{pmatrix} \xi_1 e^{rt} \\ \xi_2 e^{rt} \end{pmatrix}$$

4. Dividieren Sie durch e^{rt}, um Folgendes zu erhalten:

$$\begin{pmatrix} 0 \\ 0 \end{pmatrix} = \begin{pmatrix} 1-r & 1 \\ 4 & 1-r \end{pmatrix} \begin{pmatrix} \xi_1 \\ \xi_2 \end{pmatrix}$$

5. Dieses System linearer Gleichungen hat nur dann eine (nicht triviale) Lösung, wenn die Determinante der 2 × 2-Matrix gleich 0 ist, also

$$\det \begin{pmatrix} 1-r & 1 \\ 4 & 1-r \end{pmatrix} = \begin{pmatrix} \xi_1 e^{rt} \\ \xi_2 e^{rt} \end{pmatrix}$$

6. Durch Expandieren der Determinante erhalten Sie

$(1-r)(1-r) - 4 = 0$

Dies wird wiederum zu

$r^2 - 2r + 1 - 4 = 0$

oder

$r^2 - 2r - 3 = 0$

7. Faktorisieren Sie die charakteristische Gleichung wie folgt:

$(r-3)(r+1) = 0$

Damit erkennen Sie die Eigenwerte der Matrix als

$r_1 = 3$ und $r_2 = -1$

8. Jetzt müssen Sie die beiden Eigenvektoren finden. Beginnen Sie mit dem ersten Eigenwert, $r_1 = 3$, und setzen Sie ihn ein:

$$\begin{pmatrix} 0 \\ 0 \end{pmatrix} = \begin{pmatrix} -2 & 1 \\ 4 & -2 \end{pmatrix} = \begin{pmatrix} \xi_1 \\ \xi_2 \end{pmatrix}$$

Damit erhalten Sie

$-2\xi_1 + \xi_2 = 0$

und

$4\xi_1 - 2\xi_2 = 0$

9. Diese Gleichungen sind bis auf den Faktor –1 gleich, somit ist

$2\xi_1 = \xi_2$

Der erste Eigenvektor ist also (bis auf eine beliebige Konstante natürlich) also:

$$\begin{pmatrix} \xi_1 \\ \xi_2 \end{pmatrix} = \begin{pmatrix} 1 \\ 2 \end{pmatrix}$$

10. Jetzt zum zweiten Eigenvektor. Er entspricht dem Eigenwert $r_2 = -1$:

$$\begin{pmatrix} 0 \\ 0 \end{pmatrix} = \begin{pmatrix} 1-r & 1 \\ 4 & 1-r \end{pmatrix} = \begin{pmatrix} \xi_1 \\ \xi_2 \end{pmatrix}$$

11. Setzen Sie $r_2 = -1$ in die obige Matrix ein, um Folgendes zu erhalten:

$$\begin{pmatrix} 0 \\ 0 \end{pmatrix} = \begin{pmatrix} 2 & 1 \\ 4 & 2 \end{pmatrix} = \begin{pmatrix} \xi_1 \\ \xi_2 \end{pmatrix}$$

Damit erhalten Sie

$$2\xi_1 + \xi_2 = 0$$

und

$$4\xi_1 + 2\xi_2 = 0$$

12. Diese beiden Gleichungen bieten dieselbe Information: die Tastsache, dass $2\xi_1 = -\xi_2$. Der zweite Eigenvektor wird also zu

$$\begin{pmatrix} \xi_1 \\ \xi_2 \end{pmatrix} = \begin{pmatrix} -1 \\ 2 \end{pmatrix}$$

13. Die erste Lösung des Systems lautet also

$$\begin{pmatrix} 1 \\ 2 \end{pmatrix} e^{3t}$$

und die zweite Lösung ist:

$$\begin{pmatrix} -1 \\ 2 \end{pmatrix} e^{-t}$$

14. Wie Sie sehen, ist die allgemeine Lösung eine Linearkombination der beiden Lösungen:

$$\mathbf{y} = c_1 \begin{pmatrix} 1 \\ 2 \end{pmatrix} e^{3t} + c_2 \begin{pmatrix} -1 \\ 2 \end{pmatrix} e^{-t}$$

Dies kann umgeschrieben werden in

$$\begin{pmatrix} y_1 \\ y_2 \end{pmatrix} = c_1 \begin{pmatrix} 1 \\ 2 \end{pmatrix} e^{3t} + c_2 \begin{pmatrix} -1 \\ 2 \end{pmatrix} e^{-t}$$

15. Die Lösung für das Differentialgleichungssystem lautet also

$$y = c_1 e^{3t} - c_2 e^{-t}$$
$$y = 2c_1 e^{3t} - c_2 e^{-t}$$

Aufgabe 11

Bestimmen Sie die Lösung für das folgende Differentialgleichungssystem:

$$y_1' = -y_1 - y_2$$
$$y_2' = 2y_1 - 4y_2$$

Lösung

Aufgabe 12

Wie lautet die Lösung für das folgende Differentialgleichungssystem:

$$y_1' = 3y_1 + 2y_2$$
$$y_2' = 4y_1 + y_2$$

Lösung

Lösungen für die Aufgaben zu Systemen linearer Differentialgleichungen erster Ordnung

Hier folgen die Lösungen zu den Übungsaufgaben aus diesem Kapitel. Die einzelnen Schritte sind genau aufgezeigt, so dass Sie gegebenenfalls nachlesen können, falls Sie an irgendeiner Stelle nicht mehr weiterwissen.

1. Bestimmen Sie die Summe von A + B für

$$A = \begin{pmatrix} 4 & 3 \\ 2 & 1 \end{pmatrix} \quad \text{und} \quad B = \begin{pmatrix} 1 & 2 \\ 3 & 4 \end{pmatrix}$$

   Lösung:

   $$A + B = \begin{pmatrix} 5 & 5 \\ 5 & 5 \end{pmatrix}$$

   a) A + B ist

   $$\begin{pmatrix} 4 & 3 \\ 2 & 1 \end{pmatrix} + \begin{pmatrix} 1 & 2 \\ 3 & 4 \end{pmatrix}$$

   b) Durch elementweise Addition erhalten Sie

   $$\begin{pmatrix} 4 & 3 \\ 2 & 1 \end{pmatrix} + \begin{pmatrix} 1 & 2 \\ 3 & 4 \end{pmatrix} = \begin{pmatrix} 5 & 5 \\ 5 & 5 \end{pmatrix}$$

2. Bestimmen Sie die Summe von A + B für

$$A = \begin{pmatrix} 9 & 9 \\ 9 & 9 \end{pmatrix} \quad \text{und} \quad B = \begin{pmatrix} 1 & 2 \\ 3 & 4 \end{pmatrix}$$

$$A + B = \begin{pmatrix} 10 & 11 \\ 12 & 13 \end{pmatrix}$$

   a) So sieht A + B in vollständiger Notation aus:

   $$\begin{pmatrix} 9 & 9 \\ 9 & 9 \end{pmatrix} + \begin{pmatrix} 1 & 2 \\ 3 & 4 \end{pmatrix}$$

   b) Addieren Sie die einander entsprechenden Elemente, um die Lösung zu finden:

   $$\begin{pmatrix} 9 & 9 \\ 9 & 9 \end{pmatrix} + \begin{pmatrix} 1 & 2 \\ 3 & 4 \end{pmatrix} = \begin{pmatrix} 10 & 11 \\ 12 & 13 \end{pmatrix}$$

3. Was ist das Produkt aus A und B für

$$A = \begin{pmatrix} 1 & 1 \\ 1 & 1 \end{pmatrix} \quad \text{und} \quad B = \begin{pmatrix} 2 & 2 \\ 2 & 2 \end{pmatrix}$$

   Lösung:

   $$\begin{pmatrix} 4 & 4 \\ 4 & 4 \end{pmatrix}$$

   a) So sieht die Aufgabe aus, nachdem die Zahlen eingesetzt wurden:

   $$AB = \begin{pmatrix} 1 & 1 \\ 1 & 1 \end{pmatrix} \begin{pmatrix} 2 & 2 \\ 2 & 2 \end{pmatrix}$$

11 ➤ Systeme linearer Differentialgleichungen erster Ordnung lösen

b) Die Regel für die Matrixmultiplikation lautet:

$$C_{ij} = \sum_{k=1}^{m} A_{ik} B_{kj}$$

c) Durch Anwendung der Regel erhalten Sie:

$$\begin{pmatrix} 1 & 1 \\ 1 & 1 \end{pmatrix} \begin{pmatrix} 2 & 2 \\ 2 & 2 \end{pmatrix} = \begin{pmatrix} 2+2 & 2+2 \\ 2+2 & 2+2 \end{pmatrix}$$

d) Komprimieren Sie Ihre Lösung, indem Sie die Produkte addieren:

$$\begin{pmatrix} 2+2 & 2+2 \\ 2+2 & 2+2 \end{pmatrix} = \begin{pmatrix} 4 & 4 \\ 4 & 4 \end{pmatrix}$$

4. Bestimmen Sie das Produkt von A und B für

$$A = \begin{pmatrix} 1 & 2 \\ 3 & 4 \end{pmatrix} \quad \text{und} \quad B = \begin{pmatrix} 5 \\ 7 \end{pmatrix}$$

Lösung:

$$\begin{pmatrix} 19 \\ 43 \end{pmatrix}$$

a) Nach Einsetzen der Zahlen sieht die Aufgabe in Frage 4 wie folgt aus:

$$AB = \begin{pmatrix} 1 & 2 \\ 3 & 4 \end{pmatrix} \begin{pmatrix} 5 \\ 7 \end{pmatrix}$$

b) Die Regel für die Matrixmultiplikation lautet:

$$C_{ij} = \sum_{k=1}^{m} A_{ik} B_{kj}$$

c) Durch Anwendung der Regel erhalten Sie:

$$\begin{pmatrix} 1 & 2 \\ 3 & 4 \end{pmatrix} \begin{pmatrix} 5 \\ 7 \end{pmatrix} = \begin{pmatrix} 5+14 \\ 15+28 \end{pmatrix}$$

d) Ihre fertige Lösung sieht also wie folgt aus:

$$\begin{pmatrix} 5+14 \\ 15+28 \end{pmatrix} = \begin{pmatrix} 19 \\ 43 \end{pmatrix}$$

5. Wie lautet die Determinante der folgenden Matrix?

$$A = \begin{pmatrix} 2 & 2 \\ 2 & 2 \end{pmatrix}$$

Lösung: 0

a) Die Definition einer Determinante für eine 2 × 2-Matrix lautet:

$$\det(A) = ad - cb$$

Die Matrix sieht dabei wie folgt aus

$$A = \begin{pmatrix} a & b \\ d & d \end{pmatrix}$$

b) Die Determinante ist also

$$\det(A) = (2)(2) - (2)(2)$$

was schließlich Folgendes ergibt:

$$\det(A) = (4) - (4) = 0$$

6. Bestimmen Sie die Determinante dieser Matrix:

$$A = \begin{pmatrix} 3 & 5 \\ 7 & 9 \end{pmatrix}$$

Lösung: −8

a) Die Definition einer Determinante für eine 2 × 2-Matrix lautet:

$$\det(A) = ad - cb$$

Die Matrix sieht dabei wie folgt aus

$$A = \begin{pmatrix} a & b \\ d & d \end{pmatrix}$$

Die Determinante ist

$$\det(A) = (3)(9) - (7)(5)$$

b) Damit erhalten Sie die folgende Lösung:

$$\det(A) = (27) - (35) = -8$$

7. Wie lautet die Determinante dieser Matrix:

$$A = \begin{pmatrix} 2 & 4 \\ 6 & 8 \end{pmatrix}$$

Lösung: −8

a) Die Definition einer Determinante für eine 2 × 2-Matrix lautet:

$$\det(A) = ad - cb$$

Die Matrix sieht dabei wie folgt aus

$$A = \begin{pmatrix} a & b \\ d & d \end{pmatrix}$$

b) Die Determinante ist also

$$\det(A) = (2)(8) - (4)(6)$$

Dies ergibt schließlich

$$\det(A) = (16) - (24) = -8$$

8. Bestimmen Sie die Determinante dieser Matrix:

$$A = \begin{pmatrix} 9 & 8 \\ 7 & 6 \end{pmatrix}$$

Lösung: −2

11 ▶ Systeme linearer Differentialgleichungen erster Ordnung lösen

a) Die Definition einer Determinante für eine 2 × 2-Matrix lautet:

$\det(A) = ad - cb$

Die Matrix sieht dabei wie folgt aus

$A = \begin{pmatrix} a & b \\ d & d \end{pmatrix}$

Die Determinante ist

$\det(A) = (9)(6) - (8)(7)$

b) Daraus ergibt sich die folgende Lösung:

$\det(\mathbf{A}) = (54) - (56) = -2$

9. Welche Eigenwerte und Eigenvektoren hat die folgende Matrix?

$\mathbf{A} = \begin{pmatrix} 2 & 1 \\ 1 & 2 \end{pmatrix}$

Lösung:

$\begin{pmatrix} 1 \\ -1 \end{pmatrix}$

und

$\begin{pmatrix} 1 \\ 1 \end{pmatrix}$

a) Bestimmen Sie $\mathbf{A} - \lambda \mathbf{I}$:

$\mathbf{A} - \lambda \mathbf{I} = \begin{pmatrix} 2-\lambda & 1 \\ 1 & 2-\lambda \end{pmatrix}$

b) Jetzt bestimmen Sie die Determinante:

$\det(\mathbf{A} - \lambda \mathbf{I}) = (2-\lambda)(2-\lambda) - 1$

oder

$\det(\mathbf{A} - \lambda \mathbf{I}) = \lambda^2 - 4\lambda + 3$

c) Faktorisieren Sie diese Gleichung:

$(\lambda - 1)(\lambda - 3)$

Die Eigenwerte von **A** sind also $\lambda_1 = 1$ und $\lambda_2 = 3$

d) Um den Eigenvektor für λ_1 zu bestimmen, setzen Sie λ_1 in $\mathbf{A} - \lambda \mathbf{I}$ ein:

$\mathbf{A} - \lambda \mathbf{I} = \begin{pmatrix} 1 & 1 \\ 1 & 1 \end{pmatrix}$

e) Weil

$(\mathbf{A} - \lambda \mathbf{I})x = 0$

erhalten Sie

$$\begin{pmatrix} 1 & 1 \\ 1 & 1 \end{pmatrix} \begin{pmatrix} x_1 \\ x_2 \end{pmatrix} = \begin{pmatrix} 0 \\ 0 \end{pmatrix}$$

f) Jede Zeile dieser Matrixgleichung muss zutreffen, Sie können also annehmen, dass $x_1 = x_2$. Bis auf eine beliebige Konstante ist also der Eigenvektor für λ_1:

$$c \begin{pmatrix} 1 \\ -1 \end{pmatrix}$$

g) Verwerfen Sie die beliebige Konstante und schreiben Sie den Eigenvektor einfach als

$$\begin{pmatrix} 1 \\ -1 \end{pmatrix}$$

h) Und was ist mit dem Eigenvektor für λ_2? Durch Einsetzen von λ_2 erhalten Sie:

$$\mathbf{A} = \lambda \mathbf{I} = \begin{pmatrix} -1 & 1 \\ 1 & -1 \end{pmatrix}$$

Daher gilt

$$\begin{pmatrix} -1 & 1 \\ 1 & -1 \end{pmatrix} \begin{pmatrix} x_1 \\ x_2 \end{pmatrix} = \begin{pmatrix} 0 \\ 0 \end{pmatrix}$$

i) Also ist $x_1 = 0$, was bedeutet, dass der Eigenvektor für λ_2 bis auf eine beliebige Konstante wie folgt aussieht:

$$c \begin{pmatrix} 1 \\ 1 \end{pmatrix}$$

j) Gute Nachrichten! Sie können die beliebige Konstante weglassen und den Eigenvektor einfach wie folgt schreiben:

$$\begin{pmatrix} 1 \\ 1 \end{pmatrix}$$

10. Bestimmen Sie die Eigenwerte und Eigenvektoren dieser Matrix:

$$\mathbf{A} = \begin{pmatrix} 3 & -1 \\ 4 & -2 \end{pmatrix}$$

Lösung:

$$\begin{pmatrix} 1 \\ 1 \end{pmatrix}$$

und

$$\begin{pmatrix} 1 \\ 4 \end{pmatrix}$$

a) Bestimmen Sie $\mathbf{A} - \lambda \mathbf{I}$:

$$\mathbf{A} - \lambda \mathbf{I} = \begin{pmatrix} 3 - \lambda & -1 \\ 4 & -2 - \lambda \end{pmatrix}$$

11 ➤ Systeme linearer Differentialgleichungen erster Ordnung lösen

b) **Jetzt bestimmen Sie die Determinante:**

$\det(\mathbf{A} - \lambda\mathbf{I}) = (3 - \lambda)(-2 - \lambda) + 4$

Das ergibt

$\det(\mathbf{A} - \lambda\mathbf{I}) = \lambda^2 - \lambda - 2$

c) **Faktorisieren Sie die Gleichung wie folgt:**

$(\lambda + 1)(\lambda - 2)$

Die Eigenwerte von **A** sind also $\lambda_1 = 2$ und $\lambda_2 = -1$

d) **Jetzt geht es um die Eigenvektoren. Setzen Sie λ_1 in A − λI ein, um den Eigenvektor zu λ_1 erhalten:**

$\mathbf{A} - \lambda\mathbf{I} = \begin{pmatrix} 1 & -1 \\ 4 & -4 \end{pmatrix}$

e) **Sie wissen bereits, dass**

$(\mathbf{A} - \lambda\mathbf{I})x = 0$

Somit ist

$\begin{pmatrix} 1 & -1 \\ 4 & -4 \end{pmatrix} \begin{pmatrix} x_1 \\ x_2 \end{pmatrix} = \begin{pmatrix} 0 \\ 0 \end{pmatrix}$

f) **Jede Zeile dieser Matrixgleichung muss zutreffen, Sie können also annehmen, dass $x_1 = x_2$. Bis auf eine beliebige Konstante ist also der Eigenvektor für λ_1:**

$c \begin{pmatrix} 1 \\ 1 \end{pmatrix}$

g) **Verwerfen Sie die beliebige Konstante und schreiben Sie den Eigenvektor einfach als**

$\begin{pmatrix} 1 \\ 1 \end{pmatrix}$

h) **Wunderbar. Jetzt setzen Sie λ_2 ein, um Folgendes zu erhalten:**

$\mathbf{A} = \lambda\mathbf{I} = \begin{pmatrix} 4 & -1 \\ 4 & -1 \end{pmatrix}$

Damit ist

$\begin{pmatrix} 4 & -1 \\ 4 & -1 \end{pmatrix} \begin{pmatrix} x_1 \\ x_2 \end{pmatrix} = \begin{pmatrix} 0 \\ 0 \end{pmatrix}$

i) **Dies ergibt ist $4x_1 = x_2$, was bedeutet, dass der Eigenvektor für λ_2 bis auf eine beliebige Konstante wie folgt aussieht:**

$c \begin{pmatrix} 1 \\ 4 \end{pmatrix}$

j) **Der Einfachheit halber können Sie die beliebige Konstante weglassen und den Eigenvektor einfach wie folgt schreiben:**

$\begin{pmatrix} 1 \\ 4 \end{pmatrix}$

11. Bestimmen Sie die Lösung für das folgende Differentialgleichungssystem:

$y'_1 = -y_1 - y_2$

$y'_2 = 2y_1 - 4y_2$

Lösung:

$y_1 = c_1 e^{-2t} + c_2 e^{-3t}$ und $y_2 = c_1 e^{-2t} + 2c_2 e^{-3t}$

a) Schreiben Sie die Aufgabe als

$$\begin{pmatrix} y'_1 \\ y'_2 \end{pmatrix} = \begin{pmatrix} -1 & -1 \\ 2 & -4 \end{pmatrix} \begin{pmatrix} y_1 \\ y_2 \end{pmatrix}$$

b) Dieses System hat konstante Koeffizienten, probieren Sie es also mit einer Lösung in der folgenden Form:

$$\mathbf{y} = \xi e^{rt}$$

c) Setzen Sie Ihre angenommene Lösung in das System ein:

$$\begin{pmatrix} r\xi_1 e^{rt} \\ r\xi_2 e^{rt} \end{pmatrix} = \begin{pmatrix} -1 & -1 \\ 2 & -4 \end{pmatrix} \begin{pmatrix} \xi_1 e^{rt} \\ \xi_2 e^{rt} \end{pmatrix}$$

Dies können Sie umschreiben zu

$$\begin{pmatrix} 0 \\ 0 \end{pmatrix} = \begin{pmatrix} -1-r & -1 \\ 2 & -4-r \end{pmatrix} \begin{pmatrix} \xi_1 e^{rt} \\ \xi_2 e^{rt} \end{pmatrix}$$

d) Dividieren Sie durch e^{rt}, um Folgendes zu erhalten:

$$\begin{pmatrix} 0 \\ 0 \end{pmatrix} = \begin{pmatrix} -1-r & -1 \\ 2 & -4-r \end{pmatrix} = \begin{pmatrix} \xi_1 \\ \xi_2 \end{pmatrix}$$

e) Dieses lineare Gleichungssystem hat nur dann eine (nicht triviale) Lösung, wenn die Determinante der 2 × 2-Matrix 0 ist, also

$$\det \begin{pmatrix} -1-r & -1 \\ 2 & -4-r \end{pmatrix} = 0$$

f) Expandieren Sie die Determinante, um Folgendes zu erhalten:

$(-1-r)(-4-r) + 2 = 0$

das wird zu

$(1+r)(4+r) + 2 = 0$

oder

$r^2 + 5r + 4 + 2 = 0$

oder auch

$r^2 + 5r + 6 = 0$

11 ▶ Systeme linearer Differentialgleichungen erster Ordnung lösen

g) Faktorisieren Sie die charakteristische Gleichung wie folgt:

$(r+2)(r+3) = 0$

Sie erkennen die Eigenwerte der Matrix:

$r_1 = -2$ und $r_2 = -3$

h) Jetzt bestimmen Sie die beiden Eigenvektoren. Setzen Sie zuerst den ersten Eigenwert $r_1 = -2$ ein

$$\begin{pmatrix} 0 \\ 0 \end{pmatrix} = \begin{pmatrix} 1 & -1 \\ 2 & -2 \end{pmatrix} = \begin{pmatrix} \xi_1 \\ \xi_2 \end{pmatrix}$$

Damit erhalten Sie

$\xi_1 - \xi_2 = 0$

und

$2\xi_1 - 2\xi_2 = 0$

i) Diese Gleichungen sind bis auf einen Faktor von −1 gleich, somit gilt:

$\xi_1 = \xi_2$

Der erste Eigenvektor lautet also (bis auf eine beliebige Konstante, natürlich):

$$\begin{pmatrix} \xi_1 \\ \xi_2 \end{pmatrix} = \begin{pmatrix} 1 \\ 1 \end{pmatrix}$$

j) Jetzt zum zweiten Eigenvektor. Er entspricht dem Eigenwert $r_2 = -3$:

$$\begin{pmatrix} 0 \\ 0 \end{pmatrix} = \begin{pmatrix} -1-r & -1 \\ 2 & -4-r \end{pmatrix} = \begin{pmatrix} \xi_1 \\ \xi_2 \end{pmatrix}$$

k) Setzen Sie $r_2 = -3$ in die obige Matrix ein, um Folgendes zu erhalten:

$$\begin{pmatrix} 0 \\ 0 \end{pmatrix} = \begin{pmatrix} 2 & -1 \\ 2 & -1 \end{pmatrix} = \begin{pmatrix} \xi_1 \\ \xi_2 \end{pmatrix}$$

Das ergibt schließlich

$2\xi_1 - \xi_2 = 0$

und

$2\xi_1 - \xi_2 = 0$

l) Diese beiden Gleichungen bieten Ihnen dieselbe Information: die Tatsache, dass $2\xi_1 = \xi_2$. Der zweite Eigenvektor ist also

$$\begin{pmatrix} \xi_1 \\ \xi_2 \end{pmatrix} = \begin{pmatrix} 1 \\ 2 \end{pmatrix}$$

m) Die erste Lösung für das System lautet also

$$\begin{pmatrix} 1 \\ 1 \end{pmatrix} e^{-2t}$$

und die zweite Lösung ist

$$\begin{pmatrix} 1 \\ 2 \end{pmatrix} e^{-3t}$$

n) Die allgemeine Lösung ist also eine Linearkombination der beiden Lösungen:

$$y = c_1 \begin{pmatrix} 1 \\ 1 \end{pmatrix} e^{-2t} + c_2 \begin{pmatrix} 1 \\ 2 \end{pmatrix} e^{-3t}$$

Dies kann auch dargestellt werden als

$$\begin{pmatrix} y_1 \\ y_2 \end{pmatrix} = c_1 \begin{pmatrix} 1 \\ 1 \end{pmatrix} e^{-2t} + c_2 \begin{pmatrix} 1 \\ 2 \end{pmatrix} e^{-3t}$$

o) Die Lösung für dieses Differentialgleichungssystem lautet damit

$$y_1 = c_1 e^{-2t} - c_2 e^{-3t} \quad \text{und} \quad y_2 = c_1 e^{-2t} + 2c_2 e^{-3t}$$

12. Wie lautet die Lösung für das folgende Differentialgleichungssystem:

$$y_1' = 3y_1 + 2y_2$$

$$y_2' = 4y_1 + y_2$$

Lösung:

$$y_1 = c_1 e^{-t} + c_2 e^{5t} \quad \text{und} \quad y_2 = -2c_1 e^{-t} + c_2 e^{5t}$$

a) Schreiben Sie die Aufgabe als

$$\begin{pmatrix} y_1' \\ y_2' \end{pmatrix} = \begin{pmatrix} 3 & 2 \\ 4 & 1 \end{pmatrix} = \begin{pmatrix} y_1 \\ y_2 \end{pmatrix}$$

b) Dieses System hat konstante Koeffizienten, probieren Sie es also mit einer Lösung in der folgenden Form:

$$y = \xi e^{rt}$$

c) Setzen Sie Ihre angenommene Lösung in das System ein:

$$\begin{pmatrix} r\xi_1 e^{rt} \\ r\xi_2 e^{rt} \end{pmatrix} = \begin{pmatrix} 3 & 2 \\ 4 & 1 \end{pmatrix} = \begin{pmatrix} \xi_1 e^{rt} \\ \xi_2 e^{rt} \end{pmatrix}$$

Dies können Sie umschreiben zu

$$\begin{pmatrix} 0 \\ 0 \end{pmatrix} = \begin{pmatrix} 3-r & 2 \\ 4 & 1-r \end{pmatrix} = \begin{pmatrix} \xi_1 e^{rt} \\ \xi_2 e^{rt} \end{pmatrix}$$

d) Dividieren Sie durch e^{rt}, um Folgendes zu erhalten:

$$\begin{pmatrix} 0 \\ 0 \end{pmatrix} = \begin{pmatrix} 3-r & 2 \\ 4 & 1-r \end{pmatrix} = \begin{pmatrix} \xi_1 \\ \xi_2 \end{pmatrix}$$

11 ▸ Systeme linearer Differentialgleichungen erster Ordnung lösen

e) Dieses lineare Gleichungssystem hat nur dann eine (nicht triviale) Lösung, wenn die Determinante der 2 × 2-Matrix 0 ist, also

$$det\begin{pmatrix} 3-r & 2 \\ 4 & 1-r \end{pmatrix} = 0$$

f) Expandieren Sie die Determinante, um Folgendes zu erhalten:

$(3-r)(1-r) - 8 = 0$

das wird zu

$r^2 - 4r + 3 - 8 = 0$

oder

$r^2 - 4r - 5 = 0$

g) Faktorisieren Sie die charakteristische Gleichung wie folgt:

$(r+1)(r-5) = 0$

h) Sie erkennen die Eigenwerte der Matrix:

$r_1 = -1$ und $r_2 = 5$

i) Jetzt bestimmen Sie die beiden Eigenvektoren. Setzen Sie zuerst den ersten Eigenwert $r_1 = -1$ ein

$$\begin{pmatrix} 0 \\ 0 \end{pmatrix} = \begin{pmatrix} 4 & 2 \\ 4 & 2 \end{pmatrix} = \begin{pmatrix} \xi_1 \\ \xi_2 \end{pmatrix}$$

oder

$4\xi_1 + 2\xi_2 = 0$

und

$4\xi_1 + 2\xi_2 = 0$

j) Diese Gleichungen beinhalten dieselbe Information, nämlich:

$2\xi_1 = -\xi_2$

Der erste Eigenvektor lautet also (bis auf eine beliebige Konstante):

$$\begin{pmatrix} \xi_1 \\ \xi_2 \end{pmatrix} = \begin{pmatrix} 1 \\ -2 \end{pmatrix}$$

k) Jetzt zum zweiten Eigenvektor. Er entspricht dem Eigenwert $r_2 = 5$:

$$\begin{pmatrix} 0 \\ 0 \end{pmatrix} = \begin{pmatrix} 3-r & 2 \\ 4 & 1-r \end{pmatrix} = \begin{pmatrix} \xi_1 \\ \xi_2 \end{pmatrix}$$

l) Setzen Sie $r_2 = 5$ in die obige Gleichung ein, um Folgendes zu erhalten:

$$\begin{pmatrix} 0 \\ 0 \end{pmatrix} = \begin{pmatrix} -2 & 2 \\ 4 & -4 \end{pmatrix} = \begin{pmatrix} \xi_1 \\ \xi_2 \end{pmatrix}$$

Das ergibt schließlich

$-2\xi_1 + 2\xi_2 = 0$

und

$4\xi_1 - 4\xi_2 = 0$

m) Überraschung! Diese beiden Gleichungen bieten Ihnen dieselbe Information: die Tatsache, dass $\xi_1 = \xi_2$. Der zweite Eigenvektor ist also

$$\begin{pmatrix} \xi_1 \\ \xi_2 \end{pmatrix} = \begin{pmatrix} 1 \\ 12 \end{pmatrix}$$

n) Die erste Lösung für das System lautet also

$$\begin{pmatrix} 1 \\ -2 \end{pmatrix} e^{-t}$$

und die zweite Lösung ist

$$\begin{pmatrix} 1 \\ 1 \end{pmatrix} e^{5t}$$

o) Die allgemeine Lösung ist also eine Linearkombination der beiden Lösungen:

$$y = c_1 \begin{pmatrix} 1 \\ -2 \end{pmatrix} e^{-t} + c_2 \begin{pmatrix} 1 \\ 1 \end{pmatrix} e^{5t}$$

Dies kann auch dargestellt werden als

$$\begin{pmatrix} y_1 \\ y_2 \end{pmatrix} = c_1 \begin{pmatrix} 1 \\ -2 \end{pmatrix} e^{-t} + c_2 \begin{pmatrix} 1 \\ 1 \end{pmatrix} e^{5t}$$

p) Die Lösung für dieses Differentialgleichungssystem lautet damit

$y_1 = c_1 e^{-t} + c_2 e^{5t}$ und $y_2 = c - 2_1 e^{-t} + c_2 e^{5t}$

Teil IV
Der Top-Ten-Teil

In diesem Teil...

Wenn Sie ein Anhänger von Top-10-Listen sind (oder wenn Sie einfach nur eine Pause nach all den anstrengenden Übungsaufgaben in diesem Arbeitsbuch brauchen), ist dies genau der richtige Teil für Sie. Zunächst präsentiere ich Ihnen einen Überblick über die zehn gebräuchlichsten Methoden, Differentialgleichungen zu lösen. Dabei weise ich jeweils auch auf Online-Hilfsmittel hin. Und weil Differentialgleichungen nicht im Vakuum existieren (ob Sie es glauben oder nicht: Sie sind dafür vorgesehen, Probleme aus der Realität zu lösen!), zeige ich Ihnen außerdem zehn Anwendungen aus der Praxis.

Zehn übliche Methoden, Differentialgleichungen zu lösen

In diesem Kapitel...

▶ Überblick über verschiedene Arten von Differentialgleichungen
▶ Bestandsaufnahme der verfügbaren Lösungstechniken

Für eine effektive Bearbeitung von Differentialgleichung – mit dem geringsten Frustfaktor – müssen Sie wissen, mit welcher Art Gleichung Sie es zu tun haben, und eine Lösungstechnik dafür kennen. Angenommen, Sie betrachten eine homogene oder separierbare Differentialgleichung, wählen Sie dann eine Reihenlösung oder eine numerische Lösung?

Dieses Kapitel bietet Ihnen einen Überblick über die zehn gebräuchlichsten Methoden, Differentialgleichungen zu lösen, und zeigt Ihnen, wo Sie online Hilfe finden.

Lineare Gleichungen lösen

Lineare Differentialgleichungen enthalten ausschließlich lineare Terme (d.h. Terme in der ersten Potenz) von y, y', y'', y''' usw. Eine Gleichung wie die Folgende wird als linear betrachtet:

$$y'' + 3y' + 6y - 4 = 0$$

Eine großartige Hilfe zu Differentialgleichungen erster Ordnung und ihrer Lösung finden Sie unter www.sosmath.com/diffeq/diffeq.html. Lesen Sie unter dem Punkt FIRST ORDER DIFFERENTIAL EQUATIONS (Differentialgleichungen erster Ordnung) nach und klicken Sie auf den Link LINEAR EQUATIONS (Lineare Gleichungen). Anschließend führen Sie in Kapitel 1 ein paar Übungsaufgaben zur Lösung linearer Differentialgleichungen erster Ordnung aus.

Separierbare Gleichungen erkennen

Separierbare Differentialgleichungen können so dargestellt werden, dass alle x-Terme auf der einen Seite des Gleichheitszeichens, und alle anderen Terme auf der anderen Seite erscheinen. Hier ein Beispiel:

$$\frac{dy}{dx} = x^4 - x^2$$

Diese Differentialgleichung kann separiert werden zu:

$$dy = x^4 dx - x^2 dx$$

Weitere Hilfe, wie Sie separierbare Differentialgleichungen erkennen und verstehen, finden Sie unter www.sosmath.com/diffeq/diffeq.html. Lesen Sie unter dem Punkt FIRST ORDER DIFFERENTIAL EQUATIONS (Differentialgleichungen erster Ordnung) nach und klicken sie auf den Link SEPARABLE EQUATIONS (Separierbare Gleichungen). Sie können aber auch in Kapitel 2 ein paar Übungsaufgaben zur Lösung separierbarer Differentialgleichungen erster Ordnung ausführen.

Die Methode der unbestimmten Koeffizienten anwenden

Wenn Ihre Differentialgleichung konstante Koeffizienten enthält, etwa wie folgt:

$y'' + 9y' + 8y - 4 = 0$

sollten Sie eine Lösung mit Hilfe der Methode der unbestimmten Koeffizienten versuchen. In Kapitel 5 finden Sie diese Technik genauer beschrieben. Anschließend können Sie es mit der folgenden Online-Hilfe versuchen: tutorial.math.lamar.edu/Classes/DE/UndeterminedCoefficients.aspx.

Den Schwerpunkt auf homogene Gleichungen legen

Bei einer homogenen Differentialgleichung beinhalten alle Terme y, wie Sie im nachfolgenden Beispiel erkennen:

$y'' - 7y' + 12y = 0$

Normalerweise stellen Sie homogene Differentialgleichung so dar, dass Sie die rechte Seite der Gleichung gleich 0 setzen. Online-Hilfe zum Erkennen und Lösen homogener Gleichungen finden Sie unter en.wikipedia.org/wiki/Homogeneous_differential_equation.

Exakte Gleichungen erkunden

Wenn Sie einer Differentialgleichung in der folgenden Form begegnen:

$M(x,y)dx + N(x,y)dy = 0$

kann die Gleichung als exakt bezeichnet werden, wenn gilt

$$\frac{dM(x,y)}{dy} = \frac{dN(x,y)}{dx}$$

Wollen Sie sich exakte Differentialgleichungen im Internet ansehen? Besuchen Sie www.sosmath.com/diffeq/diffeq.html. Lesen Sie unter dem Punkt FIRST ORDER DIFFERENTIAL EQUATIONS (Differentialgleichungen erster Ordnung) nach und klicken sie auf den Link EXACT AND NON-EXACT EQUATIONS (Exakte und nicht exakte Gleichungen). Übungsaufgaben zur Lösung exakter Differentialgleichungen finden Sie in Kapitel 3.

Mit Hilfe von Integrationsfaktoren Lösungen finden

Immer wenn Sie eine Differentialgleichung wie

$M(x, y)dx + N(x, y)dy = 0$

sehen, die aber nicht exakt ist, gilt die folgende Aussage:

$$\frac{dM(x,y)}{dy} \neq \frac{dN(x,y)}{dx}$$

Sie können dann versuchen, einen Integrationsfaktor zu finden, $\mu(x, y)$, so dass die Differentialgleichung die folgende Form annimmt:

$\mu(x,y)M(x,y)dx + \mu(x,y)N(x,y)dy = 0$

und exakt wird.

Weitere Informationen über Integrationsfaktoren im Web finden Sie unter www.sosmath.com/diffeq/diffeq.html. Lesen Sie unter dem Punkt FIRST ORDER DIFFERENTIAL EQUATIONS (Differentialgleichungen erster Ordnung) nach und klicken sie auf den Link INTEGRATING FACTOR TECHNIQUE (Integrationsfaktor-Technik).

Mit Reihenlösungen ernsthafte Antworten finden

Lassen Sie sich von einer hartnäckigen Differentialgleichung wie der Folgenden leicht verunsichern?

$y'' + xy' + 2y = 0$

Versuchen Sie es mit einer Reihenlösung, wobei Sie davon ausgehen können, dass y zu einer Potenzreihe wie der Folgenden expandiert werden kann:

$$y = \sum_{n=0}^{\infty} a_n x^n$$

Übungsaufgaben zur Lösung von Differentialgleichung unter Verwendung von Reihenlösungen finden Sie in Kapitel 8. Interessante Informationen finden Sie auch unter tutorial.math.lamar.edu/Classes/DE/SeriesSolutions.aspx.

Laplace-Transformationen für Lösungen einsetzen

Laplace-Transformationen sind ein leistungsfähiges Werkzeug zur Lösung von Differentialgleichung wie den Folgenden:

$y'' + 5y' + 6y = 0$

Bestimmen Sie die Laplace-Transformation dieser Differentialgleichung und wenden Sie etwaige Anfangsbedingungen an, um beispielsweise Folgendes zu erhalten:

$$\mathcal{L}\{y\} = \frac{1}{(s+2)} + \frac{1}{(s+3)}$$

Anschließend bestimmen Sie die inverse Laplace-Transformation, um die Lösung für die Differentialgleichung zu erhalten:

$y = e^{-2x} + e^{-3x}$

Übungsaufgaben zu Laplace-Transformationen finden Sie in Kapitel 2. Weitere Informationen auch unter `tutorial.math.lamar.edu/Classes/DE/IVPWithLaplace.aspx`.

Feststellen, ob eine Lösung existiert

Es kann vorkommen, dass eine Differentialgleichung keine Lösung hat. Glücklicherweise gibt es zahlreiche andere Sätze, die Ihnen helfen, dies zu erkennen. Weitere Informationen zur Existenz und Eindeutigkeit von Lösungen finden Sie unter `www.sosmath.com/diffeq/diffeq.html`. Lesen Sie unter dem Punkt FIRST ORDER DIFFERENTIAL EQUATIONS (Differentialgleichungen erster Ordnung) nach und klicken sie auf den Link EXISTENCE AND UNIQUENESS OF SOLUTIONS (Existenz und Eindeutigkeit von Lösungen).

Gleichungen mit computergestützten numerischen Methoden lösen

Computergestützte numerische Methoden sind immer eine Option, wenn Sie es mit irgendwelchen verrückten komplexen Differentialgleichungen zu tun haben, wie etwa

$\sin(y)y^{(4)} - 93\cos(x)y''' + 3{,}7y' + 6y^6 - 4e^y = \sin(x)\cosh(x)$

Verschiedene gebräuchliche mathematische Techniken, wie beispielsweise die Euler-Methode oder die Runge-Kutta-Methode, können bereits in Computercode übersetzt werden. Sie erfahren alles über diese Methoden in Differentialgleichungen für Dummies oder unter `www.efunda.com/math/num_ode/num_ode.cfm`.

13
Zehn Anwendungen von Differentialgleichungen aus der Praxis

In diesem Kapitel...
▶ Mit Differentialgleichungen Wachstum oder Abnahme bestimmen
▶ Bewegungsabhängige Daten mit Hilfe von Differentialgleichungen bestimmen

---

Sie fragen sich vielleicht schon die ganze Zeit, was so toll daran sein soll, Differentialgleichungen lösen zu können – außer in der Lage zu sein, bestimmte Prüfungen zu bestehen. Differentialgleichungen gestatten Ihnen, die Mathematik der realen Welt nachzubilden. In diesem Kapitel finden Sie eine Liste der zehn besten Praxisanwendungen für Differentialgleichungen, ebenso wie Hinweise auf Websites, wo diese Anwendungen beschrieben werden. (Dieses Kapitel ist im Übrigen nur die Spitze des Eisbergs; natürlich gibt es in der realen Welt unendlich viele Anwendungen für Differentialgleichungen.)

Bevölkerungswachstum berechnen

Die Bevölkerungsgröße ändert sich in einer Geschwindigkeit, die proportional zur aktuellen Bevölkerungsgröße ist, wie in der folgenden Differentialgleichung veranschaulicht:

$$\frac{dP}{dt} = kP$$

Hier ist P die Bevölkerung und k ist eine Konstante. Eine interessante Betrachtung der Lösungen für diese Gleichung finden Sie unter www.analyzemath.com/calculus/Differential_Equations. Klicken Sie auf den Link applications.html. Das Bevölkerungswachstum wird in APPLICATION 1 beschrieben.

Flüssigkeitsdurchsätze bestimmen

Flüssigkeit in einem Rohr bewegt sich in der Rohrmitte schneller und an den Rohrwänden langsamer. Mit der folgenden Gleichung können Sie die Geschwindigkeit als Funktion von r berechnen, das ist der Radius vom Rohrmittelpunkt:

$$\frac{d^2v}{dr^2} + \frac{1}{r}\frac{dv}{dr} = \frac{-1}{\eta}\frac{\Delta P}{\Delta x}$$

v (die Geschwindigkeit der Flüssigkeit) ist eine Funktion von r, η ist die Viskosität der Flüssigkeit und $\Delta P/\Delta x$ ist der Druckgradient. Weitere Informationen finden Sie unter hyperphysics.phy-astr.gsu.edu/hbase/pfric2.html#vpro2.

Flüssigkeiten mischen

Wenn Sie Flüssigkeiten in Behältern mischen, können Sie die Masse einer bestimmten Substanz wie folgt mit dem Durchsatz und der Konzentration in ein Verhältnis setzen:

$$\frac{dm}{dt} = -qC$$

In dieser Gleichung ist m die Masse, t ist die Zeit, q ist der Durchsatz und C ist die Konzentration.

Informationen über fallende Gegenstände

Differentialgleichungen werden häufig verwendet, um Informationen über fallende Gegenstände zu ermitteln. Die folgende Gleichung teilt Ihnen die Beschleunigung des Objekts mit:

$$a(t) = \frac{dv}{dt}$$

Diese Gleichung bietet Informationen über die Geschwindigkeit eines Objekts:

$$v(t) = \frac{dy}{dt}$$

Weitere Informationen finden Sie unter www.analyzemath.com/calculus/Differential_Equations. Klicken Sie auf den Link applications.html und lesen Sie unter APPLICATION 3 nach.

Flugbahnen berechnen

Die *Flugbahnen* (Pfade) von Objekten können mit der folgenden Differentialgleichung beschrieben werden:

$$2x + 2y\frac{dy}{dx} = C$$

Dabei sind x und y die Standardkoordinaten des Objekts und C ist eine Konstante. Weitere Informationen über die Verwendung von Differentialgleichungen zur Beschreibung der Flugbahnen von Objekten finden Sie unter www.sosmath.com/diffeq/diffeq.html. Lesen Sie unter dem Punkt FIRST ORDER DIFFERENTIAL EQUATIONS (Differentialgleichungen erster Ordnung) nach und klicken Sie auf den Link ORTHOGONAL TRAJECTORIES (Orthogonale Flugbahnen).

Pendelbewegungen analysieren

Wollen Sie Genaueres zur Bewegung eines Pendels herausfinden? Dazu verwenden Sie ganz einfach die folgende Differentialgleichung:

$$\frac{d^2\theta}{dt^2} + \frac{g\theta}{L} = 0$$

θ ist der Winkel des Pendels zu einem bestimmten Zeitpunkt, L ist die Pendellänge, t ist die Zeit und g ist die Beschleunigung durch die Schwerkraft. Eine Lösung, die die Pendelbewegung beschreibt, finden Sie unter `hyperphysics.phy-astr.gsu.edu/hbase/pend.html#c5`.

Das Newton'sche Abkühlungsgesetz

Das Newton'sche Abkühlungsgesetz besagt, die Geschwindigkeit der Temperaturänderung eines Objekts ist proportional zur Temperaturdifferenz dieses Objekts gegenüber der Umgebung:

$$\frac{dT}{dt} = -k(T - T_e)$$

In dieser Gleichung ist T die Temperatur eines Objekts, t ist die Zeit, k ist eine Konstante und T_e ist die Umgebungstemperatur. Die Lösung dieser Differentialgleichung finden Sie unter `www.analyzemath.com/calculus/Differential_Equations`. Klicken Sie auf den Link `applications.html` und lesen Sie unter APPLICATION 4 nach.

Halbwertszeiten der Radioaktivität bestimmen

Atome in radioaktiven Stoffen nehmen mit einer bestimmten Geschwindigkeit ab, die durch die folgende Differentialgleichung vorgegeben ist:

$$\frac{dN}{N} = -\lambda dt$$

Dabei ist N die Anzahl der Atome des radioaktiven Materials, λ ist die Abklingkonstante und t ist die Zeit.

Schaltkreise mit Spulen und Widerständen untersuchen

Wenn Sie elektrische Schaltungen mit Spulen und Widerständen haben, wenden Sie die folgende Differentialgleichung an, um den Strom im Schaltkreis zu bestimmen:

$$L\frac{dI}{dt} + IR = V$$

Dabei ist I der Strom, L ist die Induktivität, R ist der Widerstand im Schaltkreis und V ist die Spannung als Funktion der Zeit der Spannungsquelle. Weitere Informationen zum Umgang mit solchen Differentialgleichungen finden Sie unter `www.analyzemath.com/calculus/Differential_Equations`. Klicken Sie auf den Link `applications.html` und lesen Sie unter APPLICATION 4 nach.

Die Bewegung einer Masse an einer Feder berechnen

Die Bewegung einer Masse an einer horizontal bewegten Feder (d.h. die Schwerkraft spielt keine Rolle) ist gegeben durch die folgende Differentialgleichung:

$$m\frac{d^2x}{dt} + kx = 0$$

Dabei ist x die Position der Masse, m ist die Masse und k ist die Federkonstante. Die Lösung finden Sie unter `hyperphysics.phy-astr.gsu.edu/hbase/shm2.html#c2`.

Stichwortverzeichnis

A

Ableitung
  erste 3
Anfangsbedingung 43, 55, 97

C

Cash, Johnny 13

D

Determinante 281
Differentialgleichung
  exakte 75
  gewöhnliche 205
  höherer Ordnung 151
  höherer Ordnung, Nullstellen 152
  homogene 97
  komplexe Nullstellen 105
  Kosinus 184
  linear 1
  lineare, zweiter Ordnung 97
  mit y-Term 7
  n-ter Ordnung 151
  nicht homogene, höherer Ordnung 177
  nicht homogene, zweiter Ordnung 123
  nicht linear 1
  ohne y-Term 3
  separierbare 43, 301
  Sinus 184

E

Eigenvektoren 282
Eigenwerte 282
Euler-Gleichung 227, 232

G

Gleichung
  charakteristische 102
Gleichungslöser 151
Gleichungssystem
  erster Ordnung 282
  Lösung 281

H

homogen 98

I

Identitätsmatrix 279
Integrationsfaktor 9, 303

K

Koeffizienten
  konstante 302
  unbestimmte 123
  unbestimmte, nicht homogene
    Differentialgleichung 177
Konstanten 100
Kosinus 184

L

Laplace-Transformationen 251, 303
Lösung
  degenerierte 158
  explizite 47
  implizite 47

M

Matrixmultiplikation 279
Matrixoperationen 277
Matrizen 277
Methode der unbestimmten
  Koeffizienten 123, 177

N

Normalverteilung 1, 43, 75, 97, 123, 151, 177, 205, 207, 251, 277, 301, 305
Nullstellen 97, 152
  komplexe 105

P

Potenzreihe 205
Punkte
  singuläre 205, 227
  singuläre, irreguläre 230
  singuläre, reguläre 230

Q

Quotiententest 205

R

Reihe
  konvergierende 205
Reihenindex 205
  verschieben 208

Reihenlösung 303
Rekursion 211, 219, 223

S

separierbar 43
Sinus 184

V

Verteilung
  Normalverteilung 1, 43, 75, 97, 123, 151, 177, 205, 227, 251, 277, 301, 305

Z

Zahl
  imaginäre 105

DER SCHNELLE EINSTIEG IN DIE NATURWISSENSCHAFTEN

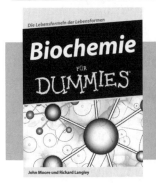

Anatomie und Physiologie für Dummies
ISBN 978-3-527-70284-8

Anorganische Chemie für Dummies
ISBN 978-3-527-70502-3

Astronomie für Dummies
ISBN 978-3-527-70370-8

Biochemie für Dummies
ISBN 978-3-527-70508-5

Biologie für Dummies
ISBN 978-3-527-70386-9

Chemie für Dummies
ISBN 978-3-527-70473-6

Epidemiologie für Dummies
ISBN 978-3-527-70514-6

Genetik für Dummies
ISBN 978-3-527-70272-5

Mathematik für Naturwissenschaftler für Dummies
ISBN 978-3-527-70419-4

Molekularbiologie für Dummies
ISBN 978-3-527-70445-3

Nanotechnologie für Dummies
ISBN 978-3-527-70299-2

Organische Chemie für Dummies
ISBN 978-3-527-70292-3

Physik für Dummies
ISBN 978-3-527-70396-8

Quantenphysik für Dummies
ISBN 978-3-527-70593-1

D(U+M)+(M-I^E)/S = MATHE SCHNELL, LEICHT UND MIT VIEL SPASS GELERNT

Algebra für Dummies
ISBN 978-3-527-70267-1

Analysis für Dummies
ISBN 978-3-527-70646-4

Analysis II für Dummies
ISBN 978-3-527-70509-2

Differentialgleichungen für Dummies
ISBN 978-3-527-70527-6

Geometrie für Dummies
ISBN 978-3-527-70298-5

Grundlagen der Mathematik für Dummies
ISBN 978-3-527-70441-5

Lineare Algebra für Dummies
ISBN 978-3-527-70316-6

Mathematik für Naturwissenschaftler für Dummies
ISBN 978-3-527-70419-4

Trigonometrie für Dummies
ISBN 978-3-527-70297-8

Wahrscheinlichkeitsrechnung für Dummies
ISBN 978-3-527-70304-3

Wirtschaftsmathematik für Dummies
ISBN 978-3-527-70375-3